富硒作物
生产关键技术研究

王道波 黄 维 著

NORTHEAST NORMAL UNIVERSITY PRESS
WWW.NENUP.COM
东北师范大学出版社

图书在版编目（CIP）数据

富硒作物生产关键技术研究 / 王道波，黄维著. --
长春 ： 东北师范大学出版社， 2019.2
ISBN 978-7-5681-5534-2

Ⅰ．①富… Ⅱ．①王… ②黄… Ⅲ．①硒—作物—栽
培技术—研究 Ⅳ．① S31

中国版本图书馆 CIP 数据核字 (2019) 第 040585 号

□策划编辑：王春彦

□责任编辑：卢永康　　　　　□封面设计：优盛文化

□责任校对：肖茜茜　　　　　□责任印制：张允豪

东北师范大学出版社出版发行
长春市净月经济开发区金宝街 118 号 (邮政编码：130117)
销售热线：0431-84568036
传真：0431-84568036
网址：http://www.nenup.com
电子函件：sdcbs@mail.jl.cn
定州启航印刷有限公司印装
2019 年 4 月第 1 版　　2019 年 4 月第 1 次印刷
幅画尺寸：170mm×240mm　印张：16.5　字数：310 千

定价：79.00 元

前　言

　　硒元素是人体必需的微量营养元素，其在提高人体免疫力和预防癌症方面有着重要作用。目前，硒元素的匮乏已经涉及 21 个国家和地区，波及 5～10 亿人口，人均硒摄入量不足 40 μg/d。但是，缺硒个体也不能过多地补充硒元素。研究表明，摄入大量硒会增加患内皮功能障碍和糖尿病的风险。为了安全起见，世界卫生组织设定安全硒摄入上限为 400 μg/d。

　　土壤缺硒是导致人体硒含量不足的主要因素，中国、南非、波兰尤为突出。富硒作物可以有效提高人体硒水平，同时产生巨大的社会效益和经济效益。2013 年 4 月发布的《"中国富硒食品标志"行业管理规范》有如下规定："富硒食品是遵循我国特有的天然富硒带所产富硒食品可持续经营原则，在优良的生态环境下，按照特定方式生产无污染、安全、优质的食用富硒食品，包括水果、蔬菜、药材、粮油、干果食品、肉蛋类食品等。"但是，在非富硒地区通过合理的施用硒肥也能够达到富硒的标准。

　　我国是一个缺硒大国，发展富硒作物对促进全民健康有着积极的作用。在土壤肥料方面，对缺硒地区施用硒肥是一条有效途径；富硒地区除了生产富硒作物外，生产富硒肥料，改良相对缺硒地区的土壤状况也是较好的途径；在作物选择上，除了选择富硒作物外，水稻、小麦、花生、苹果、柑橘等对全民补硒的贡献也较大。

　　本书以技术为主线，详细而系统地介绍了富硒作物生产的基本知识，主要内容为富硒作物的栽培与生产的关键技术。书中既有对理论性内容的阐述，又有对实践经验的总结，还增加了近几年国内外在富硒作物生产技术方面新的科研成果。本书为大力开发富硒农产品、推进富硒食品产业发展提供了技术支撑,可以作为富硒作物种植人员的参考书。

尽管本书在编写过程中尽量收集相关的信息以及最新的进展,但是笔者水平所限,不足之处在所难免,敬请各位读者批评指正,不胜感激。

王道波　朱宇林　刘永贤

2018.10

目 录

第一章　作物栽培概述

第一节　作物的分类

作物是指野生植物经过人类不断选择、驯化、利用、演化而来的具有经济价值的栽培植物。广义的作物概念是指粮食、棉花、油料、糖料、麻类、烟草、茶叶、桑树、果树、蔬菜、药材、花卉等。狭义的作物概念主要指农田大面积栽培的农作物，一般称大田作物，俗称庄稼。由于作物的种类很多，人们为了便于比较、利用和研究，需要进行分类，一般常按用途和植物学特征把农作物分成四大种九大类。

一、粮食作物

在生产中常见的粮食作物主要包括以下三类作物。

（一）谷类作物

主要作物有小麦、大麦、黑麦、燕麦、水稻、玉米、谷子、高粱、黍、龙爪稷、蜡烛稗、薏苡等。

（二）薯类作物

常见的有甘薯、马铃薯、山药、芋头、菊芋等。

（三）豆类作物

常见的有大豆、蚕豆、豌豆、绿豆、小豆、豇豆、菜豆、小扁豆等。

二、经济作物

经济作物又称技术作物、工业原料作物，主要指具有某种特定经济用途的农作物。广义的经济作物还包括蔬菜、瓜果、花卉、果品等园艺作物。主要包括以下五类作物。

（一）纤维作物

常见的有棉花、大麻、黄麻等。

（二）油料作物

常见的有花生、芝麻、油菜、向日葵、蓖麻等。

（三）糖料作物

常见的有甘蔗、甜菜、甜叶菊等。

（四）嗜好及香料作物

常见的有烟草、茶叶、薄荷等。

（五）饮料作物

常见的有茶叶、咖啡、可可等。

三、药用作物

主要有三七、天麻、人参、黄连、枸杞、白木、甘草、半夏、红花、百合、何首乌、五味子、茯苓、灵芝等。

四、饲料绿肥作物

饲料和绿肥作物之间，大多在用途上没有严格的界限，常把其归为一类，统称为饲料绿肥作物。饲料绿肥作物较常见的有紫云英、苕子、草木樨、苜蓿、田菁、紫穗槐、箭舌豌豆、沙打旺、水葫芦、水浮莲、红萍等。

中国农业历史悠久，作物种类较多。上述分类中所提及的各种农作物在中国都有面积不等的分布，其中不少作物的生产在世界上处于优势地位。

第二节 富硒作物栽培的任务

一、作物栽培的概念

作物栽培是研究作物生长发育、产量和品质形成规律及其与环境条件的关系，探索通过栽培管理、生长调控和优化决策等途径，实现作物优质、高产、高效、可持续发展的理论、方法与技术的总称。

栽培作物的生产过程，概括起来主要包括三个方面，即作物、环境和技术措施。作物栽培技术不仅要研究作物个体的生长发育和器官形成规律，还要研究作物群体的结构和发展变化规律，探讨如何协调群体与个体的矛盾。作物与外界环境条件之间的关系也是作物栽培技术必须研究的内容。在作物栽培过程中必须树立生态平衡的意识，兼顾生产力增长、资源高效利用和环境安全，实现农业生产系统的可持续发展。

二、作物栽培的任务

作物栽培的内容很广且综合性强，又密切联系生产实际，其主要任务如下。

(一) 为保障国家粮食安全提供科技支撑

一个国家唯有立足粮食基本自给，才能掌握粮食安全的主动权，才能保障国运民生。这是由粮食的极端重要性决定的。粮食是一种特殊的产品，不仅具有食物属性，同时具有政治、经济、能源、人权等多重属性。只有坚持立足国内，实现粮食基本自给，才能做到"手中有粮，心中不慌"。同时，这是由我国作为人口大国的特殊国情决定的。我国是世界上最大的粮食消费国，每年消费量要占到世界粮食消费总量的1/5，是世界粮食贸易量的两倍多。如果我国出现较大的粮食供求缺口，不仅国际市场难以承受，还会给低收入国家的粮食安全带来不利影响。这也是由我国农业发展水平决定的。目前，我国小麦和水稻单产水平与世界前10位国家相比，仅为它们平均水平的60%左右。从国内看，粮食增产潜力巨大，如果过度进口粮食，必然会冲击国内粮食生产，不利于农业发展和农民增收。这也是由国际粮食市场的不确定性决定的。当前，除了受一般供求规律的左右，其他各种因素对粮食生产的影响也越来越明显，包括气候因素以及自然灾害导致的粮食供给不足，生物燃料和消费结构变化导致的粮食需求旺盛，以及部分国家出口禁令、国际投机资本在期货市场上的炒作等。据测算，近 10 年来全球谷物消费需求年均增长 1.1%，而产量年均仅增长 0.5%，难以满足消费需求的持续增加。

稳定粮食播种面积，作物栽培具有不可替代的作用。尤其提高单产水平更是增强我国粮食综合生产能力的主要路径。这就需要充分发挥科技对粮食增产的支撑作用，借助良种、良肥、良法综合配套，利用自然条件和各种技术手段，探索现代农业发展新机制。

（二）为实现全民食品安全提供技术保障

粮食作物、油料作物和经济作物是最原始的食品和食品加工原料。当前，环境污染、土壤污染、化肥污染、农药污染、农膜污染、除草剂污染等严重影响和制约着食品安全。食品安全是指能够有效地提供给全体居民数量充足、结构合理、质量达标的包括粮食在内的各种食物。食品安全还包含"要有充足的粮食储备"。粮食的最低安全系数是储备量至少应占需要量的 17% ～ 18%。食品安全不仅是管出来的，也是种出来的。这就需要借助现代的作物栽培技术，从源头上治理和预防食品的各种不安全因素，生产出优质高效的符合人们需求的多元化食品。

富硒农产品在我国有至少 30 年历史，国外发达国家历史更长。调查研究与资料显示，富硒农产品深受人们喜爱。克山病的发现、治疗和杜绝就是一个很好的例证。另外，通过富硒技术生产的富硒农产品，如富硒水稻、面粉、茶、蔬菜等，价格固然高一些，但口感好，还可以提高人体免疫力、预防疾病。富硒农产品问世数十年，未发现因食用原因而引起健康缺陷的报道，而因坚持食用富硒农产品改善健康的例证并不少。

富硒农产品种植使用的是有机硒肥。有机硒肥具有作物吸收快、果实硒含量稳定、重金属及非有机杂质含量低的突出特点，同时人食用有机富硒农产品后，微量元素硒不会在身体内沉淀积累，而是正常转化、排泄，这也是有机硒肥与无机硒肥的根本区别。当然，现阶段真正的有机类硒肥非常少，所以在选择硒肥时一定要谨慎。还有一点要引起正视，无机硒肥除了毒性大、重金属杂质多、作物富硒量不稳定、无法正常吸收等缺陷外，大量、长期使用后还会造成土肥害，形成二次污染。

富硒农产品中硒含量应严格控制在世界卫生组织及国家相关规定尺度，如茶叶硒含量在 2 mg 最为适宜，粮食硒含量在 0.5 ～ 0.8 mg 较为适宜。国家农产品质量安全监视检查中心及其他相关机构对富硒农产品质量有严格的监控检测，确保富硒食品的安全性。长期坚持食用富硒食品有益健康、延年益寿。

（三）是增加供给的多样性，改善作物品质的必然选择

随着我国建成小康社会目标的实现，人民生活水平的日益提高，国人不但要吃得饱，还要吃得好。这就要求作物栽培技术拓宽研究领域，由"粮食作物—经济作物"二元结构，向"粮食作物—经济作物—饲料作物"三元结构甚至多元化发展，为改善我国人民的食物构成提供物质基础。按照不同的生产目标和需求标准，人均粮食300 kg只能算温饱的低限水平，400 kg可算温饱有余的水平，只有500 kg以上才能算充足富裕的水平。目前，单纯地追求产量，已不能适应社会发展的需要，必须达到优质，才能满足市场的需求。随着质量标准不断出现，对各种作物品质的要求更加严格和迫切，而且由于家庭农场、承包大户、农业合作社的兴起，一些专业化生产正在形成，有机食品、绿色食品、无公害生产日趋得到全社会的普遍认可。因此，必须借助作物栽培技术改善作物品质，这也将是未来农业的发展方向。

（四）是实现农业可持续发展，提高作物生产效益的基础性措施

土地是不可再生资源，在坚持12×10^6亩耕地红线的前提下，必须依靠科技的支撑作用，提升农业的总体发展水平。可持续农业包含两层含义：一是发展生产满足当代人的需要；二是发展生产不以损坏环境为代价，使各种资源得到延续利用。因此，可持续发展的目标是改变农村贫困的落后面貌，逐渐达到农业生产率的稳定增长，提高食物生产数量和质量，保护食物安全，发展农村经济，增加农民收入。只有走可持续发展道路，才能够保护和改善农业生态环境，合理、持续地利用自然资源，最终实现人口、环境与发展的和谐。

增产不增收，已严重影响着农业发展和农民生产的积极性。调整生产内部结构，实现作物生产效益和农民增收是作物栽培的重要内容之一。

三、作物栽培技术的主要科技成就

（一）作物栽培技术的历史

在我国，作物栽培是一门古老而又富有生命力的科学。春秋战国时期的《吕氏春秋》中，就有农事种植的记载。西汉的《泛胜之书》、后魏的《齐民要术》、元代的《农桑辑要》及清代的《授时通考》等古农书都是对我国古农业中的精耕细作、用地养地、抗逆栽培、因地制宜和因时制宜等经验的总结，至今仍有指导价值。

中华人民共和国成立之前，我国只有《作物学》，内容包括育种、栽培、植

病、昆虫、肥料、土壤、气象及贮藏技术，而无独立的作物栽培技术。中华人民共和国成立后，随着我国农业科技的发展和学科分类的需要，作物栽培走向分化，专业的作物栽培技术应运而生。

（二）作物栽培技术的主要科技成就

半个世纪以来，中国作物栽培科研工作取得了重大进展，对我国农业发展做出了突出贡献。主要表现在以下几个方面。

第一，研究并参加编制了各种主要作物的生态适应区划、合理种植制度区划和品质生态区划（与土壤肥料、耕作、气象学等专业协作进行）；充分发挥区域比较优势，加快农业布局调整和优化；提出重点地区的栽培技术改革途径，促进农业大面积平衡增产。

第二，研究了作物高产、稳产、优质、高效的植株个体形态、群体长势与长相，群体结构的动态指标，营养诊断指标，水分生理指标等。有重点地研究了与农业现代化相适应的生产操作机械化、农业技术指标化、栽培措施标准化，逐步形成了规范化的综合栽培技术体系。

第三，研究了作物栽培技术改革的新途径和新方法。例如，节能、省工、低消耗、高效率的栽培技术新途径；无土栽培、保护地栽培、覆盖栽培等新技术体系；信息技术在作物栽培中的应用等。

第四，研究了提高作物产量和品质的生物学理论基础。例如，研究作物产量形成过程中产量构成因素与器官建成的关系、器官同伸规律及其调节控制机理；群体结构及其发展动态，农田生态系统与光能利用；作物生长发育（包括产品数量与质量形成过程）对营养、水分的需要和吸收利用规律；作物田间诊断的原理、内容、方法和指标，以及作物生长发育对环境的要求、适宜范围、临界指标和对不良条件的反应等。

第五，揭示作物的生长发育规律及其与环境条件的关系，配套集成了各种作物在主要产区的高产、稳产、优质、高效栽培技术，如"小麦、玉米一体化亩产吨粮栽培技术""冬小麦精播高产栽培技术"等，为我国作物生产的发展做出了重要贡献。

四、作物栽培技术的发展

（一）作物的"源、流、库"理论及其应用

作物产量的形成，实质上是通过叶片的光合作用进行的，因此源是指生产和

输出光合同化物的叶片。就作物群体而言，其主要指群体的叶片面积及光合能力。从产量形成的角度看，库主要是指产品器官的容积和接纳营养物质的能力。流是指作物植株体内输导系统的发育状况及其运转速率。从源与库的关系看，源是产量库形成和充实的物质基础。源、库器官的功能是相对的，有时同一器官兼有两个因素的双重作用。从源、库与流的关系看，库、源大小对流的方向、速率、数量都有明显的影响，起着"拉力"和"推力"的作用。源、流、库在作物代谢活动和产量形成中构成统一的整体，三者的平衡发展状况决定作物产量的高低。国内外在近代作物栽培生理研究中，特别是在作物产量和品质形成的理论探讨中，常用源、流、库三因素的关系阐明其形成规律，探索实现高产、优质的途径，进而挖掘作物产量的潜力。

（二）作物生长模拟研究及其应用

作物生长模拟是在作物科学中引进系统分析方法和应用计算机后兴起的一个研究领域。它是通过对作物生育和产量的实验数据加以理论概括和数据抽象，找出作物生育动态及其与环境之间关系的动态模型，然后在计算机上模拟作物在给定的环境下整个生育期的生长状况，确定因地制宜、因苗管理的应变决策，提出分类指导的最佳方案，提高现代化管理水平。

（三）作物智能栽培技术

作物智能栽培使作物栽培技术的研究工作从定性理解向定量分析、概念模式向模拟模型、专家经验向优化决策转化。作物智能栽培先必须依赖于作物模拟模型及智能决策支持系统来实现对作物生产系统的动态预测和管理决策，提高生物技术的定量化、规范化和集成化程度。作物智能栽培的理论基础广泛，涉及计算机技术、信息科学、系统科学、管理科学、生态学、土壤学、作物科学等多个学科领域，但其主要学术思想是将系统动力学、知识工程和智能管理的方法、技术创造性地应用于作物生产系统，对不同环境下的作物生产状况做出实时预测，并提供优化管理决策，实现作物生产的优质、高产、高效、持续发展。作物智能栽培的应用系统既可用于生产单位和技术指导部门，又可作为主管农业领导的管理办公系统。

（四）多学科相融合的现代栽培技术研究

从合理利用资源，达到优质、高产、高效以及保护环境、可持续发展等多方面考虑，现代作物栽培技术的研究需要多学科交叉与融合，研究的对象从只注重单一作物的研究拓展到两作、多作的复合群体，乃至有关的连作、轮作等理论与技术；研究目标从单纯追求产量，发展到着眼于高产、优质、高效，注重产品品质，讲求市场效益，掌握商品信息，关心经营管理；研究领域从单纯研究作物在农田的生产系统，延伸到产前（种子）和产后（农产品加工）相联系，农业生产与农业机械化相联系；研究途径从重视作物内在的栽培生理微观机理的研究，拓展到同时注重作物生产的生态环境、栽培环境、高效利用与节约自然资源，以及社会生产过程的宏观环境的研究，扩大视野与边界；研究手段和方法，从单纯研究某一生育阶段或生产技术的田间试验，发展到运用高新技术研究作物栽培的生物学机制，丰富作物栽培学科的理论基础。

（五）生物高新技术的研究将进一步促进作物栽培技术的发展

作物产量和品质潜力是由作物自身的遗传特性和生理生化过程等内在因素决定的，而产量和品质潜力的实现，则取决于环境因子、栽培条件与作物的协调统一。作物栽培的任务，说到底是改善环境、创造条件，使作物的遗传潜力得以充分表达。

当前，人们已经认识到产量和品质潜力不但涉及作物形态、解剖、生理，而且与作物的基因、酶等有着密切的关系。在生理学水平上，改变光合色素的组成和数量，改造叶片的吸光特性，改良二氧化碳固定酶，提高酶活性及对二氧化碳的亲和力，均有助于提高光合效率。

生产富硒农产品，特别是各方面要求甚严的粮食作物，一定要选用有机类硒元素，如土伯有机硒肥。这种肥料不仅重金属非有机杂质含量符合标准，生物活性好，易被作物吸收，农产品硒含量稳定，品质产量优于普通农产品，而且生产成本低，农产品符合富硒农产品质量要求。

第三节　富硒作物产量和生产潜力

一、作物产量

所谓作物产量，包括两个概念：一个是生物产量，即作物在生育期间积累的干物质总量（一般不包括根系）；另一个是经济产量（即通常所说的产量），是指生物产量中被利用作为主要产品的部分。

作物的经济产量是生物产量的一部分。经济产量占生物产量的比值叫经济系数。作物的经济系数越高，说明该作物对有机质的利用率越高，主产品的比例越大，而副产品的比例越小。不同作物的经济系数有很大差别，如薯类作物为70%～80%，小麦为45%，玉米为30%～40%，大豆为30%左右。同一种作物因品种、环境条件及栽培技术的不同，其经济系数也有明显的变化。

二、作物产量构成因素

作物不同，产量（经济产量）构成因素也不同。禾谷类作物的产量由穗数、粒数和粒重三个基本因素构成，三者的乘积越大产量越高。在相同产量情况下，不同品种、不同条件，构成产量因素的作用可以不一样。有的三个因素同时得到发展，也有的仅是其中一个或两个因素较好。以小麦为例，北部麦区高产田的产量构成因素以穗多为特点；南部高产田的穗数较少，但每穗粒数较多。因此，不同地区、不同品种，在不同栽培条件下，有着各自不同的最优产量因素组合。

在一定的栽培条件下，产量构成因素之间存在着一定程度的矛盾。单位面积上穗数增加到一定程度后，每穗粒数就会相应减少，粒重也有降低趋势，这是普遍规律。当穗数的增多能弥补并超过粒数、粒重，降低的损失时，则表现为增产；当某一因素作用的增大不能弥补另外两个因素减少的损失时，就表现为减产。

三、作物增产潜力及提高作物产量的途径

作物所积累的有机物质，是作物利用太阳光能、二氧化碳和水，通过光合作用合成的。因此，通过各种途径和措施，最大限度地利用太阳光能，不断提高光合效率，以形成尽可能多的有机物质，是挖掘作物生产潜力的重要手段。

阳光是作物进行光合作用的巨大能源。据计算，作物可能达到的对阳光的最高利用率为可见光的12%左右。但目前耕地平均全年对太阳光能的利用率只有0.4%，仅是可能最高利用率的1/30。即使亩产已达500 kg水平的地块，其光能利用率也只有2%；就是亩产1 000～1 500kg的地块，其光能利用率也不过3%～5%。由此可见，提高作物单位面积产量，还有巨大的潜力。

要达到最大光能利用率，必须具备以下四个条件：一是具有充分利用光能的高光效作物及品种；二是空气中的二氧化碳浓度正常；三是环境条件处于最适状态；四是具有最适于接受和分配阳光的群体。这四个条件可分为改进作物因素和改善环境因素两个方面。具体应从以下四个方面着手。

（一）培育高光效的农作物品种

要求作物具有高光合能力、低呼吸消耗，叶面积适当，光合机能持续时间较长，株型、叶型、长相都利于群体最大限度地利用光能。

（二）充分利用生长季节，合理安排茬口

采用间作套种、育苗移栽、保护栽培等措施，提高复种指数，使耕地在一年中有作物生长，特别是在阳光最强烈的季节，耕地上要有较高的绿叶面积，以充分利用光能。

（三）采用合理的栽培措施

合理密植，保证田间有最适宜受光的群体。同时，正确运用水、肥等，充分满足作物各生育阶段对环境条件的要求，使适宜的叶面积维持较长时间，促使光合产物的生产、积累和运转。

（四）提高光合效率

例如，补施二氧化碳肥料、人工补充光照、抑制光呼吸等。

第二章 富硒水稻生产关键技术

水稻为禾本科稻属植物，是栽培稻的基本类型。普通栽培稻是野生稻经驯化演变最初形成的栽培稻种。普通栽培稻分布于世界各地，占栽培稻品种的99%以上。

在中国，水稻栽培历史悠久。1995年，中国湖南道县玉蟾岩遗址发现了四粒黄色的稻谷，测定年代为公元前一万年前，是目前世界上发现最早的稻谷。此外，在长江下游河姆渡也曾出土了约七千年前的稻种残留物、广东英德出土了约一万年前的人工栽培的水稻硅质体。中国的古稻有些甚至被科学家拿来重新种植，并加入杂交稻的品种当中。

富硒水稻除留存了普通水稻的全部营养成分，还具有抗癌、防癌、保护心脏和延缓衰老、抗氧化与消除自由基、提高人体免疫力等多种特殊保健功能。因为富硒水稻的特殊保健功能及硒是人体必需的矿物质微量元素，加之人们生活质量的提高，所以近年来发展迅速。

第一节 富硒水稻栽培基础

一、水稻的一生

（一）植物学特征

水稻为禾本科稻属，一年生草本植物。

1. 根

水稻根属于须根系，由种子根（初生根）、不定根（次生根）组成。初生根由胚根发育而成，出苗后 2～3 d，第一片完全叶出现后，陆续形成初生根系。水稻的第二片、第三片完全叶长出的同时，在不完全叶的叶节上长出 5 ～ 6 条次生根。第三片完全叶展开时，幼苗根中基本形成通气组织，此后，苗床或田面可以经常保持浅水层。

分蘖期是水稻次生根系形成的主要时期。四叶期，第一叶节发生分蘖的同时发根。每增加一片叶，发生一轮新根，每层根 5 ～ 20 条。水稻的发根力随生长不断变化，出苗后 30 d，生根速度最快，40 ～ 50 d 发根力最大，最高分蘖期后 15 d 达到一生根量的高峰期。

水稻根 75% ～ 85% 分布在 10 cm 耕层中，90% 分布在 20 cm 的耕层中。拔节前，根在耕层中呈横椭圆形分布，拔节后向深层发展，呈倒卵形。

2. 茎

稻茎一般为圆筒形，中空，茎上有节，上下两节之间称为节间。茎的基部茎节密集，节间不伸长，称为根节或分蘖节；茎的地上部分的节间可以伸长，称为伸长节。稻茎的高矮因品种和环境条件而有所变化，一般为 70 ～ 110 cm。茎基部间长短与粗壮程度和倒伏很有关系，短而粗的不易倒伏，长而细的容易倒伏。稻茎各节，除顶节外，都有一个腋芽。这些腋芽在适宜的条件下，都能发育成分枝。凡分枝发生在稻茎地下部分的分蘖节上的，称为分蘖。稻茎地上部分各节的腋芽通常呈潜伏状态。

3. 叶

水稻属于单子叶植物，水稻的叶有两种，一种是发芽后从芽鞘中抽出的只有叶鞘、叶片高度退化的不完全叶；另一种是完全叶，完全叶由叶片、叶鞘、叶耳、叶舌、叶枕组成。

4. 穗和颖花

稻穗为圆锥花序。穗的中央有一主轴叫穗轴，穗轴上有 8 ～ 10 个节，节上着生一次枝梗，一次枝梗在穗轴上呈 2/5 开度（144°）排列。

穗轴基部着生枝梗的节叫穗颈节，穗颈节上的枝梗轮生。穗颈节到剑叶叶耳间为穗颈。水稻的穗如图 2-1 所示。

一次枝梗上分生出二次枝梗，一次枝梗上着生 5 ～ 6 枚小穗；二次枝梗上着生 3 ～ 4 枚小穗。每个小穗是 1 朵可孕花。水稻颖花由小穗柄、小穗轴、副护颖、护颖、外颖、内颖、雄蕊、雌蕊、鳞片构成。水稻的颖花如图 2-2 所示。

水稻是自花授粉作物，花朵开放前即已完成授粉，天然杂交率 0.2% ～ 0.3%。

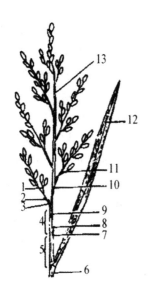

图 2-1　水稻的穗

图 2-2　水稻的颖花

1—二次枝梗；2—退化二次枝梗；3—一次枝梗；

4—穗节距；5—穗颈长；6—顶叶鞘；7—穗颈节；

8—退化一次枝梗；9—穗轴；10—穗节；

11—退化颖花；12—顶叶；13—退化生长点

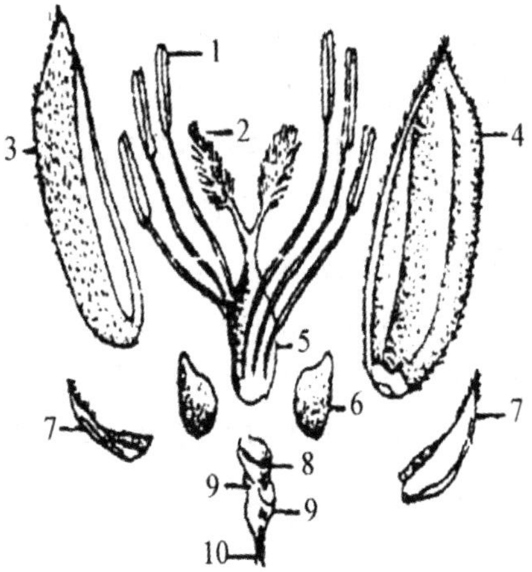

1—花药；2—柱头；3—内颖；4—外颖；

5—子房；6—鳞片；7—护颖；8—小穗轴；

9—副护颖；10—小穗梗

5. 种子

成熟的稻粒，生产上常称为种子。水稻的种子属颖果，千粒重一般为 25～30 g，由颖壳和糙米两个主要部分组成。

（1）颖壳。颖壳由两个尖底船形的互相钩合着的内外颖构成，外颖的尖端为颖尖，有的品种外颖的尖端延伸形成芒，其长短因品种而异，最长的可达 6～7 cm。

（2）糙米。稻粒去掉颖壳即为糙米，糙米表面光滑，白色或半透明，也有红色、紫色和黑色的。未成熟的糙米呈绿色，成熟的糙米绿色消失而呈白色。糙米除了包在外边的薄薄的果皮外，主要由胚乳和胚两部分构成。胚乳重占种子总重的 83%，胚只占种子总重的 2%，但含有大量的高能营养物质，胚由胚芽、胚轴、胚根和盾片等组成。

（二）生育期

水稻从出苗到成熟所经历的天数称生育期。

水稻的生育期具有一定的稳定性。一般而言，同一品种在同一地区、同一季节、不同年份栽培，由于年际间都处于相似的生态条件下，其生育期相对稳定，早熟品种总是表现早熟，迟熟品种总是表现迟熟。这种稳定性主要受遗传因子所支配。但是，水稻生育期的长短也具有可变性，它会随着生态环境和栽培条件不同而变化。在一定范围内，不论何种品种，一般播种越早，生育期越长；播种延迟，生育期缩短。当同一品种在不同地区栽培时，表现出随纬度和海拔的升高而生育期延长，相反，随纬度和海拔高度的降低，生育期缩短；当海拔相同而纬度不同时，同一品种的生育期明显随纬度的降低而缩短，随纬度的升高而延长；在纬度相同、海拔不同的情况下，同一水稻品种的生育期随海拔的升高延长，随海拔的降低而缩短。另外，从栽培措施看，一般插秧密的生育期缩短，插秧稀的生育期延长；多施氮肥比多施磷钾肥生育期延长；水稻种植于沙质壤土较黏质壤土的生育期缩短。

（三）生育时期

在水稻的一生中，根据植株的外部形态和内部生理特性，可将其划分为种子萌发期、幼苗期、分蘖期、拔节孕穗期、抽穗开花期和成熟期六个生育时期。每个生育时期的生育特点不同，对环境条件要求各异，只有掌握各个生育时期的生长发育特点，才能及时采取适当的促控措施，获得理想的产量和效益。

1. 种子萌发期

通过休眠的种子，在适宜的温度、水分、氧气条件下，由相对静止状态转变为显著变动状态，开始生长，这个过程叫萌发。当胚根或胚芽开始突破颖基部出现白点时，称为"破胸"。在一般情况下，胚芽鞘先突破种皮，胚根也随即长出。

种子破胸后，胚根、胚芽继续生长，当胚芽长度达到种子长度的一半，胚根长度达到种子长度时，为发芽。

2. 幼苗期

从出苗到第三片完全叶展开叫作幼苗期，但生产中把秧田期也叫作幼苗期。胚芽向上长出白色而挺立的芽鞘后，从芽鞘中伸出 1 片只有叶鞘的不完全叶，不完全叶的出现，标志着幼苗从完全依靠胚乳供应养分转向通过光合作用独立营养。

3. 分蘖期

水稻第四片完全叶抽出，开始发生分蘖。从开始分蘖到开始拔节这段时间称为分蘖期。分蘖是由水稻茎部腋芽发育形成的"分枝"。水稻发生分蘖是个体生长正常的表现，而群体的发展，必须以个体正常生长为基础。如果水稻没有分蘖，说明个体生长受到严重的抑制，很难达到高产目的。因此，分蘖对水稻产量的形成有很大影响。分蘖期生长的特点是分蘖的增加及以分蘖为中心的发根、出叶、茎的长粗等营养生长的进行。分蘖期是决定单位面积有效穗数的关键时期，是为水稻穗发育奠定物质基础的时期。

4. 拔节孕穗期

拔节孕穗期是水稻的营养生长与生殖生长的并进阶段，在叶数不断增长、节间伸长的同时，幼穗开始分化，发根力开始下降，根量不再增加，是产量形成的关键时期。

5. 抽穗开花期

幼穗发育完成以后，稻穗顶端伸出剑叶叶鞘外时，称为抽穗。一株水稻的抽穗次序一般是主穗先抽，再按照各分蘖发生的迟早而依次抽穗。生产上要选择抽穗整齐的品种，加强田间管理，使植株生长健壮、整齐。

在正常条件下，稻穗抽出剑叶的当天或经 1 ~ 2 d 即可开花。一个颖花的内外颖开始张开到闭合的过程，叫作开花。水稻属于自花授粉作物，异花授粉率仅在 1% 以内。

6. 成熟期

花粉落在柱头上 2 ~ 3 min 即发芽，受精在开花后 18 ~ 24 h 完成。受精后，胚及胚乳开始发育，养分自茎叶向籽实转运，子房开始逐渐膨大，进入灌浆、结实阶段。开化后 4 ~ 5 d，幼胚已经分化，并开始灌浆。从灌浆开始谷粒增长很快，一般开花后 7 ~ 8 d 可达到最大长度，8 ~ 10 d 可接近最大宽度，约 15 d 接近最大厚度。此时，米粒基本定型，以后是胚乳的充实，进入成熟过程。

水稻的成熟过程，根据谷粒内容物的形态和色泽，可分为乳熟期、黄熟期（蜡熟）、完熟期 3 个时期。乳熟期，米粒内容开始有淀粉积累，且呈现白色乳液，之后浊液由淡转浓，再由浓变硬，浆液消失，如蜡状，谷壳转黄，米粒背面仍为绿色，蜡熟期开始。再经 8 d 左右，谷壳呈黄色，米粒硬固，背部绿色转淡，到背面纵沟褪色时，蜡熟期结束，完熟期开始。最后整个谷壳变黄，米粒呈白色，米质坚硬，干物质积累达最大值时，为完熟期。

二、水稻的三性及在生产中的应用

（一）水稻的三性

水稻的生育期因品种不同而有明显差异，这是不同品种对温度、光照不同反应的结果。水稻的生育期包括营养生长期和生殖生长期两个时期。不同品种的生殖生长期即从幼穗开始分化到成熟的日数差异是不大的，品种间生育期长短的不同，主要是由于营养生长期的差异。水稻的发育特性是影响稻株从营养生长向生殖生长转变的若干特性。这些特性集中表现为品种的感光性、感温性和基本营养生长性，通称为水稻的"三性"。"三性"是水稻遗传特性的反应，依品种而异。

1. 水稻品种的感光性

水稻原产于亚热带地区，系短日照性植物。日照时间缩短，可加速其发育转变，使生育期缩短。日照时间延长，则可延缓发育转变，甚至不转变，使生育期延长，或长期处于营养生长状态而不抽穗、开花。水稻的这种因日照长短的影响而改变发育，缩短或延长生育期的特性，称为感光性。一般晚稻品种或愈是晚熟的品种，其感光性愈强，属于对日长反应敏感的类型；早稻品种或愈是早熟的品种，其感光性愈弱，属于对日长反应迟钝或无感的类型。

2. 水稻品种的感温性

各类水稻品种，在其适于生长发育的温度范围内，高温可加速其转变，提早抽穗；较低温度可延缓其发育转变，延迟抽穗，使生育期延长。水稻因温度高低的影响而改变其发育转变，缩短或延长生育期的特性，称感温性。

3. 水稻的基本营养生长性

水稻的生殖生长是在其营养生长的基础上进行的，其发育转变必须有一定的营养生长作为物质基础。因此，即使是稻株处在适于发育转变的短日照、高温条件下，也必须有最低限度的营养生长，才能完成发育转变过程，开始幼穗分化。水稻进行生殖生长之前，不受短日照、高温影响而缩短营养生长期，称为基本营养生长期，或短日高温生育期。不同水稻品种的基本营养生长期长短各异。这种基本营养生长期的差异特性，称为品种的基本营养性。至于营养生长期受短日照、高温影响缩短的那部分生长期，则称之为可消营养生长期。

（二）"三性"在水稻生产中的应用

1. 在引种上的应用

不同地区的生态条件互有差异，在相互引种时必须考虑品种的光温反应特性。凡对温度、光照反应迟钝而适应性广的品种，只要生育季节能够保证，且能满足品种所要求的有效积温，引种比较容易成功。

不同纬度地区之间的引种，如北种南引，由于原产地稻作期间日长一般较长，温度较低，而引种至南方后，稻作期间日长一般较短，温度增高，生长发育快，生育期一般都会缩短。因此，北种南引一般引用早熟品种，否则，因其对高温反应敏感，发育快而易出现早穗，穗小粒少，导致减产。南种北引，因光温条件由短日高温变为长日低温，致品种发育迟缓，生育期延长，如引种感光性弱的早稻早熟类型较易成功，而感光性强的晚稻则难以成功，不宜引用。

从低海拔地区向高海拔地区引种（低种高引），由于高海拔地区温度较低，品种发育延迟，生育期也相应延长，因而应引用早熟品种为宜。相反，高种低引应引用晚稻类型品种较为适宜。

在纬度、海拔大体相同的地区之间，因两地光温条件大体相同，相互引种的品种生育期变化较小，引种较易成功。

2. 在栽培上的应用

为满足各类稻田耕作制度对富硒水稻品种搭配、播、插期安排等的要求，保证高产稳产，同样需要考虑品种的光温特性。例如，在我国南方稻区，由于季节紧张，为了保证全年水稻高产，早稻品类型原则上应选感光性弱、感温性中等，而短日高温生育期稍长的迟熟早稻品种。迟熟品种要求有效积温较多，较耐迟播迟栽，秧龄稍长不易老化拔节；早熟品种，由于全生育期所需有效积温较少，感温性较强，短日高温生育期缩短，如育秧期间温度偏高而不能及时揭膜，插入大田易早穗，使产量难以提高。因此，在栽培上，应注意培育适龄壮秧，并加强本田前期管理，争取在短期内发足所需的苗数。早稻品种"翻秋"作晚稻栽培，更应注意控制秧龄，加强前期管理，以防高温季节发育加快，营养生长期缩短而导致减产。

3. 在育种上的应用

在进行杂交育种时，为了使两亲本花期相遇，可根据亲本的光温反应特性加以调控。例如，对感光性强的亲本采取适当迟播，或者对感光性强的亲本进行人工短日处理，促使提早出穗、开花。同样，可采用延长光照时间，使出穗、开花延迟，借以调节两亲本的花期。另外，为了缩短育种进程，或者加速种子繁殖，育种工作者多利用济南和广西等省区秋冬季节短日高温条件进行繁殖。

第二节　富硒水稻育秧技术

水稻育苗移栽是寒地一种集约化栽培方式。可提早播种，充分利用热量与光能等自然资源；幼苗期便于集中管理，减少或避免直播种容易发生的自然灾害；按计划要求栽苗保证全苗，从而有利于实行栽培技术规范化，进行计划栽培，实现高产的目标。

育苗是富硒水稻栽培的主要环节，壮苗是富硒水稻丰产的基础。因此，培育壮苗是育苗的主要任务。当前，北方寒地培育壮苗的育苗方法，主要有水稻旱育苗、营养钵育苗和棚盘育苗三种方法。

一、旱育壮苗量化标准

（一）壮苗的形态特征

秧苗的长势旺，生长整齐一致；根系发达，短白根多，无黑根、烂根；茎扁蒲状，粗壮有弹性；叶片短、宽、厚，绿中带黄，叶枕距短，无病虫害。

（二）富硒水稻旱育壮苗外部形态五项标准

1. 根旺而白

移栽时秧苗的老根移到本田后多半会慢慢死亡，只有那些新发的白色短根才会继续生长，生产上旱育壮苗根系不少于10条。所以，白根多是秧田返青的基础。

2. 扁蒲粗壮

扁蒲粗壮的秧苗，腋芽发育粗壮，有利于早分蘖，粗壮秧苗茎内大维管束数量多，后期穗部一次枝梗多、穗大，同时扁蒲秧体内储存的养分较多，移栽后这部分养分可以转移到根部，使秧苗发根快，分蘖早，快而壮。

3. 苗挺叶绿

苗身硬朗有劲。秧苗叶态是挺挺弯弯，秧苗保持较多的绿叶，对积累更多有机物，培育壮秧，促进早发有利。

4. 秧龄适当

秧苗足龄不缺龄，适龄不超龄。看适龄秧既要看秧苗在秧田生长时间，更要看秧苗的叶龄，这才能实际反映秧苗的年龄。

5. 均匀整齐

秧苗高矮一致，粗细一致，没有楔子苗、病苗和徒长弱苗等。

二、选用良种

（一）良种的选用

选用良种是富硒水稻高产、稳产的基础。北方稻作区选用的富硒水稻优良品种应具有高产、稳产、质优、耐肥、抗病、耐冷、不倒伏、熟期适中及适应性强等特性。以栽培中熟品种为主，早、中、晚熟合理搭配。优良的种子品种纯度达到99%以上，发芽率95%以上，净度99%，含水量14%以下。北方稻作区育苗移栽，宜选用大穗型、分蘖力强、后期叶片受光态势好及成熟速度快的品种。

（二）北方主要水稻优良品种

我国北方地区常见优良水稻品种见表2-1。

表2-1　我国北方地区常见优良水稻品种

品种名称	特征特性
津原D1	全生育期175 d左右。抗早衰，活棵成熟，米质优。稻瘟病综合抗性指数4.5，穗颈瘟损失率最高级5级。适宜在北京市、天津市、河北省冀东及中北部的一季春稻区种植
宁粳43	全生育期150～155 d，晚熟品种。主茎叶片15片，半直立穗型，穗大粒多，籽粒长粒型，无芒。耐肥抗倒，耐低温，抗稻瘟病和白叶枯病。适于宁夏引黄灌区中等肥力田块插秧种植
辽星20	沈阳地区生育期156 d，属中熟品种。主茎16片叶，半散穗型，穗长18～20 cm，穗粒数113.6粒，千粒重25 g，颖壳黄褐色，无芒。适宜在辽宁省沈阳以北中熟稻区种植
松粳12	生育天数132～135 d，需活动积温2 600℃左右。分蘖力强，主蘖整齐，活秆成熟。米质优良，无垩白，秆强、秆粗、秆硬，植株挺拔，抗倒伏抗病性强。适于黑龙江省第一、第二积温带插秧栽培
吉粳88	属中晚熟偏晚品种，生育期143～145 d，需≥10℃积温2 900～3 100℃。千粒重22.5 g。适于吉林省四平、吉林、辽源、通化、松原等中晚至晚熟平原稻作区
龙粳21	生育期133 d左右，需活动积温2 516℃左右。株高88 cm左右，穗长16 cm左右，每穗粒数96粒左右，千粒重26.2 g左右。适于黑龙江省第二积温带插秧栽培
龙粳26	一般旱育稀植插秧栽培条件下生育日数128～130 d，需活动积温2 350℃左右。抗稻瘟病，耐寒性强。较喜肥，后期活秆成熟，耐早霜，秆强不倒。适于黑龙江省第二、三积温带
五优稻2号	生育期135~137 d，需活动积温2 778.6℃左右。株高85.1 cm左右，穗长17.3 cm左右，每穗粒数96粒，千粒重25.1 g，分蘖力中等偏上。适于黑龙江省第一积温带插秧栽培
空育131	生育期127 d左右，需活动积温2 320℃左右。株高80 cm左右，穗长14 cm左右，每穗粒数80粒，千粒重26.5 g，主茎叶数11片。分蘖力强，成穗率高。适于黑龙江省第三积温带插秧栽培

续　表

品种名称	特征特性
上育 397	生育期 125 d 左右，需有效积温 2 400℃左右。株高 80 cm 左右，穗长 15.5 cm 左右，每穗粒数 60 粒，千粒重 27.2 g。分蘖力中等，适于中等肥力条件栽培。适于黑龙江省第二积温带下限和第三积温带插秧栽培

三、富硒水稻育苗技术

（一）育苗前的准备工作

1. 苗床地的选择

固定旱育秧田，常年培肥地力，培养床土，不宜随意变动。选择无污染，背风，向阳，水源、电源方便，地势高，干燥，排水良好，土壤偏酸，无杂草，土壤肥沃，地势平坦，无农药残留且四周要有防风设施的旱田、园田地、菜地。尽量不在稻田中育苗，稻田土壤结构不好，土壤通透性差，并且育苗期间灌水，不能育出理想的壮苗。

2. 育苗面积及材料

面积一般按 1∶（80 ～ 100），即 80 ～ 100 m² 的育苗面积，能插 1 hm² 的水田面积。材料有塑料棚布、大棚钢架、每公顷用秧盘（钵盘）400 ～ 500 个、浸种灵、食盐等。

3. 整地做床

整地做床应在秋季进行，先浅翻 15 cm 左右，及时耕耙整平，再按不同的棚型，确定好秧床的长、宽，拉线修成高出地面 8 ～ 10 cm 的高床，粗平床面，利于土壤风化，挖好床间排水沟。

4. 床土处理

在秋整地、秋做床的基础上，春季化冻后，进一步耙碎整平，按规格做好苗床。

（1）苗床土的配制原则。要求床土疏松、肥沃、有团粒、渗透性良好、保水保肥能力强、偏酸性、无草籽和石块等。

（2）配制营养床土的具体方法。原土是配制床土的主要载体，山区、半山区用山地腐殖土最好；平原地区用旱田土（不打除草剂的土）、水田土；盐碱地区用总干渠底土。用土量为 2 500 kg/hm²，最好头一年运回备用。如果是当年取土最好早运回晾晒，打碎，过筛，一般用 5 孔目筛子将原土的杂草、碎石筛掉。为了提高床土有机质的含量，一般要加草炭或腐熟农肥。

山地腐殖土。一般有机质含量都在 5% 以上，同时偏酸性，渗透良好，因此不必再加有机质。

旱田、水田土。一般比较肥沃的土壤的有机质也在 3% 以下，因此必须加 10% 左右腐熟好的猪粪或马粪，如加腐熟鸡粪，只能加 5% 左右。

盐碱土壤。土壤结构差，有机质含量低，又偏碱，适当增加有机质的比例最为有利。一般加马粪 15% ～ 20%。

有机质肥料同样用 5 孔目筛子筛一遍，然后同原土混拌过筛后备用。床土加有机质后还需要调酸，加化学肥料和消毒后才能叫营养床土。

配营养土的第一步：配制调酸剂。山地腐殖土不用调酸，其他床土必须调酸，将床土调到 pH 值在 4.5 ～ 5.5。一般生产上的做法是先将筛好的马粪或草炭进行酸化，用稀硫酸酸化，一般用 42.5 kg 水加 7.5 mL 浓硫酸，配制时把水称好放入缸内，后倒浓硫酸，倒入后搅拌一下，即成 15% 左右的稀硫酸，用塑料喷壶往马粪上浇 15 kg 左右的稀硫酸。混拌均匀后闷半天即成酸化剂。一般情况下，盐碱地区需准备浓硫酸 25 kg/hm^2，非盐碱地区准备浓硫酸 5 ～ 7 kg/hm^2。

第二步：用酸化好的马粪或草炭进行床土调酸并加入化学肥料。先做小样试验，用 4 kg 原土加 0.5 kg 酸化马粪，再称 4 kg 加 1 kg 酸化马粪，以此 4 kg 原土再加 1.5 kg 已酸化马粪做 5 份样品，分别拌均匀，用试纸测其 pH 值，使其保持在 4.5 ～ 5.5 范围。同时，1000 kg 床土再加硫铵 2.5 kg，加 1.1 kg 二铵、1 kg 硫酸钾、0.1 kg 硫酸锌，即制成营养床土。

（二）种子处理

1. 用种量

一般钵盘育苗用种量 25 kg/hm^2（发芽率在 95% 以上），一般旱育苗 30 ～ 40 kg/hm^2。

2. 晒种

选择晴天，在干燥平坦地上平铺塑料布或在水泥场上摊开，铺种厚度 5 ～ 6 cm，晒 2 ～ 3 d，白天晒晚间装起来，在晒的时候经常翻动，保证其受热均匀，目的是提高种子活性。

3. 选种

成熟饱满的种子，发芽力强，幼苗生长整齐、苗壮。一般盐水选种。将盐水配制 1.13 比重（约 50 kg 水加 12 kg 盐），其比重值在 1.10 ～ 1.13 为宜，将种子放在盐水内，边放边搅拌，使不饱满的种子漂浮在上面，捞出下沉的种子，去掉秕谷，用清水洗 2 ～ 3 遍，洗净种子表面的盐水。

4. 浸种消毒

把选好的种子用消毒剂恶苗净每袋 100 g，加水 50 kg，搅拌后浸种 40 kg，常温浸种 5 ～ 7 d，浸后不用清水洗可直接催芽播种。

5. 催芽

催芽在 28 ～ 32℃温度条件下，芽整齐一致，如果有催芽器，用催芽器效果最好。正常情况下，2 d 左右就能发芽。当破胸露白 80% 以上时就开始降温，将种子堆温度控制在 25℃适时催芽，芽长以 1 ～ 2 mm 为好，催好后放在阴凉处晾芽，等待播种。

6. 架棚做苗床

目前，黑龙江省、吉林省多以大棚、中棚为主，小棚育苗很少。一般大棚的规格是宽 5 ～ 6 m，长 20 m，每棚可育苗 100 m²。棚以南北向较好，东西向亦可，在棚内做两个大的苗床，中间为 30 cm 宽的步道，四周挖排水沟，苗床上施腐熟农肥 10 ～ 15 kg/ m²，浅翻 8 ～ 10 cm，然后搂平，浇透底水。

（三）播 种

1. 播种时期的确定

根据当地当年的气温和品种熟期确定适宜的播种日期。水稻发芽最低温为 10 ～ 12℃，因此当气温稳定通过 5 ～ 6℃时即可播种。

2. 播种量

播种量的多少直接影响到秧苗素质，只有稀播才能育壮秧。旱育苗播量标准以干籽 150 g/ m²，芽籽 200 g/ m² 为宜，机械插秧盘育苗的播种量 100 克/盘芽籽。钵盘育苗的播量为 50 克/盘芽籽，超稀植栽培播量为 35 ～ 40 克/盘催芽种子。

3. 播种方法

隔离层旱育苗播种：在浇透水的置床上铺打孔（孔距 4 cm，孔径 4 mm）塑料地膜，接着铺 2.5 ～ 3 cm 厚的营养土，浇 1 500 倍敌克松液 5 ～ 6 kg/ m²。盐碱地区可浇少量酸水（水的 pH 值为 4），可用播种器播种，播种要均匀，播后轻轻压一下，使种子和床土紧贴在一起，再均匀覆土 1 cm，然后用苗床除草剂封闭。播后在上边再平铺地膜，保持苗床内的水分和温度，以利于整齐出苗。

秧盘育苗播种：秧盘（长 60 cm，宽 30 cm）育苗每盘装营养土 3 kg，浇水 0.75 ～ 1 kg，播种后每盘覆土 1 kg，置床要平，摆盘时要盘盘挨紧，然后用苗床除草剂封闭。上面平铺地膜。

钵盘育苗播种：钵盘目前有两种规格，一种是每盘有 561 个孔的，另一种是每盘有 434 个孔的，后一种能育大苗，因此提倡用 434 个孔的钵盘。播种的方法是先将营养床土装入钵盘，浇透底水，用小型播种器播种，每孔播 2 ～ 3 粒，也可用定量精量播种器，播后覆土刮平。

（四）秧田管理

秧苗管理要求十分细致，一般分四个阶段进行。

1. 播种至出苗

此期以密封保温为主。棚内温度控制在 30℃ 左右，超过 35℃ 时要通风降温。缺水时要及时补水，苗出齐后立即撤去地膜，以免烧苗。

2. 出苗至 1.5 叶期

出苗到 1.5 叶期幼苗对低温的抵抗能力强，注意床土不能过湿，否则影响根的生长；温度控制在 20 ～ 25℃。当秧苗长到 1 叶 1 心时，用立枯净或特效抗枯灵药剂防治立枯病。

3. 1.5 叶至 3 叶期

1.5 叶至 2.5 叶是立枯病和青枯病的易发生期，也是培育壮秧的关键时期。这个时期对水分最不敏感，对低温抗性强。温度控制在 20 ～ 25℃，高温晴天及时通风炼苗，防止秧苗徒长。在 2 叶 1 心期要追一次离乳肥，苗床追施硫酸铵 30 g/ m²，对水 100 倍喷浇，施后用清水冲洗一次，以免化肥烧叶。

4. 3 叶期至插秧

此期不仅秧苗需大量水分，而且随着气温的升高，蒸发量也大，床土容易干燥，因此浇水要及时、充分，否则秧苗会干枯。温度应控制在 25℃ 以内，加大通风。棚膜白天可以放下来，晚上外部在 10℃ 以上时可不盖棚膜。

在插秧前 3 ～ 4 d 追一次"送嫁肥"，每平方米苗床施硫铵 50 ～ 60 g，对水 100 倍，然后用清水洗一次。

为了预防潜叶蝇，在插秧前用 40% 乐果乳液对水 800 倍在无露水时进行喷雾。插前人工拔草。

起秧、运秧要按当日插秧面积进行，不插隔日秧。

第三节　富硒水稻移栽技术

一、稻田整地

（一）稻田整地的基本作业

稻田土壤耕作的目的是通过耕作改变土壤的理化性状，使之适于富硒水稻生育；释放土壤中产生的还原性有毒物质；经过耕作，促使稻田含有的盐碱和酸性物质脱盐碱或转变土壤的生物化学性质，从而保证富硒水稻稳产、高产的土壤环境。要想成功栽培富硒水稻，应抓住两大关键点，即土壤处理和叶面施肥，这对于提高水稻硒含量有着重要的作用。

稻田整地的基本作业包括耕地、耙地、耢地。

1. 耕地

耕地能疏松土壤，改善耕层构造，混合肥料，翻埋根茬杂草，降低病虫危害，还能加深耕作层，较多地容纳水、肥。

耕地有秋耕、春耕之分，以秋耕为好。秋耕可以深耕，加厚耕作层，又能晒垡、冻垡、熟化土壤。如果来不及秋耕则要春耕。稻根 85% 以上分布在 18 cm 以内耕层中，从高产栽培角度看，秋耕一般应达到 15 ～ 18 cm，春耕 10 ～ 15 cm。具体掌握的原则是肥地宜深，瘦地宜浅；不破坏犁底层，保水保肥；开荒新稻田，不要超过草根层 3 ～ 5 cm。

2. 耙地

稻田耙地有干耙和水耙两种。干耙一般在春季进行，粉碎垡块，初平田面，再泡田 5 ～ 7 d 后进行水耙地，进一步平地，并泛起泥浆，使黏粒下沉，防止水田漏水。

3. 耢地

为进一步整平田面，提高插秧和播种质量，创造良好的水层管理条件，插秧或播种前进行耢地，达到上有泥糊，下有团块，土块细碎，田面高低差不超过 3 cm。

（二）各类稻田整地要点

1. 老稻田

老稻田土质比较黏重，有深厚的还原层，有害物质多。因此，在秋收后应按地势先高后低的顺序进行秋耕。犁耕后冬春冻融交替，使土块自然破碎，便于整平耙细。春耕在水田化冻 10 cm 左右时，深耕 10～15 cm，沙性大或地势高的地块一般化冻快可早翻，机械翻不超过 20 cm。秋翻地耕深 18～20 cm，并于翌年早春化冻后，抓紧在适耕期内再旱耙 1～2 遍，以减少水分蒸发，防止垡块变硬，不易泡田。在插秧、播种前，根据土质和插秧期或播期适时灌水泡田，将土块浸透、泡软。在播种或插秧前 2～3 d，将水撤成"花达水"开始水耙地。而后再用耢子进一步拖平田面，准备插秧或播种。

2. 新稻田

新开稻田、旱田改水田和播种年限短的水田，共同特点是漏水较重，田面不平，难以合理灌水。因此，整地重点是早耙多耙，平整田面。耕地深度根据土质而定，黏土宜深，壤土宜浅，一般 16～20 cm 即可。同时，应加强水耕水耙，促进犁底层的形成，防止漏水。

3. 盐碱地稻田

稻田不论新老，其首要任务是消除盐碱危害。盐碱地土质黏重，透水性差，翻耕晒垡更为重要。盐碱地翻耕晒垡的好处：一是将含盐量较高的表土翻到下层，并切断底土与耕作层的毛细管，减轻盐分向表土层的积累；二是增加冲洗时土壤与水的接触面；三是秋耕后经过冻融，垡块松散，有利于春季洗盐；四是通过晒垡使垡心的盐分析出，洗盐时易于溶解，以免造成"闷碱"。

盐碱地翻耕应比非盐碱地深些。黑土层厚（30 cm 左右）、盐碱化土层部位深，一般新开垦地要深翻 15～18 cm，以后再隔年深翻，逐年加深，最深可达 24～30 cm；黑土层薄、盐碱化土层部位浅的，要浅翻，避免把盐碱土翻上来，加重耕作层盐碱化。盐碱地种过 3～4 年水稻后，物理黏粒移动速度加快，形成坚硬的犁底层，影响水稻根系正常发育，因此，利用深松机间隔 35 cm，深松 30 cm，达到不乱土层、全面松土，代替耕地，效果显著。

二、移栽和合理密植

水稻秧苗从秧田移栽到本田，意味着幼苗期已经结束。水稻进入返青、分蘖期，是生长发育的一个转折点，在水稻生产中是十分重要的环节。水稻移栽必须做到适时早栽，保证插秧质量，合理密植。

（一）移栽时期

水稻的移栽时期要根据秧苗的类型（中苗或大苗）、安全移栽期和安全抽穗期等来确定。适时早栽，能延长营养生长期，争得低位分蘖，增加有效分蘖，使稻株在穗分化前积累较多物质，有利于壮苗、大穗、增产。黑龙江旱育苗移栽早期在当地气温稳定达13℃、地温达14℃时即可开始移栽，一般为5月中旬。

（二）移栽方法和质量要求

移栽的方法有机械插秧、人工手插或摆栽，要按确定的插秧规格拉标绳或划印。插秧的质量要求：旱育苗插的深度为2 cm左右，勿漂、勿深，深不超过3 cm。摆栽使钵体与地面平即可。浅插土温高、通气好、养分足，利于扎根分蘖，插得要直，不东倒西歪，行向直，行穴距一致。每穴的苗数要均匀，大面积插秧要周密制订计划，起秧、运秧、插秧配合好，防止中午晒秧，不插隔夜秧。插秧后要及时灌水，防止日晒萎蔫，促进返青。

1. 人工手插秧

（1）秧苗密度、手插秧规格。插秧规格有等距的正方形和宽行窄株两种形式。

等距的正方形，如18 cm×18 cm或15 cm×15 cm。优点是：秧苗受光均匀，有利于前期分蘖。但封行过早，造成中后期封闭，通风透光性差。

宽行窄株，它能改善群体通风透光的条件，有利于增加穗粒数，降低病害发生指数，提高光合效率。

（2）人工手插秧的质量要求。手插秧水稻，应该做到浅插、减轻植伤、插直、插匀。

浅插：移栽深度是影响移栽质量的最重要因素。浅插以不倒为原则，深不过寸，使秧苗根系和分蘖处于通风良好、土温较高、营养条件较好的泥层中，除造成返青慢、分蘖晚外，还会出现"二段根"或"三段根"。

减轻植伤：如果水稻移栽过程中发生植伤，会影响返青和分蘖。因此，在移栽中必须减轻水稻受植伤的程度，其措施主要是提高秧苗素质，增强抗逆性能，保护秧苗根系。

插直：要求不插"顺风秧""烟斗秧""拳头秧"。这三种秧插得不牢，受风吹易漂倒，返青困难。

插匀：防止小苗插大棵，大苗插小棵，每穴苗数要均匀一致，行距、穴距大小也要均匀一致。这样苗才能分布均匀，单株的营养面积和受光率才能保持均匀一致，稻株生长才能整齐一致。

2. 机械插秧

水稻机械化插秧技术是使用插秧机把适龄秧苗按农艺要求和规范，移栽到大田的技术。机械插秧技术具有栽插效率高、插秧质量好、节省人工、减轻劳动强度等优点。近年来研究推广的新型插秧技术，在总结吸收国内外工厂化育秧的基础上，采用软盘或双膜育秧，中小苗带土移栽，其秧田与大田比达 1∶100，可大量节省秧田并显著提高育秧功效，育秧成本大为降低。同时，标准化育秧方式为充分发挥插秧机的优越性，提高后期的群体栽培质量奠定了良好的基础。

机械插秧农艺要求：插秧深度 1.5 ～ 2.0 cm，每穴株数 3 ～ 4 株，均匀度在 80% 以上。行距 20 ～ 30 cm，株距 15 ～ 20 cm。行要直，不漂秧。

机械插秧对大田的要求：机械插秧的田块形状最好是矩形，田块要整平、耙细、泥烂、无杂物，泥脚深度不超过 30 cm，不得有 4 m² 以上的田面露出水面；耙田后要视土质情况沉淀一段时间再插秧，一般沙土需沉淀 0.5 ～ 1 d，黏土 2 ～ 3 d，有的泥浆田要沉淀 7 d 左右；插秧时要保持水深在 2 cm 左右。

机械插秧对秧苗的要求：苗壮、茎粗、叶挺，叶色深绿，苗高 10 ～ 20 cm，土块厚度 2 ～ 2.5 cm，成苗 1.5 ～ 3 株 / 平方厘米（杂交稻 1 ～ 2 株）秧根盘结不散。盘式秧苗要求四边整齐，连片不断，运送不挤伤、压伤秧苗。

机械插秧操作要求：作业前要将插秧机安装调试好，先空运转 10 min 左右，要保证安装牢固、调整准确、工作可靠。取秧及入土深度一致、运转平稳。先进行试插，检查机组运转情况和插秧质量，如不符合要求应进行再调整直至达到要求。行走方法一般采用梭形走法。机手和装秧手要密切配合，严格遵守起秧、装秧操作规程。秧苗要铺放平整并紧贴秧箱，不要在秧门处拱起。

机械插秧的质量要求：漏耕率不大于 5%，相对均匀度合格率要大于 80%，伤秧率不大于 4%，插秧深度 1.5 ～ 2.0 cm，插深一致。作业时要求临界行距一致，不压苗，不漏行。

（三）合理密植

水稻合理密植是充分利用太阳光能和地力，使个体与群体发育协调进行，最终达到单位土地面积上穗多、粒多、粒重的一种丰产栽培措施。

1. 水稻产量构成因素及相互关系

水稻产量是由单位面积的穗数、每穗粒数、粒重和结实率四个因素构成的。上述产量构成因素之间存在相互制约的复杂关系，即单位面积穗数与穗粒数之间呈负相关，穗数增加则每穗粒数减少，穗数减少则每穗粒数增加；每穗颖花数与粒重、结实率之间为负相关，每穗粒数多粒重小、结实率低；粒数少则粒重大，结实率高。在产量构成因素中，单位面积穗数是对产量起主导作用的因素，其中，粒重一般变幅较小，是一个比较稳定的因素。因此，合理密植主要是调整穗数、每穗粒数和结实率之间的相互关系。水稻单位面积的密度是由单位面积的穴数和每穴苗数决定的。密度是个群体，群体由个体组成，对单位面积来说，穴数是个体，对每穴来说，每棵苗是个体，所以合理密植是指：单位面积插多少穴，每穴插几株苗要适当，行穴距要合理。通过合理密植调整个体与群体的相互关系，使群体得到最大的发展，个体正常发育，以达到单位面积最大的总粒数，从而达到穗多、粒多、粒重、高产的目的。

2. 合理密植增加叶面积，提高光能利用率

水稻体内的干物质 90% ~ 95% 是光合作用的产物。因此，合理密植扩大绿叶面积，提高光合作用产物的积累，是合理密植增产的主要技术环节之一。光合作用产物的积累在一定范围内是随着密度增加而增加的，但超过一定的限度反而随着密度的增加减少。不同水稻品种和同一品种不同生育时期，要求达到的叶面积大小范围是不一致的，目前生产上要求适宜的叶面积系数大体上是：分蘖期 3.0 ~ 3.5，拔节期 4 ~ 5，孕穗期 6 ~ 8，乳熟期 5.5，乳熟末期 4.5 左右。

3. 插秧规格与密度

水稻本田的密度是由单位面积的穴数和每穴苗数决定的。实践证明，在旱育稀植育壮苗的基础上，用带蘖秧稀植，是进一步高产的方向。为充分发挥秧苗的生长能力，每穴苗数要根据单位面积穴数来确定，一般每穴以 4 株为限，多于 4 株出现夹心苗，穴内环境恶化，生育不良。如每穴 4 株苗达不到单位面积株数和穗数，可适当增加单位面积穴数，而不能增加每穴株数。确定密度时要根据品种特性（分蘖力强的要稀些，分蘖力弱的要密些；生育期长的稀些，生育期短的密些；植株收敛的密些，反之稀些）、土壤肥力（肥力高的稀些，肥力低的密些）、秧苗素质（壮苗宜稀，弱苗宜密）、插秧时期（早插宜稀，晚插宜密）等条件具体安排。根据当前土壤肥力状况及主栽品种特性，一般行距采用 30 cm，穴距 13.3 ~ 16.5 cm，每穴 3 ~ 4 株。

第四节　富硒水稻田间管理技术

富硒水稻植株各器官硒的含量从根、茎、叶、果实依次递减，因此尽量选择含硒量大、土壤肥沃的地块，如果土壤的硒含量不足，可以进行人工施肥，改善土壤硒的含量。

加强水稻本田管理，以水调肥、以水调温、以水调气，综合防治病虫草害，促使秧苗快速返青、提早分蘖、壮根壮秆、足穗、大穗和增加粒重、确保安全成熟，才能获得富硒水稻的高产、稳产、高效。

一、稻田水分管理

稻田水分管理是水稻栽培技术中的一项重要内容,包括灌水和排水两个方面,这两个方面互相协调,共同对水稻生长发育发生作用。合理的灌溉技术是根据水稻的生理需水和生态需水来制定的。了解水分对水稻生理的作用及其对生态环境的影响,才有可能根据各种复杂的栽培条件,因地制宜制定出合理的灌溉技术措施。

水稻一生中,返青期、拔节孕穗期、抽穗开花期和灌浆期对水分的反应较敏感,而幼苗期、分蘖期和结实期对水分反应较迟钝。因此,水稻各生育时期的水分管理,首先应保证重点生育时期对水分的要求,其次要根据水稻生育状况和气候变化特点,进行合理灌溉。

(一)插秧前的水层管理

插秧前的水层管理,包括泡垡和耙地。北方一般 5 月初开始泡垡,时间为 1 周左右,时间不宜拖后,泡垡时间过晚,杂草没有萌发机会,达不到耙地封闭除草的目的。泡垡时水层以 2/3 的垡片浸没在水中,1/3 的垡片可见上部为适宜。泡垡要稳水灌溉,提高水温和地温,促进杂草早发,水分不足时要补水。

耙地和施基肥一般应同时进行,整地首先按泡垡的要求,一般水层在垡片的 1/3 处,封住池水口子施入化肥,再进行耙地。进一步平整田面提高插秧质量,为水层管理创造良好的条件,插秧前进行耢地,同一池子内地面高低差时水不露泥。

(二)插秧至返青期的水层管理

稻田水层的深浅与插秧质量、插秧后的返青快慢有密切关系。寒地水稻旱育稀插秧时要做到花达水,插秧时地面无水或水层过深,都不利于提高插秧质量。插秧后,应立即建立苗高 1/2～2/3 的深水(一般 3～4 cm),以不淹没秧心为好,以水护苗,促进返青。返青后正常年份内保持 3cm 左右浅水层,低温冷害年份为 5 cm 深,如在返青期遇到寒潮,水层可加深到 6～7 cm,提高水温、地温,以加速土壤养分转化。低温过后要立即放水,正常管理。

(三)分蘖期的水层管理

分蘖期稻田灌溉水层,直接影响水稻生育。在寒地稻区,水层的温度对分蘖发育的影响大于气温,水稻分蘖早生快发,除秧苗素质外,主要取决于水温。因此,促使分蘖早生快发,根系发达,稻株健壮,以浅水灌溉有利。因为浅灌可以提高水温和地温,增加土壤氧气和有效养分,并使稻株基部光照充足,能为水稻分蘖创造良好的环境条件。水层浅时分蘖早、分蘖节位低，不但能增加分蘖的数量，而且提高分蘖的质量。返青后到有效分蘖终止期间，一般灌 3～4 cm 水为宜，以提高水温。据调查，6 月 25 日稻田死水水温比活水水温高约 1.2℃。低温连续出现，日平均水温低于 17℃时，应加深水层保护稻苗。

分蘖末期为控制无效分蘖，一般采用两种方法：一是深灌 10～12 cm 水层，降低水温和地温，削弱稻株基部光照强度，以抑制后期无效分蘖。但应注意深灌时间不宜过长，一般以 7 d 左右为宜，否则会使根系发育不良，稻株生长软弱，引起后期倒伏，也可发生病害。二是排水晒田，使表层土壤水分减少，控制水稻对水分和养分的吸收，以抑制后期分蘖的发生，此种措施具有较多的优点，特别是在多肥高产栽培的低湿田，其增产效果较大。

如果采用井水灌溉，要昼停夜灌，采取设晒水池、延长灌水渠、加宽进水口、表层水灌溉等增温措施，防止或减轻水温低对水稻生长发育的影响。灌水要在日落前 1～2 h 到日出后 1～2 h 进行。

当田间茎数达到计划茎数的 80% 时，要对长势过旺、较早出现郁闭、叶黑、叶下披、不出现拔节黄及土质黏重、排水不良的低洼地块，晒田 5～7 d；相反则不晒，改为深水淹。晒田程度为田面发白、地面龟裂、池面见白根、叶色褪淡挺直，控上促下，促进壮秆。

（四）拔节孕穗期水层管理

水稻幼穗发育期，光合作用强，代谢作用旺盛，外界气温一般较高，水稻蒸腾量较大。此时生产 1 g 干物质需要 395～635 g 水，是水稻一生生理需水最多的时期，特别是花粉母细胞减数分裂期，对水分最为敏感。为满足水稻生育中期的对水的需求，把水层灌到 6～7 cm 比较适宜，并要求活水灌溉。在花粉线细胞减数分裂期出现低温时（平均气温低于 18℃，最低气温为 13℃），应将水层加深到 15～20 cm。这时大部分颖花处于地上 8～14 cm 高度，使幼穗淹没在水层之中，可免受低温冷害，低温过后立即正常灌水。在抽穗前 3～5 d，可以进行间歇灌水，因为较长时间的深水灌溉，土壤中氧气不足，毒气增多，影响根系的生理机能。采取间歇灌水能够向土壤输送氧气，排除积存过多的有毒气体。

（五）抽穗开花期到成熟期水层管理

抽穗开花期也是水稻水分反应敏感的时期，如水分不足，会造成水稻抽穗不全，受精不好，秕粒增加。因此，抽穗后土壤应保持饱和水状态。为了维持叶片的活力，延长叶片功能时期，促进稻株光合作用，并使茎、叶中储存的有机养料顺利地转运到籽粒中，增加粒重，减少秕粒，必须供给水分。但淹水会使土壤氧气供应不足，降低根系活力，导致叶片早衰。因此，应在抽穗后 20 ～ 25 d 采取间断灌水方法，使土壤保持饱和水状态。此后根据成熟情况停灌，一般蜡熟后期停灌（抽穗后 30 ～ 35d），黄熟初期排干。漏水较高的稻田适当延长灌水时间，要防止土壤过早缺水，以免由于叶鞘含水量的降低引起倒伏或由于绿叶面积的过早减少，而增加垩白米，降低稻米质量。

二、稻田施肥

据分析，每生产 100 kg 稻谷，需要吸收氮素 1.8 ～ 2.5 kg，磷素（P_2O_5）0.9 ～ 1.2 kg，钾素（K_2O）2.1 ～ 3.3 kg，三者比例约 2：1：2.5。从上述数据可推算出水稻不同产量水平的养分需要量。水稻对营养元素的吸收，一般是插秧返青后逐渐提高，至抽穗前达最高，以后逐渐减少。

（一）基肥的施用

基肥应在施用有机肥料的基础上，配合一定数量的化学肥料，在施肥时要有计划地实施稻草还田，有机肥与无机肥配合，氮、磷、钾配合，化肥与微肥配合，提高肥料的利用率。化学肥料应遵循基肥为主、追肥为辅的原则。

1. 增施农肥

实践证明"水稻高产靠地力，小麦高产靠肥力"。为了不断培肥稻田，除合理耕作改良土壤外，在施肥方面要积极有计划地实施稻草还田，有机肥与无机肥配合，氮、磷、钾配合，化肥与微肥和激素配合，配比合理，提高肥料利用率。有机肥与无机肥配合施用，不但可以平衡土壤有机质，而且对营养元素的循环和平衡有积极作用。稻草还田和施用有机肥，可增加土壤多种营养元素，并提供具有生长激素和生长素类化合物，保持土壤氮肥储量，对水稻具有特殊意义。因为在水稻土中，化肥氮素的残留量一般极少，甚至没有，而有机肥中的氮素，被当年水稻吸收利用一些后，仍有部分氮素残留在土壤中，可有 1 ～ 2 年的后效。有机肥料中的有机酸和腐殖酸，不但能与铁、铝等络合，而且腐殖酸还能在胶态氧化铁、铝表面形成保护膜，从而减少化学肥料磷被土壤固定，提高施肥效果。氮、磷、钾三要素的合理配合，不但可以提高产量，还可以提高稻米品质，提高化肥利用率。稻田施用基肥，一般腐熟有机肥的施用量为 15 000 ～ 22 000 kg/hm²。

2. 深施化肥

用化肥做底肥是施肥技术上的一大改革。据各地试验表明，施尿素75 ～ 112.5 kg 做基肥的比整地后施于地表的增产 11.3% ～ 16.5%。

具体施肥方法一般有如下三种：

第一，秋翻地块可在翻地前施入。已秋翻秋耙地块可在春季水耙前施入。春翻地在翻地前将化肥撒施田面。但这种施肥方法要求整地的基础一定要平。

第二，灌水泡田后，水耙前施用。先堵好水口，将化肥均匀地撒入田块，然后用手扶拖拉机或其他耙地工具，将化肥耙入耕层 6～8 cm 或更深些，使化肥与土壤充分混合在全耕层里。

第三，旋耕施入。有旋耕条件的地方，先把化肥撒在地表，随后用旋耕将其混拌在 12～14 cm 的耕层里。

总之，无论哪种施肥方法，都要注意到随施肥随翻耙，间隔时间不可过长，特别是第二种水耙前施肥，要注意耙后尽量少排水，必须排水的地块也要注意 5～6 d 后再排水，以防肥料流失。

（二）追肥的施用

1. 分蘖期的施肥

黑龙江省的水稻均属早粳类型，营养生长期较短，分蘖期和拔节孕穗期关系为重叠型。插秧后一个月左右即施足基肥和分蘖肥，稻体含氮量升高而进行分蘖和幼穗分化，促使枝梗和颖花分化。分蘖期施基肥可起到增蘖、增花的双重作用。为使盛蘖叶位在分蘖期见到肥效，必须在插秧返青后立即施肥。以 12 叶品种为例，第 6 叶为盛蘖叶位，为使蘖肥在 6 叶期见肥效，必须在 4 叶期追肥，即 4 叶追肥，5 叶和 6 叶见效最多。如施两次分蘖肥，第二次蘖肥应在 6 叶期施，使肥效反应在有效分蘖临界叶位以后，并有保蘖作用，但易增加无效分蘖。分蘖期追施氮肥用量一般为全生育期总施氮量的 30% 左右。用尿素 45～68 kg/hm²，以之补给分蘖所需养分，并调整水稻长势长相。施肥方法，一般先施计划用量的 80%，过几天再用剩余的 20% 氮肥。浅水施肥，施肥后一般 6～7 d 不灌不排，缺水补水，使肥水渗入土中，再正常灌溉。

2. 穗肥的施用

施用穗肥既能促进颖花数量增多，又能防止颖花退化。一般在抽穗前 15～18 d 施用穗肥，穗肥施用时期，在倒数 2 叶长出一半左右时施用，使颖花分化期及花粉母细胞减数分裂期见到肥效，以防止颖花退化，扩大颖花容积。施肥量为总氮肥量的 10%～20%。如果水稻长势过于繁茂或有稻瘟病发生的病兆，则不施穗肥，钾肥为全生育期用量的 40%～50%。

3. 粒肥的施用

粒肥可以维持稻株的绿叶数和叶片含氮量，提高光合作用，防止稻株老化，增加结实率和粒重。但粒肥施用不当会引起贪青晚熟，一般必须在安全抽穗期前抽穗或水稻生长后期有早衰、脱肥现象时才能施用，应在齐穗期至抽穗后 10 d 内施用。施肥量为全生育期总用氮量的 10% 左右，尿素 15 ～ 22.5 kg/hm²。此外，采取根外追肥也是省肥防早衰、加速养分运转的好办法，每公顷用尿素 7.5 kg，过磷酸钙 15 ～ 30 kg，加水 1 125 ～ 1 500 kg，过滤后叶面喷施；或用磷酸二氢钾 2.25 kg，加水 1 050 ～ 1 200 kg，叶面喷施效果也好。

4. 水稻硒肥的施用

在水稻的抽穗期进行粒肥的施撒，使用含硒量大的微量元素追肥。另外，要配合施撒常规元素肥料，实行"一控二增"和攻前、控中、补后的施肥原则，即控制氮肥、增施磷钾肥和有机肥，氮、钾肥适当后移，普施穗肥。因此，在追肥时应注意时间和施肥量，避免不必要的浪费。

叶面喷洒硒肥是最常见且最有效的方法。水稻叶面对硒的吸收具有吸收速度快、吸收面大的特点，一般在齐穗期和灌浆期进行喷洒。齐穗期的喷洒有利于水稻大量吸收，是增加硒含量的关键。另外，灌浆期即水稻已经成熟但没有完全成熟的时期，是收割前期喷施硒肥的最后一步，此时期是增加水稻干粒重的关键时期，但在收割前 20 d 必须停止喷洒。

在水稻的秧苗期、分蘖期、齐穗期施用硒肥是最为关键的。科学的办法是将含有硒元素的叶面肥进行对水，装入人工喷雾器或者无人机喷洒设备喷洒，喷洒的时间一般为晴天 09:00—17:00 或者阴天下午，但不能在雨天喷洒，因为雨水会冲刷掉硒肥，这样水稻无法吸收，起不到作用。另外，喷施硒肥时还可以和中性、酸性农药配合使用，但是禁止和碱性农药混合使用。

三、水稻病虫草害的发生与防治

（一）水稻病害

寒地稻区主要有以下几种病害：稻瘟病、恶苗病、立枯病、白叶枯病、纹枯病、叶鞘腐败病，这几种病害发生面广、危害重，对产量影响较大。影响水稻病害发生的因素较复杂，与品种的抗病性、气候状况、栽培技术、药剂使用情况等密切相关。病害的发生情况在不同省、不同地区差异很大，同一省不同地区和不同年份间差异也较大。

1. 稻瘟病

稻瘟病是气流传播型病害，当环境条件适宜时将造成大面积发病，所以它的威胁最大，并且每年都有不同程度发病现象，是寒地稻区防治的主要病害之一。

水稻稻瘟病主要危害水稻的叶片、茎秆、穗部。因危害时期、部位不同可分为苗瘟、叶瘟、节瘟、穗颈瘟、枝梗瘟、谷粒瘟。穗颈瘟最初形成褐色小点，发病后穗颈部变褐，并会造成枯白穗，发病晚的造成秕谷、枝梗或穗轴受害造成小穗不实。

在发病期间应及时进行药剂防治，其综合措施如下。

（1）防治策略与范围。重点防治品种混杂、抗病性弱以及高肥、密植田，治点保面。由于稻瘟病存在着生理分化现象，不同地区生理小种的优势种群不同，水稻品种间的抗病力有显著的差异，因地制宜地选用抗病良种是防病丰产的有效措施。例如，黑龙江省很多大农场只选用"空育131"这一水稻良种而导致稻瘟病大面积蔓延。因此，各地要搞好品种的合理布局，避免品种单一化种植。各地都有一定数量的抗病良种可以选用，要将主栽品种和其他品种合理搭配。

（2）科学管理、合理灌溉、合理密植，氮肥使用不可过量，生长不可太旺。注意氮、磷、钾肥的配合施用。分蘖期晒田炼苗，浅水促进分蘖的发生；孕穗期大水拦腰；孕穗期存水壮秧，保持田间干湿有序；灌浆期湿润灌溉，促进成熟。

（3）注意稻瘟病在发病高峰期的防治。在北方粳稻区，拔节至孕穗期是稻瘟病发病高峰期，灌浆初期是第二个发病高峰。这期间如出现低温、多雨有利于病害发生。暴风雨后，稻叶出现大量伤口，病害易大规模发生。施氮肥过多、过迟发病较重。7月上旬进行查田，检查植株，对于水稻生长繁茂、叶片略有下披的田块，应及时喷药防治。严格控制发病中心，8月上旬防治穗瘟。

（4）药剂防治。防治叶瘟要在发病初期喷药，及时消灭发病中心。防治穗瘟可在抽穗前和齐穗期各喷一次药。田间喷药，质量要高，时间要准，如发现有个别植株发病，应立即喷药。水稻分蘖期更要注意叶瘟的发生，如果发现中心病株，特别是急性病斑出现时，应及时喷药以控制病害发展。在喷药过程中要特别注意质量问题，药量要施足，喷药要均匀。在生产中可选用如下药剂：40%的瘟毕克可湿性粉剂、75%丰登可湿性粉剂、40%富士一号可湿性粉剂、40%稻瘟灵乳油、40%春雷霉素、灭稻瘟一号、30%新克瘟散、75%的三环唑可湿性粉剂等。

总之，水稻稻瘟病的防治要从多方面入手，采取综合防治的方法，方能收到良好的效果。

2. 水稻恶苗病

恶苗病又称公稻子，从苗期到抽穗期均可发生。恶苗病病菌寄生或附着在种子上，种子带菌是恶苗病发病的主要原因。重病种子往往不能发芽，或发芽后不久幼苗即死亡。轻病的种子长出的病苗徒长，比健株高出1/3，植株细弱，全株呈黄绿色，根系发育不良，部分病苗在插秧前后死亡。

水稻恶苗病是种子传播带来的病害，种子带菌是主要的侵染来源，因此建立无病留种田、选留无病种子和做好种子处理是防治水稻恶苗病的关键。

（1）建立无病留种田。留种田应选择无病或发病轻的田块，单打单收，这是防治水稻恶苗病的根本措施。

（2）种子消毒处理。25%施保克、25%使百克分别用10 mL对水50 kg浸种40 kg。目前黑龙江省大面积应用的水稻浸种剂在生产上效果好，安全性高，且成本较低。但需要注意的是，同一类杀菌剂长期使用容易使病菌产生抗药性，因此应注意观察药效的变化情况，一旦药效下降应及时更换使用药剂，提倡不同类的药剂轮换使用。

（3）改进管理技术。不在中午高温下插秧，不插隔夜秧；秧田或本田中发现个别病株时及时拔除烧毁；收获后的病田稻草尽快做燃料烧掉，不用病田稻草盖秧或做催芽时的覆盖物。

3.水稻立枯病

立枯病是水稻旱育苗常见的病害。青枯多发生于幼苗三叶期前后，病苗叶尖不吐水，在气温突然升高时，幼苗迅速表现青枯，心叶及上部叶片"打绺"，幼苗叶色深绿，最后整株枯萎致死。

病菌在土壤及病残体上越冬。低温、阴雨、光照不足是诱发立枯病的重要条件，其中尤以低温影响最大。因水稻是喜温作物，当低温时水稻抗病性降低，有利于病菌侵入发生病害。

如天气持续低温或阴雨后气温突然升高，由于低温根系发育不良，吸收水分的能力差，而突然高温水分蒸发速度快，幼苗吸收水分和叶片蒸发比例失调，常使幼苗发病。

（1）床土配制。选择地势高和地面平坦的地块做苗床，床土要选用有机质含量高、肥沃、疏松、偏酸性土壤。

（2）苗床管理。及时进行通风、炼苗，以培育壮秧，提高幼苗抗病性。要在秧苗一叶一心期开始通风炼苗，降低床内温度，防止秧苗徒长，避免立枯病的发生。

（3）药剂防治。播种时可用97%恶霉灵或者移栽灵做床土消毒，也可在发病初期使用。秧苗三叶期后青枯病严重的苗床应立即灌水上床，水层高度为苗床的2/3，进行串灌，如有条件应及早异地寄秧或及时插秧。

（二）水稻虫害的发生与防治

1.水稻潜叶蝇

水稻潜叶蝇属双翅目水蝇科。潜叶蝇以幼虫潜于叶片内部，潜食叶肉为害，被害叶片留下两层表皮，呈现白条斑。为害严重时，会导致稻叶变黄、干枯或腐烂，严重时全株枯死，受害田块大量死苗。对秧田期及本田前期稻苗发育威胁很大，是水稻重要害虫之一，主要分布在东北、华北等地。

防治方法如下。

（1）清除田边杂草。水稻潜叶蝇只有第1、2代为害水稻，其余各代则在田边杂草上繁殖。清除田边杂草，可减少虫源，减轻水稻受害。

（2）农业防治。浅水灌溉使稻苗生长健壮挺直，减少潜叶蝇产卵。当田间虫害发生严重时，可排水晒田，降低田间温度，不利于幼虫发育，防治作用显著。

（3）药剂防治。药剂防治重点是秧田及早插本田。为防止从秧田将虫卵及幼虫带入本田，应在移栽前 1～3 d 进行秧田喷药，秧苗带药下本田。如需在本田施药，以水稻缓苗后为宜。常用的药剂有 40% 乐果乳油或 50% 甲胺磷乳油，750 mL/hm²，对水 600 kg 喷雾，或 90% 晶体敌百虫 800～1000 倍液喷雾。

2. 水稻负泥虫

水稻负泥虫属鞘翅目叶甲科，主要发生在东北，是寒地稻作区主要水稻害虫之一。多发生在山区或丘陵地带，为害秧苗和稻田的禾苗。成虫、幼虫沿叶脉取食叶肉，在叶尖部分则食穿表皮。大发生年受害严重的禾苗全部变白，或造成禾苗生长黄弱，抽穗不齐，稻谷减产。

成虫在稻田附近背风、向阳的山坡、田埂、沟边的石块下或禾本科杂草间或根际的土块下越冬。第二年5月中下旬开始活动，聚集在杂草上，当稻田插秧后，成虫则转移到稻田幼苗嫩叶上开始为害叶片，沿幼苗纵向取食叶肉。6月上中旬成虫交尾产卵，卵经1周孵出幼虫，6月中旬开始为害，6月下旬至7月上旬为盛发期。负泥虫适宜的发生条件是阴雨连绵、低温高湿天气。

防治方法如下。

（1）人工防治。在田间大部分虫卵孵化后，每天清晨用扫帚将潜伏在水稻叶片上的幼虫扫落水中，连续 3～4 d 就可取得很好效果。

（2）农业防治。一般于秋天或5月末6月初人工清除稻田附近的向阳坡、池埂上、沟渠边的杂草，可消灭部分越冬害虫，减轻危害。

（3）适时插秧。不可过早插秧，尤其离越冬场所近的稻田更不宜过早插秧，以避免稻田过早受害。距山区、丘陵区越近的稻田情况越严重。

（4）化学防治。插秧后应经常对稻苗进行虫情调查，一旦发现有成虫为害，并有加重趋势时，就应进行喷药。如成虫为害不重，但幼虫开始为害并有加重趋势时，也进行喷药防治。可选择药剂如下：在多数虫卵已孵化，幼虫有米粒大小时，喷洒 5% 敌百虫粉剂 22.5～30 kg/hm²；90% 敌百虫，1 500～2 250 g/hm²，加水喷雾；50% 杀螟硫磷乳油，1 125 ～ 1 500 mL/hm²，加水喷雾；2.5% 功夫乳油，300 ～ 450 mL/hm²，加水喷雾。

（三）稻田杂草及防除

1. 稻田杂草情况

寒地稻区水田杂草种类很多，常见的有三十多种，其中顽固且普遍的有稗草、异型莎草、眼子菜、牛毛草、鸭舌草等。

2. 化学药剂除草

化学药剂除草在北方稻区应用很广泛，效果明显。化学药剂除草具有用量少、效果好、施用方便等优点，深受稻农欢迎。

（1）秧田化学除草。一般以苗床封闭为主，苗期施药为辅。秧田除草剂有乳剂和可湿性粉剂两种，采用毒土、喷雾法施药。

（2）直播田化学除草。直播田由于种子播种在地表，而且前期稗草比稻苗出土快，因此选择除草剂时，首先考虑稻苗的安全性以及对 2 叶期稗草的防治效果。一般在水稻一叶一心期，晒田复水后施药，采用毒土、毒肥、毒沙法施药。施药后稳定水层 3 ～ 5 cm，保持 5 ～ 7 d。

（3）插秧田化学除草。水稻插秧后 5 ～ 7d 缓苗后施药，采用毒土、毒肥、毒沙法施药。施药后稳定水层 3 ～ 5 cm，水层不要淹没心叶，保持 7 ～ 10 d，只灌不排。

目前水稻田使用的高效化学除草剂种类很多，因此要选择适当的除草剂同时掌握施药的时间、除草剂的用量以及浓度等，一定要按说明书的要求进行施药。

第五节 富硒水稻收获储藏技术

一、收获时期

富硒水稻的适宜收获时期主要依据稻粒充实程度及稻粒含水量，同时考虑生产目的和收割方法。在富硒水稻充分成熟的前提下，重视收割时期，水稻收割必须在初霜之前完成，使稻粒免遭霜冻而降低发芽能力；商品粮在完熟期收割。一般稻粒变黄，含水量 17% ～ 20%，茎秆含水量 60% ～ 70% 为水稻的生理成熟期，也是开始收获的适期。水稻收获适期的标准是水稻抽穗后 40 d 以上，活动积温 850℃以上，95% 以上的籽粒颖壳变黄，2/3 以上穗轴变黄，95% 以上的小穗轴和副护颖变黄，即黄化完熟率 95% 以上。

二、收获方法

（一）直接收获

直接收获就是用联合收获机进行收获。枯霜后稻谷水分降至 16% 时进行机械直收，严防稻谷捂堆现象发生，及时倒堆，降低水分，严防温度过高产生着色米而影响稻谷品质。保证水稻直收综合损失率在 3% 以内，降低滚筒转速，谷外糙米不超过 2%。

（二）机械分段收获

割茬 12～20 cm，晒铺 3～5 d，稻谷水分降至 16% 左右时及时脱谷或人工捆好码垛，严防干后遇雨，干湿交替，增加水稻惊纹率，降低稻谷品质。

（三）人工收割

人工收割要捆小捆，直径 20 cm 左右，码人字码，翻晒干燥，稻谷水分降至 16% 时及时上小垛，防止雨雪使稻谷反复干湿交替，增加惊纹率，降低稻谷品质，小垛码在池埂上，及时倒出地利于秋整地。

三、安全储藏

北方水稻种子从收获到播种，一般历时 8～11 个月的储藏时间。种子在储藏过程中不断进行呼吸，发生生理、生化代谢，如果没有适宜的储藏环境和相应的安全储藏措施，种子就会丧失生活力。因此，搞好种子安全储藏具有重要的意义。

针对水稻种子的储藏特点，为保证水稻种子在储藏过程中不发生劣变，要采取下列措施。

（1）做好仓库的修补、清仓和消毒工作。种子入库前，应检查仓库、麻袋及其他器材，做到不残留种子，无仓储害虫，无农药和化肥污染。检查仓库密封性，发现缝隙应及时修补。

（2）留种稻谷要充分成熟。因为未充分成熟的稻谷青粒较多，而青粒越多，储藏越困难。

（3）霜前抢晴收割。水稻种子胶体结构疏松，易受冻害影响，所以要在霜前的晴天收割，以利稻谷储藏。

（4）分级储藏保管。水稻种子入库要严格检验分级，按不同品种、品质、水分等情况分批分级分仓储藏保管。每批种子都要用标签标明品种、种子品质状况，根据其不同的品质、水分采取适宜的保管措施。

（5）控制入库种子水分。为有效地控制种子内部的生理活动、微生物的繁育和仓库中螨类的滋生，稻谷在入库前必须降到安全水分标准才能进仓储藏。安全储藏水分标准应根据不同品种、温度而定，一般在高温季节稻谷含水量应在13%以下，而在低温季节可放宽至14%以下。

（6）控制种子净度。水稻种子的安全储藏还与稻谷的成熟度、净度、病粒、残粒等有关。如种子饱满、杂质少，基本上不害及芽谷，安全程度就高；反之，安全程度就低。所以，稻谷收割入库前必须及时清选，剔除破损粒、秕粒和病虫粒，以利于安全储藏。

（7）做好治虫防霉工作。仓虫的大量繁殖会引起储藏种子发热，还会损伤种子的皮层和胚部，使种子完全失去种用价值。仓虫可采用药剂熏杀的方法进行控制。同时，采取措施降低储藏种子的水分，控制储藏环境的空气相对湿度，使它们都处于较低的水平下，以抑制霉菌的发生。

（8）选择合适的储藏方式。根据具体情况，如大量种子储藏和长期储藏可采用散装，如数量少、品种多和短期储藏可用袋装。

（9）要根据天气情况和储藏稻谷情况进行通风换气。必要时进行翻晒晾种。还要定期检查种温、水分及虫害，如发现异常情况，应立即采取措施，以防恶化。

第三章　富硒小麦生产关键技术

　　富硒小麦的生产应用和市场远景十分广阔，研究实施农作物增硒增产技术，使无机硒转化为有机硒，可以使粮食增产，而更重要的是使小麦品质进一步提高，达到增硒效果。食用富硒小麦加工成的系列面粉可以补充身体必需的微量元素。所以，掌握农作物增硒技术及富硒小麦种植技术意义重大。

第一节　富硒小麦栽培基础

一、小麦的一生

（一）生育期

　　小麦的一生是指从种子萌发到产生新的种子的过程。由于种子在土中萌发出苗过程受土壤温度、水分的影响较大，生产上一般将出苗至成熟的天数称为生育期。小麦生育期长短因纬度、海拔、品种特性、气候条件和播种早晚的不同而有很大差异。冬小麦（秋季播种）多为 230 d 左右或以上，春小麦（春季播种）多为 100～120 d。

（二）物候期、生育时期

1. 物候期

　　在小麦一生中，随着季节和气候的变化，由于新器官的出现，植株在外部形态上发生明显的变化，一定数量的植株发生这一变化的短暂时期称为物候期。小麦各物候期的记载标准如下。

　　（1）出苗期。小麦的第一真叶露出地表 2 cm 时为出苗，田间有 50% 以上麦苗达到此标准时的日期为出苗期。

（2）三叶期。全田 50% 以上的麦苗主茎第三片绿叶伸出 2 cm 的日期。

（3）分蘖期。全田 50% 以上的麦苗第一分蘖露出叶鞘 2 cm 的日期。

（4）越冬期。当冬前日平均气温稳定在 2～4℃，植株地上部基本停止生长的日期。

（5）返青期。春季气温回升，植株恢复生长，田间 50% 以上的麦苗主茎心叶新生部分露出叶鞘 1 cm 的日期。

（6）起身期。春季麦苗由匍匐状开始转为直立，主茎春一叶叶鞘拉长并和冬前最后一叶叶耳距离达 1.5 cm 左右，茎部第一节间开始伸长，但尚未伸出地面的日期。

（7）拔节期。全田 50% 以上植株茎部第一节间露出地面 2 cm 的日期。

（8）孕穗期（挑旗期）。全田 50% 茎蘖旗叶展开，叶耳露出叶鞘的日期。

（9）抽穗期。全田 50% 以上麦穗（不包括芒）由叶鞘中露出穗长 1/2 的日期。

（10）开花期。全田 50% 以上麦穗中上部的内外颖张开，花药散粉的日期。

（11）灌浆期。全田 50% 以上麦穗中的籽粒长度达到最大长度的 80%，开始沉积淀粉（即灌浆）的日期，在开花后 10 d 左右。

（12）成熟期。胚乳呈蜡状，籽粒开始变硬的日期。此时为最适收获期，接着籽粒很快变硬，为完熟期。

2.生育时期

在生产上，为便于栽培管理，人们常根据植株器官形成的顺序和明显的外部特征，将小麦的一生划分为若干生育时期，常为两个物候期之间的一段时间，如返青期到起身期的一段时间称为返青时期，起身期到拔节期的一段时间称为起身时期。小麦一生各生育时期包括出苗、分蘖、起身（生物学拔节）、拔节（农艺拔节）、挑旗（孕穗）、抽穗、开花、灌浆和成熟等生育时期，有明显越冬期的冬小麦还有越冬和返青期。

研究表明，小麦对硒的蓄积程度与其成熟度有关，硒含量随小麦的成熟而降低。春小麦经硒肥处理收获后各器官硒浓度大小依次为：根 > 叶 > 籽粒 > 茎，硒累积量大小依次为：籽粒 > 茎 > 叶 > 根。

（三）生育阶段

在栽培上，根据所形成器官的类型和生育特点的不同，将小麦一生划分为三大生育阶段（见图 3-1）。

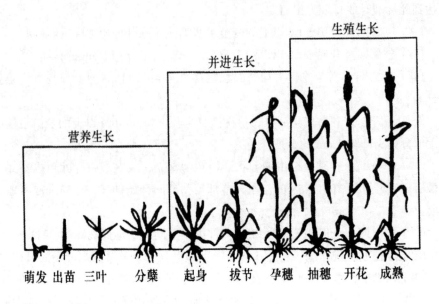

图 3-1　小麦一生的生长过程

1.营养生长阶段（通称前期）

小麦自出苗到起身为营养生长阶段，以长根、叶、蘖等营养器官为主。该阶段是促蘖、生根、培育壮苗、奠定穗数的重要时期，也是为下一阶段壮秆大穗打基础的时期。

2.营养生长与生殖生长并进阶段（通称中期）

小麦从起身到抽穗为营养生长与生殖生长并进阶段，是营养器官和结实器官都加速生长的时期。该阶段一方面继续长叶、长根，茎的节间依次伸长，另一方面进行幼穗的分化发育。除籽粒以外，全部器官形成。此阶段是争取壮秆大穗的重要时期，也是为下一阶段提高粒重打好基础的时期。

3.生殖生长阶段（通称后期）

小麦从抽穗至成熟为生殖生长阶段，根、茎、叶等营养器官的生长趋于停止，以籽粒形成与灌浆成熟为主。此阶段是决定粒重和最后决定结实粒数的重要时期，也是决定小麦产量和籽粒品质的重要时期。

以上三个生育阶段是相互联系的，前一阶段是后一阶段的基础，后一阶段是前一阶段的发展，但生长中心不同，栽培管理的主攻方向也不一样。

二、小麦植株器官的形成和发育

（一）种子萌发与出苗

1. 种子的构造

小麦的籽粒常称为种子，在植物学上属于颖果。整个种子由皮层、胚乳和胚三部分构成。

（1）皮层。包括果皮与种皮，占种子重量的5%～7.5%，起保护胚和胚乳的作用。有红皮种子（"红粒"）和白皮种子（"白粒"）之分。一般红皮种子皮层较厚，透性较差，休眠期较长；白皮种子皮层较薄，透性强，休眠期较短，收获前遇雨易在穗上发芽。

（2）胚乳。由糊粉层和淀粉层构成，占种子重量的90%～93%。胚乳又可分为硬质（角质）胚乳、软质（粉质）胚乳和半硬质（半角质）胚乳。硬质胚乳含蛋白质较多，质地透明，结构紧实，面筋含量高；软质胚乳充满淀粉粒，只有少量蛋白质。

（3）胚。胚是最富有生命力的小麦新个体的原始体，由胚根、胚轴、胚芽和盾片组成，占种子重量的2%～3%。

2. 种子萌发出苗及其环境条件

（1）种子萌发出苗过程。通过休眠期的有活力的种子播种后，在适宜的条件下萌发。当胚根伸出种皮达种子的长度，胚芽伸出达种子长度一半时，称发芽。发芽后，胚芽鞘继续伸长，顶出表土，见光后停止伸长，接着第一绿叶由胚芽鞘中伸出，达2 cm左右时称为出苗。

第一片绿叶出现5～7 d后，第二片绿叶长出。同时，胚芽鞘和第一片绿叶之间的节间（上胚轴）伸长，将生长锥推到接近地表处，这段伸长的节间称为地中茎或根茎。地中茎的长短与品种和播种深度有关。播种深则长，播种浅则短或不伸长。地中茎过长，消耗营养过多，麦苗瘦弱。

（2）种子萌发要求的环境条件

①温度。种子萌发要求的最低温度1～2℃，最适温度15～20℃，最高温度为35～40℃。在适宜温度范围内，温度越高，发芽出苗的天数越少。正常情况下，播种至出苗需0℃以上积温100～120℃。北方冬小麦播种后，若冬前积温＜80℃则当年不出土，俗称"土里捂"。

②水分与氧气。种子萌发出苗的最适土壤水分为田间持水量的70%～80%，一般相当于沙土15%～16%，壤土17%～18%，黏土21%～22%。土壤干旱，

种子不能吸足水分，则不能发芽或推迟出苗；土壤湿度过大、板结和播种过深时，种子因缺氧而不能萌动，甚至霉烂，即使出苗也瘦弱。

（二）根、茎、叶的生长与环境

1. 根系的生长与环境

（1）根的生长。小麦的根系为须根系，由初生根群和次生根群组成。初生根由种子生出，又称种子根或胚根。当种子萌发时，从胚的基部首先长出一条主胚根，继之长出一对或两对或更多的侧胚根。当第一片绿叶展开后，初生根停止发生，其数目一般为 3 ~ 5 条，多者可达 7 ~ 8 条，根细而坚韧，有分枝，倾向于垂直向下生长，入土较深，冬小麦可深达 3 m 以下。次生根着生于分蘖节上，又称节根，伴随分蘖的发生，在主茎分蘖节上，自下而上逐节发根，每节发根数 1 ~ 3 条。分蘖形成后也依此模式长出自己的次生根。一般到开花期，次生根数达最大值，每株有 20 ~ 70 条，高者可达 100 条以上。次生根比初生根粗壮，且多分枝和根毛，下伸角度大，入土较浅，开花时极少部分可达 1 m 以下，绝大部分（80% 以上）分布于 0 ~ 40 cm 土层内。

（2）影响根系生长的因素。小麦根系生长对土壤水分的反应敏感，最适宜的土壤水分含量为田间持水量的 70% ~ 80%。水分过多，氧气不足，生长受抑；水分过少，根量少，且易早衰。但土壤上层适度干旱会促使根系下扎。

土壤肥力高，根系发达。氮肥适宜，可促进根系生长，提高根系活力，但氮肥过多，地上部旺长，根系生长减弱。磷能促进根系伸长和分枝，由于小麦苗期土壤温度低供磷强度弱，生产上增施磷肥往往有促根壮苗的效应。

根系生长的最适温度为 16 ~ 22℃，最低温度为 2℃，超过 30℃根系生长受到抑制。适期早播，根量多，下扎深；过晚播，根少而分布浅。

良好的耕作技术有利于根系发育，长期浅耕或同一深度的耕作，极易形成坚硬的犁底层，造成大量根系横向生长，是后期不抗旱易青干的重要原因。因此，深耕打破犁底层，是促进根系发育的良好措施。

2. 茎的生长与环境

（1）茎的生长。茎由茎节和节间组成。地下节间不伸长，密集而成分蘖节；地上 4 ~ 6 节，节间伸长（多为 5 个伸长节间），形成茎秆。茎秆节间的伸长速度均表现"慢—快—慢"的规律，相邻两个节间有快慢重叠的共伸期，如第一节间快速伸长期正是第二节间缓慢伸长期，也是第三节间伸长开始期，依此类推，直到开花或开花后期，最上一个节间即穗下节间伸长结束，茎高或株高固定下来。伴随茎秆伸长，茎秆的干重也不断增加，通常在籽粒进入快速灌浆期前后茎秆干重达最大值，此后由于茎秆储藏物质向穗部运转，干重下降。

（2）茎秆特性与穗部生产力和抗倒伏力。茎秆不仅作为同化物运输器官，而且作为同化物暂储器官，对产量形成起重要作用。据观察，基部节间大维管束数与分化的小穗数呈显著正相关，穗下节间大维管束数与分化小穗数约为 1 : 1 的对应关系。

小麦株高以 75 ～ 85 cm 中矮秆较好，茎秆过高容易倒伏，过矮则因叶片距离近而通风不良，后期极易发生青枯或落黄不良，粒重降低。小麦高产栽培要求茎秆健壮，基部第一、二节间短，机械组织发达，秆壁厚，韧性强，抗倒伏，并能储存和运输更多的养分，形成壮秆大穗。这些性状与品种特性、栽培环境有密切关系。

（3）影响茎秆生长的因素。茎秆生长除受品种特性制约外，受外界环境的影响也很大。茎秆一般在 10℃以上开始伸长，12 ～ 16℃形成的茎秆较粗壮，高于20℃茎伸长快，细弱易倒伏。强光对节间伸长有抑制作用。拔节期群体过大，田间郁闭，通风透光不良，常引起基部节间发育不良而倒伏。充足的水分和氮素促进节间伸长，磷素和钾素能促使茎壁加厚、茎秆增粗。干旱条件下节间伸长受到抑制，高产麦田在拔节前控水蹲苗有利防倒伏。因此，生产上应选用高产抗倒伏品种，适当控制群体密度，并采用合理的肥水运筹，促使茎的基部节间稳健伸长，形成壮秆大穗，增强植株的抗倒伏能力。

3. 叶的生长与环境

（1）叶的建成。小麦的完全叶由叶片、叶鞘、叶耳和叶舌组成。叶鞘有增强茎秆强度的作用。当主茎 n 叶片开始伸长时，n−1 叶鞘和 n−2 节间也在伸长。叶的建成历经分化、伸长和定型过程。除幼苗 1 ～ 3（或 4）叶是在种子胚中早已分化外，其余叶均由茎生长锥分化形成。叶的伸长从叶尖开始，先叶片伸长，后叶鞘伸长。叶片伸长初期呈锥状体，称为心叶。心叶继续伸长逐渐展开，到叶片全部展开，基部可见叶耳和叶舌时即定型，不再伸长。叶片从露尖到定型为伸长期，从定型到衰枯前为功能期。叶片在功能期间光合功能旺盛，有较多的光合产物输出，功能期的长短因品种、叶位、气候以及栽培条件而异。

（2）叶片分组及其功能。小麦主茎叶片的多少，因品种、播期及栽培条件的不同而不同。我国北方冬小麦，冬前出叶数因播期不同差别很大，适期播种的一般 5 ～ 7 片；春生叶片数为 6 ～ 7 片（多为 6 片）。小麦主茎叶片是在植株生长发育过程中陆续发生的，其发生的时间、着生的位置及其作用功能均有所不同。

（3）影响叶片生长的环境因素。温度、光照尤其是肥水等环境条件对叶片大小有明显影响。土壤干旱时，植株吸水不足，叶片短小，角质化程度高；水分充足，叶片长得比较宽大。氮肥充足，可使叶片增大，功能期延长，叶色浓绿；氮肥不足，则叶片窄瘦，叶色淡黄。缺磷时，小麦叶片缩小，叶片常呈紫绿或暗绿色。因此，控制好肥水，特别是氮肥的供应，是调整叶片大小和叶色浓淡的主要手段。

（三）分蘖规律与成穗

1. 分蘖的发生

（1）分蘖节及其作用。分蘖节是小麦分蘖发生的位置，是植株地下不伸长的节间、节、腋芽密集在一起的节群。分蘖节不仅分化叶片、分蘖、次生根，还是养分的储藏器官。幼苗时期，分蘖节不断分化出叶片、蘖芽和次生根。分蘖芽的顶端生长锥同样可分化出叶片和次一级的蘖芽以及次生根。分蘖节内布满了大量的维管束，联络着根系、主茎和分蘖，成为整个植株的输导枢纽。分蘖节内还储藏有营养物质。冬小麦越冬期间，分蘖节中储藏的碳水化合物使分蘖节具有高度抗寒力，即使已长出的叶片全部冻枯，只要分蘖节保持完好，春季仍能恢复生机。所以，保护分蘖节不受冻害是麦苗安全越冬的关键。

（2）分蘖发生的规律。在分蘖节上按照由下而上的顺序产生分蘖，分蘖位置低的叫低位蘖，分蘖位置高的叫作高位蘖；主茎上直接长出的分蘖叫作一级分蘖，由一级分蘖产生的分蘖称为二级分蘖，依此类推。

（3）影响分蘖发生的因素。小麦单株产生分蘖多少的能力称为分蘖力。分蘖力存在品种间的差异，并受种子质量和播种质量、栽培环境的影响。分蘖的最低温度为 2～4℃，6～13℃下分蘖生长缓慢，比较健壮；14℃分蘖生长加快，但健壮程度较差；18℃以上分蘖受抑。适宜于分蘖的土壤水分为田间持水量的 70% 左右，溃水和干旱均不利于分蘖发生。基本苗少、光照条件好、幼苗健壮，分蘖力强。播种过深、地中茎过长、出苗延迟，苗弱蘖少。分蘖期适宜的氮、磷营养，促进分蘖发生。

2. 分蘖的成穗

（1）群体分蘖消长动态。北方冬麦区，正常播期条件下，出苗后 15～20 d 开始分蘖，以后随主茎叶片数的增加，分蘖不断增加，形成冬前分蘖高峰。越冬期间分蘖停止生长，黄淮冬麦区在冬暖年份仍有少量分蘖增加。翌春，当温度上升至 3℃ 以上时，春季分蘖开始，气温升至 10℃ 以上时，春蘖大量发生，形成春季分蘖高峰。晚播冬小麦冬前无分蘖或分蘖少，只有春季分蘖高峰。

通常在主茎开始拔节前（起身期前后），全田总茎数（包括主茎和分蘖）达最大值。此后，由于小麦植株代谢中心的转移及蘖位的差别，分蘖开始两极分化，小分蘖逐渐衰亡，变为无效蘖；早生的低位大分蘖易发育成穗，成为有效蘖。分蘖衰亡表现出"迟到早退"的特点，即晚出现的分蘖先衰亡。拔节至孕穗期是无效蘖集中衰亡的时期。据研究，分蘖消长动态变化受播种密度与施肥水平影响较大，密度比施肥影响更大，低密度与高氮肥时，分蘖持续时间长，分蘖高峰期延迟，单株成穗率较高。

（2）影响分蘖成穗的因素。个体和群体中分蘖的成穗比例因植株的生长发育状况、群体环境条件不同而有很大差异。从植株本身看，通常只有那些在拔节时有足够的光合面积和自身根系，能够保证独立生长以至拔节、抽穗的分蘖，才能成为有效分蘖。因此，冬前发生的低位早蘖容易成穗，而冬前晚出分蘖和春生分蘖成穗率低。从外部环境看，分蘖的受光状况对成穗率有很大影响，播量太多，群体过大，田间郁蔽，光照不足，常导致成穗率显著下降。提高分蘖成穗率的主要途径是适当降低基本苗数，提高土壤供肥能力，培育冬前多蘖壮苗。

（四）穗的分化与形成

1. 穗的结构

小麦穗为复穗状花序，由穗轴和小穗两部分组成。穗轴由节片构成，每节片着生一枚小穗。小穗互生，每个小穗由一个小穗轴、两个颖片和若干小花构成。一般每个小穗有小花3～9朵，但通常仅有2～3朵小花结实。一个发育完全的小花包括1片外稃、1片内稃、3枚雄蕊、1枚雌蕊和2枚鳞片。有芒品种外稃着生芒。

2. 穗的分化与形成

（1）穗分化过程。小麦穗是由茎生长锥分化形成的。根据穗分化过程中所出现的明显的形态特征，可分为以下几个时期，每个时期均以其始期为标准划分。

①茎叶原基分化期（未伸长期）。茎生长锥未伸长，基部宽大于高，呈半圆形，在基部陆续分化新的叶、腋芽和茎节原基，未开始穗的分化。此期历时长短因品种春化特性和播期而异。

②生长锥伸长期。生长锥伸长，高度大于宽度，标志着由茎叶原基分化开始向穗的分化过渡。

③单棱期（穗轴节片分化期）。生长锥进一步伸长，在生长锥基部自下而上分化出环状苞叶原基突起，由于苞叶原基呈棱形故称单棱期。苞叶原基出现后不久即退化，两苞叶原基之间形成穗轴节片。

④二棱期（小穗原基分化期）。在生长锥中下部苞叶原基叶腋内出现小突起，即小穗原基。尔后向上向下在苞叶原基叶腋内继续出现小穗原基。因小穗原基与

苞叶原基相间呈二棱状，故称二棱期。此期持续时间较长，又分为三个时期：

二棱初期：生长锥中部最初出现小穗原基，二棱状尚不明显。

二棱中期：小穗原基数量逐渐增多，体积增大；幼穗的正面观超过苞叶原基，侧面观二棱状最为明显。

二棱末期：苞叶原基退化，小穗原基进一步增大，同侧相邻小穗原基部分重叠，二棱状已不再明显。

⑤小花原基分化期。在最先出现的小穗原基基部分化出颖片原基后不久，即在颖片原基内侧分化出第一小花的外稃原基，进入小花原基分化期。在同一小穗内，小花原基的分化呈向顶式，在整个幼穗上，则先从中部小穗开始，然后渐及上、下各小穗。

⑥雌雄蕊原基分化期。当幼穗中部小穗出现 3～4 个小花原基时，其基部小花的生长点几乎同时分化出内稃和 3 个半圆球形雄蕊原基突起，稍后在 3 个雄蕊原基间出现雌蕊原基，即进入雌雄蕊原基分化期。约在该期末、药隔期前，植株基部节间伸出地面 1.5～2 cm 时为农艺拔节期。

⑦药隔形成期。雄蕊原基体积进一步增大，并沿中部自顶向下出现微凹纵沟。之后，花药分成四个花粉囊。同时，雌蕊原基顶部也凹陷，逐渐分化出两枚柱头突起，以后继续生长形成羽状柱头。

当幼穗分化进入药隔形成期后不久，颖片、内外稃等覆盖器官迅速伸长，穗体积和重量也迅速增加。

⑧四分体形成期。形成药隔的花药进一步发育，在花粉囊（小孢子囊）内形成花粉母细胞（小孢子母细胞）。同时，雌蕊柱头明显伸长呈二歧状，胚囊（大孢子囊）内形成胚囊母细胞（大孢子母细胞）。花粉母细胞经减数分裂形成二分体，再经有丝分裂形成四分体。此时旗叶全部展开，其叶耳与下一叶的叶耳距 3～5 cm。

（2）穗分化进程的差异

①群体内主茎与分蘖穗分化进程的差异。在同一块田的小麦群体内，主茎穗分化时期与速度较为接近，主茎与分蘖穗分化存在一定的差异。主要表现为分蘖穗分化开始晚，经历时间短，但分蘖穗发育快，在穗分化前期、中期（拔节前）都有分蘖赶主茎的趋势。同级分蘖之间一般相邻分蘖分化期相差一期。进入小花分化后，大田穗群分化趋于一致，此时正值拔节期。

②一穗内小穗小花分化发育的差异。幼穗内不同部位小穗小花发生时间不同，分化进程也存在明显差异，即同一小穗内小花从基部向顶部顺序分化，其中 1～4 朵小花分化强度大，平均 1～2 d 形成一朵，以后分化转缓，需 2～3 d 形成一朵；

每穗内小穗的分化顺序是中、下部→中部→中、上部→基部→顶部，而不同小穗位的同位小花分化顺序却是中部→中、上部→中、下部→顶部→基部。顶部与基部小花发生顺序与小穗发生顺序颠倒，基部小穗发生虽较顶部早，但小花分化进程慢，故基部小穗小花多退化。

3. 小穗、小花的退化

当穗部发育最早的小花进入四分体期之后，1～2 d 内凡能分化到四分体的各小花，集中发育到四分体期，此时全穗已停止分化新的小花。凡未发育到四分体的小花均停止在原有的分化状态，在 4～5 d 内先后退化萎蔫。因此，四分体期是小花两极分化的转折点。

已形成四分体或花粉粒的小花，也可能因不良环境条件影响花粉发育或受精，导致小花不能结实。由于一穗内不同小穗小花分化时间的差异和发育的不均衡性，同一小穗内晚形成的上位小花容易退化，穗基部和顶部小穗，特别是基部小穗容易成为不孕小穗（全部小花退化）。小花退化的生理机制尚不完全清楚，除发育时间限制外，营养限制可能是小花退化的重要原因。

由以上可见，促进穗大粒多的途径，一是增加每穗小穗和小花分化数；二是减少已分化的小穗和小花的退化，增加结实率；三是要选用多花高结实性的品种。

4. 影响穗分化的环境因素

（1）光照。短日照可延长光照阶段发育，有利于增加每穗小穗数。幼穗分化进入四分体期前后，特别需要强光照，此期光照不足会产生不孕的花粉粒和不正常的子房，退化小花增多。由此可见，小麦拔节以后麦田过于稠密，通风透光不良，不仅会造成茎秆基部生长细弱而易倒伏，也影响花粉粒发育和结实。

（2）温度。一般认为，幼穗分化过程中温度在 10℃以下可延缓分化进程，延长分化时间，有利于形成大穗，俗话讲"春寒出大穗"。因此，春季气温回升慢的年份，易形成多粒的产量结构。

（3）水分。小麦幼穗分化期间，要求有足够的土壤水分供应。干旱会加快穗分化速度，缩短穗分化时间，使穗短而粒少。幼穗分化受旱的时期不同，对穗的部位影响不同。单棱期受旱，穗子变短，每穗小穗数减少，但若后期条件改善，穗粒数和粒重不一定减低；小穗原基分化期受旱，会减少每穗小穗数，但所受影响比前一时期轻；小花分化期受旱，小花分化数减少，穗粒数降低；药隔形成至四分体形成期受旱，不孕小花数增多，结实率显著下降而使穗粒数减少。因此，药隔形成至四分体形成期是小麦对水分要求最迫切、反应最敏感时期（需水临界期），必须保证足够的水分供给。

（4）养分。氮素充足可增加小花分化数，药隔期施肥可减少退化小花数。但在高产条件下，不适当地增加氮肥，特别是拔节前施氮过多，常造成茎叶徒长，群体郁蔽，光照不足，从而降低小花结实率。

（五）籽粒形成与灌浆

1. 抽穗、开花和受精

麦穗从旗叶鞘中伸出一半时，称为抽穗。抽穗后 3～5 d 开花。全穗开花一般持续 3～5 d。开花时，花粉粒落在柱头上，一般经 1～2 h 即可发芽，并在 24～36 h 内完成受精过程。

开花期间是小麦植株新陈代谢最旺盛的阶段，需要大量的能量和营养物质。开花的低温环境要求为 9～11℃，最适温度为 18～20℃，最高温度 30℃。高于 30℃且土壤干旱或有干热风时，影响受精能力而降低结实率。此期对缺水反应敏感，需保持良好的土壤水分条件。最适宜开花的大气湿度为 70%～80%，湿度过大，花粉粒易吸水膨胀破裂。

2. 籽粒形成与灌浆成熟

小麦从开花受精到籽粒成熟，历时 30～40 d，根据籽粒的变化可分为以下三个过程：

（1）籽粒形成过程。从受精坐脐至多半仁，历时 10～12 d。该期明显的特点是籽粒长度增长最快，宽度和厚度增长缓慢；籽粒含水量急剧增加，含水率达 70% 以上，干物质增加很少。籽粒外观由灰白逐渐转为灰绿，胚乳由清水状变为清乳状。当籽粒长度达最大长度的 3/4 时（多半仁），籽粒形成过程结束。

（2）籽粒灌浆过程。从多半仁开始，到蜡熟前结束，历经乳熟期和面团期两个时期。

①乳熟期。历时 12～18 d，籽粒长度继续增长并达最大值，宽度和厚度也明显增加，并于开花后 20～24 d 达最大值，此时籽粒体积最大（"顶满仓"）。胚乳由清乳状最后成为乳状。籽粒外观由灰绿变鲜绿，继而转为绿黄色，表面有光泽。

②面团期。历时约 3 d，籽粒含水率下降到 40%～38%，干物重增加转慢，籽粒表面由绿黄色变为黄绿色，失去光泽，胚乳呈面筋状，体积开始缩减。此期是穗鲜重最大的时期。

（3）籽粒成熟过程。包括以下两个时期。

①蜡熟期。历时 3～7 d，籽粒含水率由 40%～38% 急剧降至 22%～20%，籽粒由黄绿色变为黄色，胚乳由面筋状变为蜡质状。叶片大部或全部枯黄，穗下节间呈金黄色。蜡熟末期籽粒干重达最大值，是生理成熟期，也是收获适期。

②完熟期。籽粒含水率继续下降到 20% 以下，干物质停止积累，体积缩小。

籽粒变硬，不能用指甲掐断，即为硬仁。此期时间很短，如果在此期收获，不仅容易断穗落粒，且由于呼吸消耗，籽粒干重下降。

3. 熟相与粒重

小麦熟相指开花至成熟期间营养器官的形态与色相。它是生育后期植株整体功能的外在表现，与粒重有密切的关系，通常作为品种选择和栽培调控的重要依据。小麦熟相一般分为正常落黄、早衰和贪青三种类型。不同熟相间粒重差异显著，表现为正常落黄型的粒重高于早衰型和贪青型。不同熟相的特点如下。

（1）正常落黄型。营养器官正常衰老，物质输出过程与籽粒灌浆过程协调同步，营养器官转色适时而平稳，黄中带绿，熟而不枯，成熟正常呈金黄色。

（2）早衰型。营养器官过早衰老，物质输出过程早于籽粒灌浆过程，营养器官转色过早、过快，或未遇高温胁迫也提早衰亡，生育期缩短，导致非正常成熟。整株黄枯。此种类型籽粒灌浆受限于营养器官的物质生产，灌浆持续期短。

（3）贪青型。营养器官的衰老和物质输出过程落后于籽粒灌浆过程，营养器官转色晚而慢，生育期延迟，后期高温逼熟，导致非正常成熟（青枯）。该类型籽粒灌浆受限于营养体物质运转和输出量，灌浆持续期和灌浆强度均低。

小麦熟相受品种基因型和环境条件的制约。栽培中通过建立合理群体结构，保持氮、磷、钾及微量元素平衡，合理运筹肥水等，可在一定程度上调节熟相向正常落黄方向发展，保证籽粒灌浆正常进行。

三、小麦的阶段发育

在小麦生产实践中，若将典型的冬小麦春播或把北方的冬小麦引到南方秋播，即使肥水条件适宜，小麦也往往会处于分蘖状态而不能抽穗或结实。小麦从种子萌发到成熟的生命周期内，必须经过几个循序渐进的质变阶段，才能开始进行生殖生长，完成生命周期。这种阶段性质变发育过程称为小麦的阶段发育。每一质变过程即为一个发育阶段，每个发育阶段要求一定的外界条件，如温度、光照、水分、养分等。而其中有一两个因素起主导作用，如果缺少这个条件或不能满足要求，则这个发育阶段就不能顺利进行或中途停止，直到条件适宜时，再在原发育阶段的基础上继续进行。目前，已经研究得比较清楚且与生产密切的为春化阶段和光照阶段。

（一）春化阶段（感温阶段）

萌动种子的胚的生长点或幼苗的生长点，只要有适宜的综合外界条件，就能开始并通过春化阶段发育。在春化阶段所需的综合外界条件中，起主导作用的是一定时间的低温。根据不同品种通过春化阶段对温度要求的高低和时间的长短不同，可将小麦划分为以下几种类型。

1. 春性品种

在 0 ～ 12℃的条件下，经过 5 ～ 15 d 可完成春化阶段发育。未经春化处理的种子在春天播种能正常抽穗结实。

2. 半冬性品种

在 0 ～ 7℃的条件下，经过 15 ～ 35 d 即可通过春化阶段。未经春化处理的种子春播，不能抽穗或延迟抽穗，抽穗极不整齐。

3. 冬性品种

对温度要求极为敏感，在 0 ～ 3℃条件下，经过 40 ～ 50 d 才能完成春化阶段发育。未经春化处理的种子春播，不能抽穗结实。

（二）光照阶段（感光阶段）

小麦在完成春化阶段后，在适宜条件下进入光照阶段。小麦是长日照作物，光照阶段首先要求一定天数的长日照，其次要求比较高的温度。此阶段如果不满足长日照条件，有些品种就不能通过光照阶段，不能抽穗结实。根据小麦对光照长短的反应，可分为三种类型。

1. 反应迟钝型

在每日 8 ～ 12 h 的光照条件下，经 16 d 以上就能顺利通过光照阶段而抽穗，不因日照长短而有明显差异。一般我国南方低纬度地区冬播的春性品种属于此类。

2. 反应中等型

在每日 8 h 的光照条件下不能通过光照阶段，但在 12 h 的光照条件下，经 24 d 以上可以通过光照阶段而抽穗。一般半冬性类型的小麦品种属于此类。

3. 反应敏感型

在每日 8 ～ 12 h 的光照条件下不能通过光照阶段，每日 12 h 以上，经过 30 ～ 40 d 才能通过光照阶段而正常抽穗。冬性品种一般属于此类。

温度对光照阶段的进行也有较大的影响。据研究，4℃以下时光照阶段不能进行，15 ～ 20℃为最适温度。因此，有的冬小麦品种冬前可以完成春化阶段发育，但当气温低于 4℃时，便不能进入光照阶段。小麦进入光照阶段后，新陈代谢作用明显加强，抗寒力降低，所以，上述特性利于防止冬小麦冬季遭受冻害。

（三）阶段发育与器官形成的关系

小麦阶段性的质变是器官形成的基础，即每一器官的形成必须在一定的阶段发育基础上才能实现。当麦苗尚未通过春化阶段时，茎生长锥的分生组织主要分化叶片、茎节、分蘖和次生根等营养器官；小麦穗分化达二棱期，春化阶段结束，进入光照阶段；到雌、雄蕊原基形成时，光照阶段结束。春化阶段是决定叶片、茎节、分蘖和次生根数多少的时期，光照阶段是决定小穗数多少的时期。春化阶段较长的冬性小麦的绿叶和分蘖数多于春化阶段短的春性小麦。延长春化阶段可增加分蘖数；延长光照阶段有利于增加小穗数和小花数，从而形成大穗。

（四）阶段发育理论在小麦生产中的应用

1. 引种

小麦品种有很严格的地域性。如果南方引用北方品种，因南方温度高，日照时间短，而表现春化和光照发育迟缓，常表现迟熟；南方品种北移，由于北方温度低，日照较长，一般表现发育早，冻害严重。因此，必须从纬度、海拔和气候条件比较接近的地区引种。

2. 栽培

应根据品种的阶段发育特性，综合考虑品种布局、适宜的播种期和播种密度，以避免冻害，建立合理的群体结构。例如，秋种时应先播种冬性品种，后播种半冬性品种；冬性品种的春化阶段较长，分蘖力强，基本苗应适当少些。

第二节　富硒小麦播前准备

做好小麦播前准备工作是提高播种质量的关键，是直接关系到小麦生长发育、实现小麦高产的前提。

一、种子准备

（一）选用良种

选用优良品种，做好品种合理布局，良种良法配套，是让小麦优质高产的重要措施。

小麦良种应具备高产、稳产、优质、抗逆、适应性强的特点。但良种是相对的、有条件的。所以，在选用良种时，要联系本地具体条件，掌握以下基本原则。

1. 根据当地自然条件和土壤肥力选用品种

不同地区育成的品种，一般对本地的自然条件有较强的适应性，应尽量选用本地育成的品种。对于距本地较远的育种单位育成的品种，一定要经过试验，确认适合本地种植后才能选用。盲目引进新品种，常因为对本地气候、生产条件不适应而造成减产。

一般肥水条件好的高产田，要选用株矮抗倒、耐水耐肥、增产潜力大的品种；反之，肥水条件差的低产田，应选用耐旱耐瘠的品种。高产品种不能种在低肥地上，低产品种也不能种在高肥地上。

2. 根据当地常发自然灾害选用品种

选用品种时要考虑当地自然灾害特点。例如，北部冬麦区要选用抗寒性强的冬性品种；干热风严重地区应选用早熟、抗干热风的品种；干旱地区要选用抗旱品种等。

3. 根据当地栽培制度选用品种

小麦、玉米两茬种植时，小麦应注意品种的早熟性；棉麦套种时，小麦品种除要求早熟外，还要株矮、株型紧凑。

4. 根据不同加工食品的要求选用品种

根据加工食品对小麦品质的要求，选用相适应的优质专用品种。

选用良种，还要实施与之相适应的配套栽培技术，即做到良种良法配套，才能充分发挥良种的增产潜力。在品种搭配和布局上，一个县区、乡镇要通过试验、示范，根据生产条件的发展，选用表现最好、适于当地自然条件和栽培条件的高产稳产品种 1～2 个作为当家（主栽）品种，再选表现较好的 1～2 个作为搭配品种。此外，还应有接班品种。北方地区主栽和主推优良小麦品种如表 3-1 所示。

表3-1　小麦优良品种

品种名称	特征特性
山农 20	半冬性，中晚熟。冬季抗寒性好，抗倒春寒能力较差。株高 85 cm 左右，株型较紧凑，茎秆弹性一般，抗倒性一般。适宜在黄淮冬麦区南片的河南（南阳、信阳除外）、安徽北部、江苏北部、陕西关中地区高中水肥地块早中茬种植
新麦 26	半冬性，中熟。冬季抗寒性较好，抗倒春寒能力较弱。株高 80 cm 左右，株型较紧凑，抗倒性中等。适宜在黄淮冬麦区南片的河南（信阳、南阳除外）、安徽北部、江苏北部、陕西关中地区高中水肥地块早中茬种植。在江苏北部、安徽北部和河南东部倒春寒频发地区种植应采取调整播期等措施，注意预防倒春寒

品种名称	特征特性
郑麦 9962	弱春性，中熟。冬季抗寒性中等，抗倒春寒能力较差。株高 77 cm 左右，抗倒性较好。适宜在黄淮冬麦区南片的河南（南部稻茬麦区除外）、安徽北部、江苏北部、陕西关中地区高中水肥地块中晚茬种植
沧麦 6005	半冬性，晚熟。株高 80 cm 左右，株型半紧凑，茎秆较细、弹性较好，抗倒性较好，抗倒春寒能力较差。适宜在黄淮冬麦区的山西南部、陕西咸阳和铜川、河南西北部的旱薄地种植
保麦 10 号	冬性，中熟。株高 76 cm 左右，株型紧凑，抗倒性较好。穗层整齐，穗纺锤形。适宜在北部冬麦区的北京、天津、河北中北部、山西中部的水地种植，也适宜在新疆阿拉尔地区水地种植
京冬 18	冬性，中早熟。株高 79 cm 左右，株型紧凑，抗倒性较好。适宜在北部冬麦区的北京、天津、河北中北部、山西中部的水地种植，也适宜在新疆阿拉尔地区水地种植
中麦 415	冬性，中熟。株高 70 cm 左右，抗倒性较好，落黄好。适宜在北部冬麦区的北京、天津、河北中北部、山西中部中高水肥地块种植，也适宜在新疆阿拉尔地区水地种植
赤麦 7 号	春性，早熟。株高 83 cm 左右，株型紧凑，茎秆强壮，抗倒性较好。适宜在辽宁沈阳、铁岭和锦州，内蒙古赤峰的春麦区种植
辽春 23 号	春性，早熟。株高 81 cm 左右，株型紧凑，抗倒性较好。适宜在辽宁沈阳、铁岭和锦州，吉林公主岭，内蒙古赤峰和通辽及天津的春麦区种植
龙麦 33	春性，中晚熟。株高 100 cm 左右，抗倒性较好，熟相较好。适宜在东北春麦区的黑龙江北部及内蒙古呼伦贝尔地区种植

（二）种子处理

1. 种子精选

机械可筛选出粒大饱满、整齐一致、无杂质的种子，以保证种子营养充足，达到苗齐、苗全、苗壮。由秕粒造成的弱苗难以通过管理转壮，晚播麦由于播种量大更应注意选种。

2. 晒　种

晒种可促进种子后熟，提高生活力和发芽率，使出苗快而整齐。晒种一般在播前 5 d 左右进行。注意不要在水泥地上晒种，以免烫伤种子。

3. 发芽试验

进行发芽试验可为播种量的确定提供依据。一般要求小麦种子的发芽率不低于 85%，净度不低于 98.0%，水分不高于 13.0%。发芽率过低的种子不能作种用。

4. 药剂拌种及种子包衣

小麦播种期及冬前是病、虫、草害防治的关键时期，应根据当地常发病虫害进行药剂拌种或用种衣剂包衣。

二、播前耕作整地

小麦对土壤的适应性较强，但耕作层深厚、结构良好、有机质丰富、养分充足、通气性保水性良好的土壤是小麦高产的基础。一般认为，适宜的土壤条件为土壤容重在 1.2 g/cm³ 左右、孔隙度 50% ～ 55%、有机质含量在 1.0% 以上，土壤 pH 值 6.8 ～ 7，土壤的氮、磷、钾营养元素丰富，且有效供肥能力强。

耕作整地是改善麦田土壤条件的基本措施之一。麦田的耕作整地一般包括深耕和播前整地两个环节。深耕可以加深耕作层，有利于小麦根系下扎，增加土壤通气性，提高蓄水、保肥能力。协调水、肥、气、热，提高土壤微生物活性，促进养分分解，保证小麦播后正常生长。在一般土壤上，耕地深度以 20 ～ 25 cm 为宜。播前整地可起到平整地表、破除板结、匀墒保墒等作用，是保证播种质量，达到苗全、苗匀、苗齐、苗壮的基础。

麦田耕作整地的质量要求是深、细、透、平、实、足，即深耕深翻加深耕层，耕透耙透不漏耕漏耙，土壤细碎无明暗坷垃，地面平整，上虚下实，底墒充足，为小麦播种和出苗创造良好条件。

目前，小麦在耕作整地方面存在的主要问题是耕翻深度较浅、土壤过暄不踏实，尤其是秸秆还田地块，此现象更为严重。近年来，许多省份在积极推广小麦深松耕技术，可打破由于多年浅耕造成的坚实犁底层，为小麦生长创造良好的土壤条件。

小麦玉米两熟地区的玉米秸秆还田措施应用较为普遍，可以增加土壤有机质、培肥地力、减少环境污染，其对整地质量要求更高，必须与相关技术措施配合运用，否则容易使土壤被秸秆架空、不踏实，影响播种质量，造成小麦缺苗断垄、黄苗、加重冻害死苗等，不利于培育冬前壮苗。

秸秆还田地块要求秸秆粉碎质量要高，底墒充足，深翻土壤，播前耙压，秸秆掩埋严实并与土壤充分混合，土壤踏实不架空。此外，为加快秸秆腐熟，应调整玉米秸秆的碳氮比，可在正常施底氮肥的基础上每公顷增施 75 kg 尿素或 225 kg 碳铵，或翻耕前在秸秆上喷撒催腐剂或微生物肥料，促进秸秆腐熟。

三、施用底肥

（一）小麦需肥规律

研究表明，随着产量水平的提高和小麦在生育进程中干物质积累量的增加，小麦氮、磷、钾吸收总量相应增加，但相对吸收量呈现不同的趋势。其中，氮的相对吸收量减少，钾的相对吸收量增加，磷的相对吸收量基本稳定。每生产100 kg好粒，需氮（3.1±1.1）kg、磷（P_2O_5）（1.1±0.3）kg、钾（K_2O）（3.2±0.6）kg，大约比例为2.8∶1.0∶3.0。起身前麦苗较小，氮、磷、钾吸收量较少。起身后植株迅速生长，养分需求量也急剧增加，拔节至孕穗期达到一生的吸收高峰期。对氮、磷的吸收量在成熟期达到最大值，对钾的吸收在抽穗期达最大累积量，其后钾的吸收出现负值。

（二）小麦施肥技术及底肥的施用

小麦的施肥技术应包括施肥量、施肥时期和施肥方法。小麦施肥量应根据产量指标、地力、肥料种类及栽培技术等综合确定。

$$施肥量（kg/hm^2）=\frac{计划产量所需养分量（kg/hm^2）-土壤当季供给养分量（kg/hm^2）}{肥料养分含量（\%）×肥料利用率（\%）}$$

计划产量所需养分量可根据100 kg籽粒所需养分量来确定；土壤供肥状况一般以不施肥麦田产出小麦的养分量测知土壤提供的养分数量。在田间条件下，氮肥的当季利用率一般为30%～50%；磷肥为10%～20%，高者可达到25%～30%；钾肥多为40%～70%。有机肥的利用率因肥料种类和腐熟程度不同而存在很大差异，一般为20%～25%。

小麦施肥原则是：增施有机肥，合理搭配施用氮、磷、钾化肥，适当补充微肥，并采用科学施肥方法。一般有机肥及磷、钾化肥全部底施；氮素化肥50%左右底施，50%左右于起身期或拔节期追施。

底肥施用应结合耕翻进行。对于秸秆还田的地块要适当增加底氮肥的用量，以解决秸秆腐烂与小麦争夺氮肥的矛盾。缺锌、锰的地块，每公顷可分别施硫酸锌、硫酸锰15 kg作底肥或0.75 kg拌种。

由于不同地区、不同地块土壤养分状况及产量水平存在着差异，所以小麦对各种肥料的需求量及其比例也不同。只有进行测土配方施肥，才能最大限度地发挥肥料的增产效益。根据北方冬小麦高产单位的经验，在土壤肥力较好的情况下（0～20 cm土层土壤有机质1%，全氮0.08%，水解氮50 mg/kg，速效磷

20 mg/kg，速效钾 80 mg/kg），产量为每公顷 7 500 kg 的小麦，大约每公顷需施优质有机肥 45 000 kg，标准氮肥（含氮 21%）750 kg 左右，标准磷肥（含 P_2O_5 14%）600 ～ 750 kg。缺钾地块应施用钾肥。

土壤施用硒肥能提高小麦植株硒营养水平、改善麦粒氨基酸结构、提高籽粒硒含量。研究表明，加硒化肥可以提高小麦的营养价值。施用富硒矿粉能提高小麦茎、叶含硒量，矿粉含硒量增加，小麦茎叶含硒量亦增加，但增幅减缓。不同硒源后效应对供试小麦籽粒的含硒量有不同影响，表现为低浓度促进小麦生长发育，而高浓度抑制小麦生长发育。叶面喷施硒肥能够增强小麦活力和抗氧化能力，提高籽粒硒含量，其至促进产量增加。小麦富硒生物强化指的是小麦采用杂交转育、转基因、基因改造及分子育种设计等生物学途径，提高控制硒吸收、运载以及向籽粒储存的基因表达量，最终提高小麦籽粒硒含量的方法。小麦的富硒能力主要取决于自身品种的基因型及其与环境的互作，应加大硒高效种质资源的筛选，对小麦中调控硒吸收、运转、代谢和积累的基因进行分析和基因定位，然后通过分子标记辅助选择结合传统育种方法或利用转基因途径。总之，添加低浓度外源硒能够促进发芽阶段小麦的生长，高浓度则表现为抑制作用，硒酸盐的效果优于亚硒酸盐，且硒液浸种对籽粒硒含量的提高幅度有限。

四、播前灌水

底墒充足、表墒适宜，是小麦苗全、苗齐、苗壮的重要条件。墒情不足，播后不仅影响全苗，而且出苗不齐，产生二次出苗，形成田间大小苗现象。北方地区多数年份入秋以后雨量较少，一般要浇足底墒水，以满足小麦发芽出苗和苗期生长对水分的需要，也可为中期生长奠定良好基础。一般不宜抢墒播种、播后浇蒙头水。玉米成熟较晚的，提倡玉米收获前洇地，起到"一水两用"的作用，确保小麦适时适墒播种。秋雨较多、底墒充足时（壤土含水量 17% ～ 18%、沙土 16%、黏土 20%），可不浇底墒水。

第三节　富硒小麦播种技术

一、播种期

（一）适时播种的重要意义

适时播种可以使小麦苗期处于最佳的温、光条件下，充分利用冬前的光热资源培育壮苗，形成健壮的大分蘖和发达的根系，群体适宜，个体健壮，有利于安全越冬，并为穗多穗大奠定基础。

播种过早、过晚对小麦生长均不利。播种过早，一是冬前温度高，常因冬前徒长而形成冬前旺苗，植株体内积累营养物质少，抗寒力减弱，冬季易遭受冻害。尤其是半冬性品种，冬前通过春化阶段，抗寒力降低而发生冬季冻害。此外，冬前旺长的麦苗，年后返青晚，生长弱，"麦无二旺"。二是易遭虫害而缺苗断垄，或发生病毒病、叶锈病。播种过晚，一是冬前苗弱，体内积累营养物质少，抗逆力差，易受冻害。二是春季发育晚，成熟迟，灌浆期易遭干热风的为害，影响粒重。三是春季发育晚，若调控措施不当，将缩短穗分化时期，易形成小穗。

（二）确定适宜播期的依据

1.冬前积温

小麦冬前积温指从播种到冬前停止生长之日的积温。播种到出苗一般需要积温120℃左右，冬前主茎每长一片叶平均需要75℃积温。据此，可求出冬前不同苗龄的总积温，如冬前要求主茎长出5～6片叶，则需要冬前积温495～570℃，根据当地气象资料即可确定适宜播期。目前，小麦生产上多采取主茎和分蘖成穗并重的栽培途径（即中等播量），冬前主茎叶片达到5～6片时容易获得高产；冬前主茎叶片达到7片以上时易形成旺苗，不利于培育壮苗和安全越冬。

近年来，受全球气候变暖的影响，各地冬前有效积温有了很大的提高。因此，过去经验中的播种适期已不再适用，应根据试验及生产经验科学确定。例如，河北省中南部地区9月下旬播种的小麦会发生冬前旺长，甚至出现主茎第一个分蘖缺位，说明在当地"白露早、寒露迟，秋分种麦正当时"的古农谚已经过时。

2.品种特性

一般冬性品种宜适当早播，半冬性品种可适当晚播。北方各麦区冬小麦的适宜播期为：冬性品种一般日均温 16 ～ 18℃，弱冬性品种一般在 14 ～ 16℃。在此范围内，还要根据当地的气候、土壤肥力、地形等特点进行调整。

3. 栽培体系

精播栽培，苗龄大，易早播；独秆栽培，冬前主茎 3 ～ 4 片叶，宜晚播。

北方春小麦主要分布在北纬 35° 以北的高纬度、高海拔地区，春季温度回升缓慢，为了延长苗期生长，争取分蘖和大穗，一般在气温稳定在 0 ～ 2℃、表土化冻时播种。东北春麦区在 3 月中旬到 4 月中旬播种，宁夏、内蒙古及河北坝上约在 3 月中旬播种。

二、播种量

(一)确定适宜的基本苗

基本苗的多少，是小麦群体发展的起点，对小麦整个生育过程中群体与个体的协调及产量结构的协调增长有重大影响。穗数是构成产量的基础，而基本苗又是成穗的基础。所以，因地制宜地确定基本苗数是合理密植的核心。

确定适宜的基本苗，主要考虑播种期早晚、品种特性、土壤肥力和水肥条件等因素。适期播种，单株分蘖和成穗数较多，基本苗可适当少些；随着播种期的推迟，单株分蘖和成穗数都要减少，应适当增加基本苗数。分蘖力强、成穗率高的品种基本苗宜少；反之宜多。土壤肥力水平高、水肥条件好的麦田，单株分蘖及成穗较多，基本苗宜少；反之宜多。

小麦基本苗的确定还与所采用的高产途径有关。常规高产栽培，播期适宜，主茎与分蘖成穗并重，基本苗一般掌握在每公顷 300 万左右；精播栽培，以分蘖成穗为主夺高产，播期偏早，基本苗一般为每公顷 150 万左右；独秆栽培，以主茎成穗为主，播期晚，基本苗一般为每公顷 450 万 ～ 600 万。

(二)计算播种量

$$每公顷播种量（kg）=\frac{每公顷计划基本苗数×种子千粒重（g）}{1\,000×1\,000×种子发芽率（\%）×田间出苗率（\%）}$$

田间出苗率因整地质量、播种质量不同而有很大差异。一般在腾茬地、整地及播种质量好的情况下，田间出苗率可达 85% 左右；秸秆还田地块、整地质量差的地块，田间出苗率较低。由于种子千粒重多在 35 ～ 50 g，种子发芽率及田间出苗率差异大，所以生产中的"斤籽万苗"的说法不大科学。

三、播种方法

对播种质量的要求是行直垄正，沟直底平，下籽均匀，播量准确，深浅适宜，覆土严实，不漏播，不重播。

（一）播种深度

覆土深浅对麦苗影响最大。覆土深，出苗晚，幼苗弱，分蘖发生晚；覆土过浅，种子易落干，影响全苗。分蘖节离地面太近，遇旱时会影响根系发育，越冬期易受冻。从防旱防寒和培育壮苗两个方面考虑，播种深度宜掌握在 3 ～ 5 cm。早播宜深，晚播宜浅；土质疏松宜深，紧实土壤宜浅。

（二）播种方式

目前，小麦播种多为机械播种，高产麦田以 12 ～ 15 cm 行距为宜，这有利于小麦植株在田间分布均匀，生长健壮。宽窄行播种方式适于套种其他作物。

（三）播后镇压

小麦播后镇压可以踏实土壤，提高整地质量，使种子与土壤密接，以利于种子吸水萌发，提高出苗率，保证苗全苗壮，是小麦节水栽培的重要措施。小麦玉米两熟区玉米秸秆直接还田的地块土壤较暄，播后镇压尤为重要。对于抢墒播种、墒情稍有不足的地块，播后镇压可提高抗旱能力，有利于苗全苗壮。

（四）酌情浇蒙头水

对于土壤水分不足以及秸秆还田土壤较暄的地块，可以在播后 3 ～ 4 d 浇蒙头水或出苗 3 ～ 4 d 后浇出苗水，其作用是踏实土壤、补充土壤水分，以保证出苗整齐及苗期正常生长。

第四节　富硒小麦田间管理技术

小麦生长发育过程中，麦田管理的任务：一是通过肥水等措施满足小麦对肥水等条件的要求，保证植株良好发育；二是通过保护措施防御（治）病虫草害和自然灾害，保证小麦正常生长；三是通过促控措施使个体与群体协调生长，实现栽培目标。

一、前期管理

（一）苗期的生育特点与管理目标

1.生育特点

小麦生长前期是指从出苗到起身的，长达 150 d 以上，包括越冬前、越冬、返青期等生育时期。其特点是以长叶、长根、长蘖的营养生长为中心，起身期时分蘖几乎全部出现。所以，此期是决定每亩穗数的关键时期，尤其是冬前分蘖成穗率高。

2.管理目标

在保证全苗、匀苗的基础上，促苗早发，促根壮蘖，培育冬前壮苗，使麦苗安全越冬；促早返青，提高冬前分蘖成穗率，狠抓穗数，为穗大粒多打下良好基础。

（二）管理措施

1.查苗补种，雨后破除板结

小麦出苗后要及时查苗，发现缺苗后立即补种，也可浸种催芽补种。播种后出苗前遇雨，要及时耙地破除板结，以免影响出苗，黏性土壤尤为注意。

2.冬前防治病虫

土蝗和传毒昆虫灰飞虱的防治是秋苗期的防治重点。对于早播田或靠近棉田、树林、沟渠等杂草多的地块，为防止土蝗、蟋蟀危害及从矮病的发生，除播种前采取药剂拌种外，在小麦出苗率达 50% 时，及时选用有机磷类、菊酯类等药剂进行喷雾，一般沿麦田周围向里喷 5 ~ 10 m 的保护药带，对有危害趋势的要及时全田喷治。

3.酌情浇蒙头水

对于抢墒播种的麦田，可浇蒙头水，以保证种子正常萌发出苗。秸秆还田整地质量差的麦田，浇蒙头水可踏实土壤，有利于苗全、苗匀、苗壮。

4.化学除草

化学除草是北方麦区经济有效的措施。冬小麦田一般年份有冬前和春后两个出草高峰期，以冬前为主，冬前杂草发生量占总草量的 80% 左右。麦田化除应以冬前为主，春季为辅。

以播娘蒿、荠菜、藜、麦瓶草、猪殃殃等阔叶杂草为主的麦田，每公顷可用苯磺隆（或巨星）有效成分 15 g；在多种阔叶杂草混合发生的麦田，每公顷可用

40% 唑草酮（快灭灵）60 ~ 75 g，或 15% 噻黄隆（麦草光）150 g；以禾本科杂草为主的麦田，每公顷可用 6.9% 精噁唑禾草灵（骠马）悬浮剂 600 ~ 750 mL，或 15% 炔草酸（麦极）750 mL。以上药剂，每公顷对水 450 ~ 600 kg，喷雾要均匀周到，以保证良好的防除效果。目前，麦田除草剂的种类很多，各地可根据当地麦田杂草优势种类和杂草群落，选用适宜的除草剂。

5. 适时冬灌

（1）冬灌的作用。适时冬灌可以缓和地温的剧烈变化，防止冻害；为返青保蓄水分，做到冬水春用；可以踏实土壤，粉碎坷垃，防止冷风吹根；可以消灭越冬害虫。总之，冬灌是小麦越冬期和早春防冻、防旱的重要措施，对安全越冬，稳产、增产具有重要作用。

（2）冬灌技术。冬灌要适时，以昼消夜冻时最为适宜，上冻前结束。但生产上要适当提前，以免有浇不上水的危险。浇水过早，则失墒较多，起不到冬灌的作用，易受旱冻危害。浇水过晚，水不易下渗，地面积水结冰，使麦苗在冰下窒息，还会因冻融而产生的挤压力使分蘖节受伤害，甚至发生凌抬断根死苗。

越冬前土壤含水量为田间持水量 80% 以上，底墒充足的晚麦田，可不冬灌，但要注意保墒。

结合冬灌，底肥施用充足的麦田不要施肥。对于因基肥不足而苗弱的麦田，可以结合冬灌追施少量化肥。这次追肥实际上是冬施春用，比返青追肥效果好，因为返青浇水容易降低地温，影响小麦生长。

浇水量一般每公顷 600 ~ 750 m³，浇后应及时用锄头划一遍。

6. 冬季镇压

在冬至至立春期间，选择晴天下午用碌碡或镇压器普压一遍，以压碎坷垃、弥合裂缝，保墒、保苗安全越冬。

7. 早春锄划

早春的温度和水分是影响小麦返青生长的主要矛盾。早春中耕锄头划可以提高地温、保墒，达到表土细碎、上虚下实，促进根系的生长，促苗早发快长。生产中一般在返青前后进行搂麦。

8. 酌施返青肥水

生产中一般返青期不追肥、不浇水。但对于失墒重，水分成为影响返青正常生长的主要因素的麦田，应浇返青水，俗称"救命水"。但不可过早，宜在新根长出时浇水。浇水量不宜过大，以每公顷 600 m³ 左右为宜。越冬前有脱肥症状的，可以结合浇返青水少量追肥。浇水后要适时锄划，增温保墒，促苗早发。

9.禁止麦田放牧

麦田放牧对麦苗有多种危害。一是减小绿叶面积，降低光合产物合成和积累能力；二是延缓返青进程，严重的会造成麦苗死亡；三是造成麦苗机械损伤，易引起病虫侵害，加重春季干旱和寒冷的危害。

二、中期管理

（一）生育特点与管理目标

1.生育特点

小麦生长中期是指从起身到抽穗期，时间长达 40 ～ 45 d，包括起身期、拔节期、孕穗期。

（1）是营养生长与生殖生长同时并进时期。根、叶继续生长，茎的节间依次伸长，同时穗进一步分化，最后形成，是争取穗大粒多的关键时期。生长速度快，尤其是拔节到孕穗是小麦生长速度最快、生长量最大的时期，植株对水肥要求迫切，反应敏感。

（2）生长发育中心发生了变化。起身之前，生长中心以营养生长为主，光合产物主要供植株分蘖生长，起身后进入生长并进阶段，生长中心比茎、穗为主，光合产物主要供给茎、穗的发育。所以，此期是决定成穗率和争取壮秆大穗的关键时期。

（3）是群体与个体矛盾突出的时期。起身期是决定群体发展的关键时期，起身期前后春季分蘖进入高峰，虽然个体数目不再增加，但个体体积却迅速增大，群体通风透光差。挑旗前后，叶面积系数达最大，而地上节间尚未充分伸长，叶片密集于近地面 30 ～ 50 cm 的空间，很容易造成遮光荫蔽。

（4）病虫草进入高发期。随温度回升，各种病虫草害发生较重，如白粉病、锈病、黑穗病、全蚀病、赤霉病等病害及吸浆虫、麦蚜、黏虫、红蜘蛛等虫害，是田间防治的重要时期。

总之，此期植株内部器官之间，个体与群体之间，群体生长与栽培环境之间，矛盾表现得最为突出。

2.管理目标

根据苗情类型，适时、适量地运用肥水等管理措施，协调地上部与地下部、营养器官与生殖器官、群体与个体之间的生长关系，促进分蘖两极分化，创造合理的群体结构，既达到壮秆大穗目的，又为后期生长奠定良好基础。

（二）管理措施

1. 合理运筹起身拔节期肥水。

（1）起身拔节肥水的作用。

①起身期肥水的作用。延缓分蘖两极分化，促大蘖成穗，提高成穗率，增加单位面积穗数；能促进小花分化，减少不孕小穗，有利于争取穗大粒多；能促进中部茎生叶面积增大，利于增加中后期光合产物，提高粒重。但起身期肥水同时可促进茎基部一、二节间伸长，在群体较大时引起倒伏；也可能造成叶面积过大而郁蔽。因此，起身期肥水对群体小的麦田弊少利多，群体适中的利弊皆有，群体大的有弊无利。

②拔节期肥水的作用。减少不孕小穗和不孕小花数，有效提高穗粒数；促进中等蘖赶上大蘖，提高成穗整齐度；促进旗叶增大，延长叶片功能期，提高生育后期光合作用和根系活力，延缓衰老，增加开花后干物质积累，提高粒重；促进中上部节间伸长，有利于形成合理株型和大穗。

（2）根据起身期和拔节期肥水的作用及具体苗情，合理运筹肥水管理措施。

①起身期。对于群体较小、苗弱的麦田，要在起身初期施肥、浇水，以促进春季分蘖增生，提高成穗率；对于一般麦田，在起身中期施肥、浇水；对旺苗、群体过大的麦田，应控制肥水，促进分蘖两极分化，防止过早封垄发生倒伏。

②拔节期。对于地力水平和墒情较好、群体适宜的壮苗，春季第一次肥水应在拔节期实施；对旺苗需推迟拔节水肥；返青期已经浇水施肥的麦田，也应该推迟到拔节期再施肥浇水；起身期已追肥浇水的麦田，在拔节期控制肥水。拔节期肥水的时间，应掌握瘦地、弱苗宜早，肥地、壮苗和旺苗宜晚的原则。

2. 控制旺长

旺长麦田群体偏大，通风透光不良，麦苗个体素质差，秆高茎弱，根冠失衡，抵抗能力下降，尤其是抗倒伏能力降低，后期遇风雨天气易倒伏减产。

控制小麦旺长的传统措施主要有镇压、深中耕断根、限制肥水等，但耗时费工，控制期短。目前，使用植物生长延缓剂进行化控是较为经济有效的手段，可调节小麦茎叶生长，使小麦基部节间缩短、粗壮，防止后期"茎倒"和后期根系早衰，提高小麦抗旱、抗寒、抗风的能力。可选用壮丰安、多效唑等化控产品，在小麦返青到起身期，每公顷用15%多效唑可湿性粉剂750 g，或每公顷用壮丰安（即20%甲多微乳剂）450～600 mL，对水375～600 kg稀释后喷洒。要求无风或微风天气喷施。在小麦拔节中后期不宜使用，以免形成药害和影响抽穗。

3. 浇好孕穗水

小麦孕穗期是四分体形成、小花集中退化时期。此期为需水临界期，缺水会加重小花退化、减少穗粒数，影响千粒重。良好的水肥条件，能促进花粉粒的正常发育，提高结实率，增加穗粒数，还有利于延长上部绿色部分功能期，促进籽粒灌浆。因此，孕穗期必须保证水分的供应。

此期一般不再施肥，但对于叶色发黄、有缺肥表现的麦田，可补施少量氮肥。叶色浓绿的麦田则不宜追肥，以免贪青晚熟。

4. 防治病虫草害

近年来，除麦蚜、白粉病等原常发病虫害外，纹枯病、根腐病、赤霉病、吸浆虫等病虫害发生也较为严重。由于收割机跨区作业等影响，麦田禾本科杂草种类也进一步增多。总的特点是病虫草害发生范围扩大，种类变化复杂，潜在危害加重。因此，应加强病虫草害的预测预报并及时防治。

小麦返青至拔节前，重点防治小麦纹枯病，当平均病株率达 10% ～ 15% 或病情指数达 5 时，用 12.5% 烯唑醇可湿性粉剂稀释 3 000 ～ 4 000 倍，对准小麦茎基部喷雾。

孕穗至扬花期，重点防治小麦吸浆虫、麦蚜、小麦白粉病，监控赤霉病发生。防治小麦吸浆虫，一是蛹期处理，即在小麦孕穗中后期进行小麦吸浆虫中蛹期防治，每公顷用 40% 甲基异柳磷乳油 2 250 ～ 3 000 mL 或 5% 毒死蜱粉剂 9 000 ～ 13 500 g 对适量水，拌细土 375 kg 制成毒土，顺麦垄均匀撒施，然后浇水；或每公顷用 3% 甲基异柳磷颗粒剂 30 ～ 37.5 kg，拌细土 150 kg，均匀撒施于土表后浇水。二是药杀成虫，一般在 70% ～ 80% 的小麦抽穗但未扬花之前，可用蚜灵、吡虫啉、高效氯氰菊酯 1 000 倍液，于下午 4 时后最好黄昏时喷雾防治。小麦抽穗扬花期，可混合施药、一喷多防，每公顷用 15% 粉锈宁可湿性粉剂 900 ～ 1 200 g 加 10% 吡虫啉可湿性粉剂 300 g 或 4.5% 高效氯氰菊酯乳油 450 mL，对水 600 ～ 750 kg 喷雾，可一次施药兼治小麦吸浆虫、麦蚜、小麦白粉病。

5. 防止晚霜危害

富硒小麦拔节至孕穗期间要防止晚霜冻害。拔节后，生长锥已处于地表以上，抗寒能力弱，晚霜低温易造成冻害。据资料介绍，当夜间百叶箱温度降到 −2 ～ −5℃，地面温度降到 −5 ～ −10℃，如持续 6 ～ 7 h，对拔节以后（第二节间显著伸长）的植株危害严重，刚拔节的危害较轻。

浇水是预防和减轻晚霜冻害的有效措施。但浇水时间不同，防冻效果不同，在霜冻降温过程中浇水，反而导致冻害严重。因此，应随时关注天气变化，根据天气预报，在低温寒潮到来之前采取灌水等措施，预防晚霜冻害，减轻不利天气的影响。返青以后如遇寒流应立即停止浇水，温度回升后再浇。

三、后期管理

（一）生育特点与管理目标

1.生育特点

小麦生育后期是指小麦从抽穗至成熟的阶段。生育后期不再形成新的器官，生育中心转移到籽粒上来。小麦籽粒产量大部分来源于后期光合产物，产量越高，比重越大。所以，此期是决定穗粒数、粒重和籽粒品质的关键时期。小麦茎叶和根系功能由盛而衰，如果管理措施不当，容易造成贪青或早衰，影响籽粒灌浆和产量。

2.管理目标

保持根系的正常生理机能，延长上部叶片功能期，抗灾防病虫，防止早衰与贪青晚熟，促进光合产物向籽粒运转，实现粒多、粒重。

（二）管理措施

1.浇水

小麦抽穗到籽粒形成期（约开花后10 d），根系生活力依然较强，籽粒迅速膨大，对水分的要求极为迫切。如果水分不足，会影响光合产物的合成和运转，导致籽粒干缩退化，降低穗粒数。所以，抽穗扬花期必须保证水分充足供应。

进入灌浆期后，根系活力逐渐衰老，对环境条件的适应能力较弱，要求有平稳的地温和适宜的水气比例，水分以70%～75%为宜，以维持根系正常的呼吸和吸收。因此，浇好灌浆水不仅可以满足小麦灌浆对水分的要求，还可降低地温，有利于防止根系早衰，达到以水养根、以根保叶、以叶保粒的作用。同时可减轻干热风危害。

所以，生育后期应根据土质、墒情、降雨和小麦生长情况，做好抽穗扬花期和灌浆期的水分运筹。由于后期穗子较重，应注意天气预报，防止浇后倒伏，遇风要停浇，浇水量也不要过大。

2.叶面喷肥

对于叶色较淡，有早衰趋势的麦田可叶面喷洒2%～3%的尿素溶液，每公顷用量750 kg，以防早衰；对有贪青晚熟趋势的麦田，可喷0.3%～0.4%磷酸二氢钾溶液，每公顷用量750 kg，加速养分向籽粒中转移，提高灌浆速度。

富硒小麦生产技术关键在于"土伯富硒叶面肥"的喷施。喷施"土伯富硒叶面肥"分两次进行：第一次在破口前，第二次在扬花后，每公顷用 1 500 mL"土伯富硒叶面肥"对水 750 kg 均匀喷施。

3.防治病虫害

及时防治麦蚜、吸浆虫、黏虫、白粉病、锈病、赤霉病等病虫害，以延长叶片功能期，提高光合强度，增加粒重。

生育后期将杀虫剂、杀菌剂、磷酸二氢钾（或其他能预防干热风的植物生长调节剂、微量元素肥料等）混配，一次喷药达到防治病害、防治虫害、防干热风、增加粒重的目的，称为"一喷三防"或"一喷多防"，是降低作业成本、减少用药次数的一项重要措施。杀虫剂、杀菌剂、磷酸二氢钾或其他生长调节剂的选用要有针对性，针对本地常发生、已发生的病虫害或干热风等问题，做到一喷多效、一喷综防。

第五节　富硒小麦收获储藏技术

一、收　获

富硒小麦适宜收获期很短，常遇风、雹、雨的威胁。收获过早，千粒重低、品质差，脱粒也困难；过晚易断穗、落粒。富硒小麦的粒重以蜡熟末期至完熟期最高，籽粒品质也以这一阶段为最好，是最佳的收获时期。这一阶段小麦的外部特征是：麦穗变黄，叶片枯黄，茎秆金黄，茎节微绿；籽粒内部呈蜡质状，能被指甲切断。在此期间要抓住晴好天气，及时收获，防止烂场雨。目前，小麦收割多使用联合收割机，收割、脱粒、秸秆粉碎一次完成，可缩短收割时间，工效高。

二、储　藏

富硒小麦籽粒储藏前必须充分晾晒，使含水量低于 13% 时再入仓储藏，以免影响种子发芽率和活力。但作为种用的不宜过度暴晒，更不能在水泥地上面晒种，以免烫坏种子。要求储存麦种的仓库温度最好在 20℃ 以下，通风干燥，还要注意防鼠、防虫。

第四章　富硒玉米生产关键技术

玉米是人类重要的粮食作物之一。在我国，玉米的播种面积很大，分布也很广，是北方和西南山区及其他旱谷地区人民的主要粮食之一。实践表明，通过使用富硒技术，在提升玉米品质的同时，还可以提高玉米的产量，并且可以利用富硒秸秆等发展富硒养殖业，延长富硒产业链。当前，玉米农残超标是玉米普遍面临的问题，也是限制我国玉米出口的重要原因。玉米富硒后，可以明显减少农药的残留，降低玉米对重金属的吸收。

第一节　富硒玉米栽培基础

一、玉米的一生

（一）植物学特征

1. 种　子

玉米粒即种子，植物学上称颖果。有马齿型、硬粒型和中间型三大类。颜色有黄、白、紫、红、花斑等色，常见的多为黄色和白色。种子由皮层（果皮、种皮）、胚乳、胚和子叶组成。皮层起保护作用，胚乳是种子储藏营养物质的仓库。玉米的胚较大，由胚根、胚轴和胚芽组成，是种子内的原始植株。在胚和胚乳之间有一盾片称子叶，内含多种酶，有吸收、转送胚乳养分，供种子发芽和幼苗生长的作用。种子大小因品种、栽培水平而异，一般千粒重 250 ～ 350 g。种子的营养成分含量以淀粉最多，占种子干物重的 70% 左右；蛋白质次之，占 9% ～ 11%；油分含量为 4.1% ～ 5.2%；还含有维生素、矿物质和纤维素等。

2. 根

（1）根的组成与功能。玉米根属须根系，由初生根、次生根和支持根组成。初生根包括初生胚根和次生胚根，垂直向下生长，是玉米幼苗期吸收肥水的根系。次生根是随茎节的形成，自下而上一层一层地生于地下密集茎节上，又称节根或层根。次生根是玉米根系的主体，依品种不同，可形成 7 ～ 9 层，数量多达百余条，是决定玉米产量的主要根系。各层节根都呈辐射状倾斜伸长，拔节后节根伸展方向发生明显变化，由斜向伸长转为直向伸长。支持根是玉米地上茎近地面茎节上轮生的层根，一般 3 层左右，从抽雄前开始出现，发根迅速，先端分泌黏液、入土后产生侧根，能支持植株，增强抗倒能力，还有合成氨基酸与进一步形成蛋白质的作用。

（2）根的分布。玉米根深可达 2 m 以上，水平可达 1 m，但绝大部分集中在深度 30 cm 以内、距植株 20 cm 半径范围的土层中，不同生育时期的玉米根在土壤中的分布不同。

苗期根系分布在 0 ～ 40 cm 土层中，其中 0 ～ 20 cm 土层根量占该期总根量的 90% 左右；拔节期根的入土深度可达 100 cm，其中 0 ～ 40 cm 土层根量占该期总根量的 90% 左右；至开花期，根系入土深度可达 160 cm，0 ～ 40 cm 土层根量占该期总根量的 80% 左右；至蜡熟期，根系入土深度可达 180 cm，0 ～ 40 cm 根量占该期总根量的 55% 左右，40 ～ 180 cm 土层根量占 45% 左右。

玉米的主体根系分布在 0 ～ 40 cm 土层中，随着生育期的推迟，后期深层根量增加。因此，基肥深施有利于根系的吸收，追施化肥则以深施 10 cm 以上和距离植株 10 cm 较为合适。

3. 茎

玉米茎秆粗壮高大，茎最矮 0.5 m，高的 4 m，巨高类型的可达 7 m 以上。一般低于 2 m 的为矮秆型，生育期短，单株产量低；2.7 m 以上的为高秆型，生育期长，单株产量高；2 ～ 2.7 m 的为中秆型。生产上采用的杂交种植株一般为中矮秆型，秆粗穗大而结穗部位低。

（1）茎的发生。玉米的茎起生于胚，胚中就已有 5 ～ 7 个节间未伸长的茎。盾片是第一叶，其着生处是茎的第一节，胚芽鞘是第二叶，其着生处是茎的第二节。下胚轴是第一节间，中胚轴是第二节间。

生产上，将出苗后中胚轴伸长的部位叫作"根颈"（地中茎）。胚芽鞘着生处叫作胚芽鞘节，第一完全叶着生位置叫作茎节第一节。胚芽鞘与主茎之间的第一个节间，叫第一节间，其余节位依此类推。

（2）茎的形态。玉米茎由节和节间组成，节的多少和节间长短依品种而异，节间数与叶片数一致。8～48个节，其中3～7个茎节位于地面以下。第1～4节较紧密，节间很短，仅0.1～0.5 cm，从第5节间开始伸长。地面以上的茎节数6～30个。节间的粗度由茎基部向顶端节间逐渐变细；而节间长度从茎基部到顶端逐渐变长。

（3）茎的功能。茎担负水分和养分的运输；支撑叶片，使之均匀分布，便于更好地进行光合作用；储藏养料，后期将部分养分转运到籽粒中。

（4）茎的结构特点。茎具有向光性和负向地性，当植株倒伏时，它又能够弯曲向上生长，使植株重站起来，减少损失。茎的基部节上的腋芽长成的侧枝称分蘖。一般情况下，分蘖结穗的经济意义不大，应及早摘除，但许多青饲玉米具有多分蘖是青体高产的特征。

4.叶

（1）叶的形态特征。玉米完全叶由叶鞘、叶片、叶舌、叶环（叶枕）四部分组成。叶鞘包着节间，有保护茎秆和储藏养分的作用。叶片着生于叶鞘顶部的叶环之上，是光合作用的主要器官。叶片中央纵贯一条主脉，主脉两侧平行分布着许多侧脉。叶片边缘带有波状皱纹。玉米叶舌着生于叶鞘和叶片交接处，紧贴茎秆，有防止雨水、病菌、害虫侵入叶鞘内侧的作用。

玉米多数叶片正面有茸毛，只有基部第1～6片叶（早熟种少，晚熟种多）是光滑无毛的，这一特征可以作为判断玉米叶位的参考。

（2）叶片的解剖特征。玉米叶片的横断面可分为表皮、叶肉及维管束。叶子的上下表皮都布满气孔。上表皮每平方厘米约有5 600个气孔，下表皮约有8 000个。

上表皮还有一些特殊的大型细胞，称运动细胞。这些细胞壁薄，液泡大，有控制叶面水分蒸腾的作用。

表皮以内叶肉组织，由薄壁细胞组成。叶肉维管束有特别发达的维管束鞘。维管束鞘细胞内含许多特殊化的叶绿体，这是该作物的重要特征。

（3）叶的分组。常根据着生位置、形态特征、生长速度、功能期长短及光合产物的主要流向，划分为以下四组。

①基部叶组。一般着生在地下稍许伸长的茎节上。叶面积、增长速度、干物重和光合势均小，功能期短，多无茸毛。本组叶片是从出苗至拔节期逐渐伸展形成的。叶片的光合产物主要供给根系生长，故又称为根叶组。

②下部叶组。着生在地面以上的数个茎节上。叶面积、增长速度、干物重、光合势均迅速增长，功能期长，叶片上有茸毛。本组叶片是从拔节期至大喇叭口期（雌穗小花分化）伸展形成的。叶片的光合产物主要供给茎秆，然后再满足雄

穗生长发育的需要，故又称茎（雄）叶组。

③中部叶组。着生在果穗节及其上下几个茎节上。叶面积、增长速度、干物重、光合势均表现大而稳，功能期长。本组叶片是从大喇叭口期至孕穗期伸展形成的。叶片的光合产物主要供给雌穗生长发育，故又称穗叶组。

④上部叶组。着生在雄穗以下几个茎节上。叶面积、增长速度、干物重、光合势均逐渐下降，功能期缩短。本组叶片是从孕穗至开花期伸展形成的。叶片的光合产物主要供给籽粒生长发育，故又称为粒叶组。

5. 玉米的雌、雄穗

玉米为雌、雄同株异花作物，天然杂交率在 95% 以上。

（1）雄穗。玉米雄穗又称雄花序，为圆锥花序，着生于茎秆顶端。由主轴、分枝、小穗和小花组成。主轴有 4 ～ 11 行成对小穗。主轴中、下部有 15 ～ 25 个分枝，上有 2 行成对小穗。

玉米雄穗抽出 2 ～ 5 d 开始开花。顺序是从主轴中上部开始，然后向上向下同时进行。各分枝的小花开放顺序同主轴。一个雄穗从开花到结束，一般需 7 ～ 10 d，长者达 11 ～ 13 d。天气晴朗时，以上午开花最多，下午显著减少，夜间更少。

玉米雄穗开花的最适温度是 20 ～ 28℃，温度低于 18℃或高于 38℃时，雄花不开放。开花最适相对湿度为 65% ～ 90%。

（2）雌穗。雌穗又称雌花序，为肉穗花序，由茎秆中部叶腋中的腋芽发育而成，果穗位于茎秆腰部（中部）。玉米除上部 4 ～ 6 节外，全部叶腋都能形成腋芽，具有潜在的多穗性。多数情况下，地上节上的腋芽进行穗分化到早期阶段停止，不能发育成果穗，只有上部 1 ～ 2 个腋芽正常发育形成果穗。在肥水管理不当的条件下，会出现多个腋芽发育成果穗的现象，但这不是高产的标志。因形成的果穗较多，对养分竞争激烈，会导致各个果穗均发育不良的结果。

玉米的雌穗为变态的侧茎，穗柄为缩短的茎秆，节数随品种而异，各节着生 1 片仅具叶鞘的变态叶即苞叶，包着果穗，起保护作用。

雌穗一般比同株雄穗开始开花晚 2 ～ 5 d，亦有同时开花的。一个雌穗从开始抽丝到全部抽出，需 5 ～ 7 d。花丝长度 15 ～ 30 cm，若长期得不到受精，可延长至 50 cm 左右。同一雌穗上，一般位于雌穗基部往上 1/3 处的小花先抽丝，然后向上下伸展，顶部小花的花丝最晚抽出。当粉源不足时，易发生顶部花丝得不到授粉而造成秃顶的现象。有些苞叶长的品种，基部花丝要伸得很长才能露出苞叶，抽丝晚，并且影响授粉，造成果穗基部缺粒。因此，开花后期人工补助授粉很重要。

玉米雄花序的花粉传到雌穗小花的柱头上叫授粉。微风时，散粉范围约 1 m，风力较大时，可传播 500～1 000 m。花粉落到花丝后，在适宜条件下 10 min 即可发芽，30 min 可形成花粉管。2 h 左右，花粉管进入子房，抵达胚乳，进行双受精。从花丝接收花粉到受精结束一般需要 18～24 h，从花粉管进入子房至完成受精作用需 2～4 h。花丝在受精后停止伸长，2～3 d 后变褐枯萎。

（二）生育期

玉米生育期的长短，主要取决于品种基因型，同时受环境（光照、温度、肥水等）影响。一般日照加长、温度变低时生育期加长。反之，生育期缩短。一般我国北方的玉米比同一熟期的南方玉米生育期天数长于。根据玉米的生育期长短可分为早熟、中熟和晚熟三类。

（1）早熟种。春播生育期 70～100 d（要求积温 2 000～2 200℃）14～17 片叶，千粒重 150～250 g，夏播生育期 70～85 d。

（2）中熟种。春播生育期 100～120 d（要求积温 2 300～2 600℃）18～20 片叶子，千粒重 200～300 g，夏播生育期 85～95 d。

（3）晚熟种。春播生育期 120～150 d（要求积温 2 600～2 800℃）22～25 片叶，千粒重 300 g 左右，夏播生育期 96 d 以上。

（三）生育时期

（1）出苗期。幼苗出土高约 2 cm 的日期。例如，黑龙江省的安全出苗期为 5 月 20 日左右，出苗过晚，会延长抽雄、抽丝期，使籽粒形成期得不到足够的热量。

（2）三叶期。植株第三片叶露出叶心 2～3 cm。

（3）拔节期。植株雄穗伸长，茎节总长度达 2～3 cm，叶龄指数为 30 左右。例如，黑龙江省的安全拔节期是 6 月 25 日左右。

（4）小喇叭口期。雌穗进入伸长期，雄穗进入小花分化期，叶龄指数 46 左右。

（5）大喇叭口期。雌穗进入小花分化期、雄穗进入四分体期，叶龄指数 60 左右，雄穗主轴中上部小穗长度达 0.8 cm 左右，棒三叶甩开呈喇叭口状。

（6）抽雄期。植株雄穗尖端露出顶叶 3～5 cm。

（7）开花期。植株雄穗开始散粉。

（8）抽丝期。植株雌穗的花丝从苞叶中伸出 2 cm 左右，如黑龙江省的安全抽雄、吐丝期为 7 月 20～25 日。

（9）籽粒形成期。植株果穗中部籽粒体积基本建成，胚乳呈清浆状，亦称灌浆期。

（10）乳熟期。植株果穗中部籽粒干重迅速增加并基本建成，胚乳呈乳状后至糊状。

（11）蜡熟期。植株果穗中部籽粒干重接近最大值，胚乳呈蜡状，用指甲可以划破。

（12）完熟期。植株籽粒干硬，籽粒基部出现黑色层，乳线消失，并呈现品种固有的颜色和光泽，如黑龙江省的安全成熟期为 9 月 15～20 日。一般大田或试验田，以全田 50% 以上植株进入该生育时期为标志。

（四）玉米的生育阶段

在玉米一生中，按形态特征、生育特点和生理特性，可分为 3 个不同的生育阶段。即苗期（从出苗至拔节）、穗期（从拔节至抽雄）、花粒期（从抽雄至成熟）。苗期是玉米生根、长叶、分化茎节的营养生长阶段，以根生长为中心。保证一播全苗、苗匀，促进根系生长，培育壮苗是该期田间管理的中心任务。穗期既有根、茎、叶旺盛生长，也有雌雄穗的快速分化发育，大喇叭口期以前植株以营养生长为主，其后转为生殖生长为主。株壮穗大是穗期田间管理的中心任务，促进根系健壮发达，争取茎秆中下部节间短粗坚实，中部叶片宽大色浓。花粒期光合产物向籽粒转移，籽粒迅速生成、充实，防灾防倒，争取粒多、粒大、粒饱、高产，是该阶段田间管理的中心任务。

二、玉米的类型

按照不同的划分方法，玉米分为不同的类型。

（一）按生育期长短分类

按生育期长短将玉米分为早熟品种、中熟品种和晚熟品种。

（二）按籽粒特征分类

（1）硬粒型。亦称硬粒种或燧石种。果穗多为圆锥形，籽粒坚硬饱满，平滑，有光泽。籽粒顶部和四周胚乳均为角质淀粉，仅中部有少量粉质淀粉。角质胚乳环生于外层，故籽粒外表透明，多为黄色。品质较好，适应性强，成熟较早，产量低且较稳定。

（2）马齿型。亦称马牙种。果穗多呈圆柱形，籽粒扁平呈方形或长方形。角质胚乳分布于籽粒两侧，中央和顶部为粉质胚乳，成熟时顶部失水干燥较快，故籽粒顶部凹陷如马齿状。多为黄白两色，不透明，品质较差。植株高大，需肥水较多，产量较高。

（3）半马齿型。亦称中间型。籽粒顶端凹陷不明显或呈乳白色的圆顶，角质胚乳较多，种皮较厚，边缘较圆。植株、果穗的大小、形态和籽粒胚乳的特性都介于硬粒型与马齿型之间，籽粒的颜色、形状和大小具有多样性，产量一般较高，品质比马齿型好，是各地生产上普遍栽培的一种类型。

（4）糯质型。亦称蜡质型。胚乳全部由角质淀粉组成，籽粒不透明，坚硬平滑，暗淡无光泽，如蜡状，水解后易形成胶黏状的糊精。蜡质型玉米的胚乳，遇碘呈褐红色反应。此种玉米最早发现于我国，主要作为鲜食或食品玉米。

（5）爆裂型。亦称爆裂种。果穗较小，穗轴较细，籽粒小而坚硬，粒形圆或籽粒顶端突出，胚乳几乎全为角质淀粉。籽实加热时，由于淀粉粒内的水分遇到高温，形成蒸汽而爆裂，籽粒胀开如花。爆裂后的籽粒的膨胀系数达 25～45 倍。按籽实形状可分为两类：一类为米粒形，籽粒小，如稻米状，顶端带尖；另一类为珍珠形，籽粒顶部呈圆顶形，如珍珠。

（6）粉质型。又名软质种。果穗和籽粒外形与硬粒种相似，但籽粒无光泽。籽粒胚乳完全由粉质淀粉组成，或仅在外层有一薄层角质淀粉。籽粒乳白色，内部松软，容重很低，容易磨粉，是制造淀粉和酿造的优质原料。

（7）甜质型。亦称甜质种（甜玉米）。乳熟期籽粒含糖量为 10%～18%，高者达 25%，比普通玉米高 2～4 倍。多鲜食、做蔬菜或制罐头。成熟时籽粒的淀粉含量只有 20% 左右，脱水后表现凹陷，使种子皱缩，坚硬呈半透明状。胚乳多为角质，胚大。

（8）有稃型。亦称有稃种。籽粒包于长稃内，有的具芒。籽粒坚硬，角质胚乳环生外层，有色泽，具有各种颜色和形状。植株多叶，雄花序发达，常有着生籽粒的现象，高度自交不孕，是一种原始类型，很少栽培，可作饲料。

（9）甜粉型。亦称甜粉种。籽粒上半部为角质胚乳，下半部为粉质胚乳。

（三）按株型分类

依据植株茎叶角度和叶片的下披程度将玉米分为紧凑型、平展型和半紧凑型三种类型。

（1）紧凑型。表现为果穗以上叶片直立、上冲，叶片与茎秆之间的夹角小于30°。植株中部叶片比较长，而上部和下部叶比较短。紧凑型玉米群体的透光性能较好，对光能的利用率高，特别适合于高密度种植，具有较高的群体生产潜力，是目前高产玉米的主要类型。

（2）平展型。表现为果穗叶以上叶片平展，叶尖下垂，叶片与茎秆夹角大于45°。植株上部叶片较长，下部叶片较短，个体粗壮，群体透光性能差，不宜高密度种植。

（3）半紧凑型株型。介于紧凑型和平展型之间。

（四）按玉米利用途径和经济价值分类

可分为高油玉米、糯玉米、甜玉米、爆裂玉米、优质蛋白玉米、青饲青储玉米、高淀粉玉米、笋玉米等。

三、玉米的生长环境

（一）玉米对光照的要求

玉米是短日照作物，喜光，全生育期都要求强烈的光照。出苗后在 8 ~ 12 h 的日照下，发育快、开花早，生育期缩短，反之则延长。保证玉米正常生长发育的最少日照时数一般要求从播种至乳熟每天至少 7 ~ 9 h，乳熟至成熟每天要大于 8 h。玉米的光补偿点较低，故不耐阴。玉米是喜光作物，属于 C4 植物，与小麦、水稻等 C3 作物相比，玉米的光饱和点较高，即使在盛夏中午强烈的光照下，也不表现光饱和状态。因此，要求适宜的密度，一播全苗，要匀留苗、留匀苗，否则会导致光照不足、大苗吃小苗，造成严重减产。

出苗后，如果长期处于短日照条件下，发育加快、植株矮小、提早抽雄开花而降低产量；如果处于长日照条件下，植株增高、茎叶繁茂、抽雄开花期延迟，甚至不能开花结实。玉米在强光照下，净光合生产率高，有机物质在体内移动得快，反之则低、慢。因此，在保证成熟的条件下，日照时数多，光照强，则产量高。

（二）玉米对温度的要求

玉米原产于热带，属于喜温、对温度反应敏感的作物。目前应用的玉米品种生育期要求总积温为 1 800 ~ 2 800℃。一般来说，温度较高时，生育期相应缩短，相反，则生育期延长。夏玉米的生育期比春玉米的短。不同生育时期对温度的要求不同，在土壤、水、气条件适宜的情况下，玉米种子在 10℃ 能正常发芽，以 24℃ 发芽最快。拔节最低温度为 18℃，最适温度为 20℃，最高温度为 25℃。开花期是玉米一生中对温度要求最高、反应最敏感的时期，最适温度为 25 ~ 28℃。

温度高于 32 ～ 35℃，大气相对湿度低于 30% 时，花粉粒因失水失去活力，花柱易枯萎，难于授粉、受精。所以，只有调节播期和适时浇水降温，提高大气相对湿度，才能保证授粉、受精、籽粒的形成。花粒期要求日平均温度在 20 ～ 24℃，当气温降至 20℃，粒重增加缓慢，降至 18℃，粒重增加显著减慢，降至 16℃，粒重不再增加。如果低于 16℃或高于 25℃，影响淀粉酶活性，养分合成、转移减慢，积累减少，成熟延迟，粒重降低减产。

（三）玉米对水分的要求及排灌

玉米需水较多，除苗期应适当控水外，其后都必须满足玉米对水分的要求，才能获得高产。玉米需水多受地区、气候、土壤及栽培条件影响。据资料证明，每公顷产 7 500 kg 的夏玉米耗水量约 4 500 m³，形成 1 kg 籽粒大约需水 700 kg。还证明耗水量随产量提高而增加。玉米各生育时期耗水量有较大的差异。由于春、夏玉米的生育期长短和生育期间的气候变化的不同，春、夏玉米各生育时期耗水量也不同。总的趋势为：从播种到出苗需水量少。试验证明，播种时土壤田间最大持水量应保持在 60% ～ 70%，才能保持全苗；出苗至拔节，需水增加，土壤水分应控制在田间最大持水量的 60%，为玉米苗期促根生长创造条件；拔节至抽雄需水剧增，抽雄至灌浆需水达到高峰，从开花前 8 ～ 10 d 开始，30 d 内的耗水量约占总耗水量的一半。该期间田间水分状况对玉米开花、授粉和籽粒的形成有重要影响，要求土壤保持田间最大持水量的 80% 左右为宜，是玉米的水分临界期；灌浆至成熟仍耗水较多，乳熟以后逐渐减少。因此，要求在乳熟以前土壤仍保持田间最大持水量的 80%，乳熟以后则保持 60% 为宜。

（四）玉米对土壤的要求及改土

玉米对土壤条件要求并不严格，可以在多种土壤上种植。但以土层深厚、结构良好，肥力水平高，营养丰富，疏松通气、能蓄易排，近于中性，水、肥、气、热协调的土壤种植最为适宜。玉米地深耕以 33 cm 左右为宜，并注意随耕多施肥，耕后适当耙、勤中耕，多浇水，促进土壤熟化，逐步提高土壤肥力。改良土壤，根据具体情况，适当采用翻、垫、淤、掺等方法，改造土层，调剂土壤。土层厚逐渐深耕翻，加深土层，增加风化，加厚活土层；对土体中有砂姜、铁盘层的，深翻中拣出砂姜、铁盘，打破犁底层；对土层薄、肥力差的地块，应逐年垫土、增施肥料，逐步加厚、培肥地力；对河灌区，可以放淤加厚土层改良土壤；对沙、黏过重的土壤，采取沙掺黏、黏掺沙调节泥沙比例到 4 泥 6 沙的壤质状况，达到上粗下细、上沙下壤的土体结构。

玉米丰产必须要具有良好的土壤条件。

（1）熟化土层深厚（20 ～ 40 cm），土壤结构良好。

（2）疏松通气，沙壤土较好。

（3）耕层有机质和速效养分含量高，pH 值最适宜范围为 6.5 ～ 7.0。

（4）土壤渗水、保水性能好。

（五）玉米对二氧化碳的要求

玉米具有 C4 作物的特殊构造，从空气中摄取二氧化碳的能力极强，远远大于麦类和豆类作物。玉米的二氧化碳补偿点为 1 ～ 5 mg/m³，说明玉米能从空气中二氧化碳浓度很低的情况下摄取二氧化碳，合成有机物质。玉米是低光呼吸高光效作物。

（六）富硒玉米对养分的要求及施肥

富硒玉米生育期短，生长发育快，需肥较多，对氮、磷、钾的吸收尤甚。其吸收量是氮大于钾，钾大于磷，且随产量的提高，需肥量亦明显增加；当产量达到一定高度时，出现需钾量大于需氮、磷量，如对每公顷产 4 500 kg 的玉米进行分析，得到吸收氮、磷、钾的比例为 2.5∶1∶1.5；每公顷产 6 000 kg 时为 2.4∶1∶1.7；每公顷产 7 560 kg 时则为 3∶1∶4。钙、镁、硫、铁、锌、铜等元素严重不足时，亦能影响产量，特别是对高产栽培更为明显。富硒玉米不同生育时期对氮、磷、钾三要素的吸收总趋势为：苗期生长量小，吸收量也少；进入穗期随生长量的增加，吸收量也增多加快，到开花达最高峰；开花至灌浆期有机养分集中向籽粒输送，吸收量仍较多，以后养分的吸收逐渐减少。春、夏玉米各生育时期对氮、磷、钾的吸收总趋势有所不同，到开花、灌浆期春玉米吸收氮仅为所需氮量的 1/2，吸收磷为所需量的 2/3；而夏玉米此期吸收氮、磷均达所需量的 4/5。此外，中、低产田玉米以小喇叭口至抽雄期吸收量最多，开花后需要量很少；高产田玉米则以大喇叭口期至籽粒形成期吸收量最集中，开花至成熟需要量也很大。因此，种植制度不同，产量水平不同，在供肥量、肥料的分配比例和施肥时间上均应有所区别、各有侧重。

第二节　富硒玉米播前准备

一、选地与选茬

（一）选　地

选择地势平坦，耕层深厚（土层厚度 80 cm 以上为宜），肥力较高，营养元素丰富，保水保肥性能好，排灌方便的地块，土壤 pH 值为 5 ～ 8，最好为 6.5 ～ 7.0，土质以黑土、黑黄土或沙壤土为宜，不宜选白浆土和盐碱土。

（二）选　茬

前茬未使用长残效除草剂的大豆、小麦、马铃薯或玉米等肥沃的茬口，不要选用甜菜、向日葵、白菜等耗地较大的前茬。

二、整地与施肥

（一）耕整地

玉米播前土壤耕作包括深松、翻地、耙地、平整等工作任务，以下介绍玉米播种前进行的主要的土壤耕作方法。

1. 平翻耕法

平翻耕法是始终保持平整的耕作方法，由翻地、耙地和耢地等项作业组成，翻地的过程是把上下土层交换位置，并把土地表面的大量草籽、害虫、病菌孢子、作物残茬落叶或有机肥翻到下面去，而把底土翻上来，也称基本耕作。一般由机引铧式犁或畜力引犁完成。翻地深度一般 14 ～ 18 cm 为浅翻，20 ～ 22 cm 为普通深度，22 cm 以上为深翻。耕翻方法包括全翻垡、半翻垡和分层翻垡。

2. 垄作耕法

垄作是创造人为小地势的土壤耕作方式，一般多用旧式畜力犁，或向两边分土的耥子，在播前或在作物行间将土分向两侧成一个高垄，培土的多少、垄的高低视作物栽种要求而定。一般垄高 14 ～ 18 cm，垄距 60 ～ 70 cm。

3. 旋耕法

利用旋耕机一次完成耕、耙、平、压等作业。一般耕深 12 ～ 15 cm。在南方水田上整地极为普遍，华北地区常用于麦茬整地，近年来也有用于秋耕整地，具有方便、效率高的特点，但也容易破坏土壤结构，长期应用旋耕会使耕层变浅。多次旋耕后应适当进行一次深耕深松。

4.镇　压

用机械播种多采用环形镇压器镇压；用耧播种的平作区多用石磙或木磙镇压；东北地区春季较干旱，一般在播种后，人工用脚在播种行上踩1～2遍（踩格子），然后再用木磙镇压1次。

5.耢　地

耢地又称盖地、擦地和耢地。

耢地经常与耙地连接使用。耙后耢地可耢平耙沟，平整地面，使地面形成一层紧密而疏松的覆盖层，减少蒸发。冬季雨雪较多，经过冻融变酥的坷垃，可用耢地来破碎；春季雨后地面形成结皮的土壤，也可用耢地代替耙地来疏松表层。在镇压后为防止板结和水分丢失，也经常耢地。具有平土、碎土和紧土的作用。在干旱地区能减少地面蒸发，起到保墒作用。耢地作用于表土的深度一般为3 cm。耢地的工具是用荆条或其他耐摩擦树条编在框上而成。

（二）秋整地

秋整地指的是秋季进行整地，秋整地是农村秋季工作的组成部分，是一季管两年的重要环节。东北秋、冬、春降水量少，只有保住土壤中有限的水量不失墒，春播时才能保证及时播种、出全苗、出齐苗、出壮苗。实践证明，秋整地比春整地好，秋整地的项目有平翻、深翻、深松、旋耕、耙地、起垄、根茬粉碎还田等多项作业，它们的作用与好处各有各的不同。秋整地的好与坏，直接影响到农作物的产量与品质，关系到农民的经济收入。

（三）玉米需肥规律与施肥

1.玉米施肥规律

（1）玉米整个生育期内对养分的需求量。玉米属于需肥较多的作物，通常随着产量的提高，所需营养元素量也增加。玉米全生育期从土壤中吸收多种矿质营养元素，其中以氮素最多，钾次之，磷居第三位。玉米对微量元素尽管需求较少，但不可忽视，特别是随着施肥水平的提高，微肥的增产效果更加明显。综合国内外资料，一般每生产100 kg籽粒，需要吸收氮2.2～4.2 kg，磷（P_2O_5）0.5～1.5 kg，钾（K_2O）1.5～4 kg，肥料三要素比例约为3∶1∶2。其中春玉米每生产100 kg籽粒，吸收氮、磷（P_2O_5）、钾（K_2O）分别为3.47 kg、1.14 kg和3.02 kg，氮∶磷∶钾为3∶1∶2.7。

（2）不同生长时期玉米对养分的需求特点。玉米苗期生长缓慢，施足基肥，施好种肥可满足其需要。拔节以后至抽雄前，茎叶生长旺盛，是玉米一生中养分需求最多的时期，必须供应较多的养分，达到穗大、粒多的目的。抽雄吐丝以后，籽粒灌浆时间较长，需要供应一定量的肥、水，防止早衰，确保正常灌浆。春玉米需肥有两个关键时期，一是拔节至孕穗期，二是抽雄至开花期。

玉米营养临界期：临界期对养分需求并不大，但养分要全面，比例要适宜。这个时期营养元素过多过少或者不平衡，对玉米生长发育都将产生明显不良影响，而且以后无论怎样补充缺乏的营养元素都无济于事。

玉米营养最大效率期：玉米最大效率期在大喇叭口期。这是玉米养分吸收最快最大的时期。这期间玉米需要养分的绝对数量和相对数量都最大，吸收速度也最快，肥料的作用最大，此时肥料施用量适宜，玉米增产效果最明显。

2. 玉米施肥技术

（1）基肥。有机肥、全部磷肥、1/3氮肥、全部的钾肥作基肥或种肥。可结合犁地起垄一次施入播种沟内，使肥料施到 10 ～ 15 cm 的耕层中。所有的化肥都可作基肥。

（2）种肥。种肥是最经济有效的施肥方法。种肥的施用方法多种，如拌种、浸种、条施、穴施。拌种可选用腐殖酸、生物肥以及微肥，将肥料溶解，喷洒在玉米种子上，边喷边拌，使肥料溶液均匀地沾在种子表面，阴干后播种。浸种：将肥料溶解配成一定浓度，把种子放入溶液中浸泡 12 h，阴干后随即播种。条施、穴施：化肥适宜条施、穴施，做种肥化用量 2 ～ 5 kg，但肥料一定与种子隔开，深施肥更好，深度以 10 ～ 15 cm 为宜。尿素、碳酸氢铵、氯化铵、氯化钾不宜做种肥。

（3）追肥。剩下 2/3 氮肥做追肥。追肥分苗肥、秆肥、穗肥和粒肥四种追肥时期。

三、优良品种的选用

（一）玉米优良品种选择原则

品种是指一个种内具有共同来源和特有一致性状的一类栽培植物，其遗传性稳定，且有较高的经济价值。选择优良玉米品种应遵从以下几点。

1. 要根据品种的生育期和热量要求选用适宜的良种

北方地区如为春玉米，应选用生育期较长、增产潜力较大的品种，但要保证其霜前成熟。通常选用品种生育期内所需的活动积温应低于当地玉米生长季节活动积温 200～300℃。如果是夏玉米品种，则应越早播越好，当然也得根据当年气候条件，抢时早播是夏玉米获得高产的重要条件。

2. 要根据当地的自然条件、生产条件选用良种

优良品种都有一定的适应性，对自然条件、生产条件有一定的要求。在土壤肥沃、肥水充足且生产管理水平比较高的地区，可以选用增产潜力高、增产潜力大的高产良种；而在土壤贫瘠、肥水不足、生产水平较低的地区，应选择耐瘠薄、适应性强的良种。

3. 选择高产品种

优良的玉米品种是高产的前提，其增产作用可达到30%～50%，所以高产是品种选择的重要条件。但不能走入"好品种"必然高产的误区，玉米能否实现高产受气候条件、品种潜力和管理水平等多方面因素的影响，同时也需要良种与良法配合。因目前经销商较多，对品种介绍有时容易误导农民，切忌依价格和依单穗大小判断品种好坏。单穗大小只是个体性状，还应考虑单位面积穗数、穗粒数、百粒重等条件，即以群体性状判断平均品种产量。

4. 选择高抗逆性品种，降低生产风险

高抗逆性品种是指品种在生产过程中没有明显缺陷，不出现倒伏、空秆、秃尖、晚熟及严重丝黑穗病等问题。作为品种的使用者，在要求品种高产的同时，还要注重其广泛的适应性和优良的综合性状，确保玉米种植高产、稳产和安全。

5. 选择在当地至少进行了3年以上试验示范的品种

在当地经过3年或更长时间的试验示范以后，基本上可以知道品种在当地的适应性。选择多年多点表现较好的品种，生产上出现各种灾难性损失的可能性就较小。如果出现感兴趣的新品种最好先试种，因为不同地区、不同栽培技术以及不同生产单位的种子都有差别，为避免不可挽回的损失，最好经过试验。

6. 选用的品种要适合加工、销售需要

随着玉米深加工的发展，优质专用玉米品种越来越多，粮饲兼用玉米、高淀粉玉米、优质蛋白玉米、高油玉米、糯玉米、甜玉米等都有相应的品种，可以根据需要适当选用。了解当前市场行情，不要使种出来的玉米无路可销。

7. 根据前茬作物进行选择

玉米品种的增产增收与前茬种植有直接关系。若前茬种植的是豆类作物，则土壤肥力较高，宜选择需要高肥水的高产品种；若前茬种植的是麦类，则宜选择耐瘠薄的稳产品种；同一个品种不宜在同一地块连续种植三四年，否则会出现土壤贫瘠、品种退化现象，导致减产。

8.选用合法品种

合法品种是指经过专门的品种审定委员会审定通过的品种，这样的品种一般都具有高产稳产性和高抗逆性等特点。另外，在发生意外损失时可以获取赔偿。

（二）优良玉米种子的标准与鉴别

品种与种子是两个完全不同的概念，某个品种的表现好坏与其种子质量的好坏是不同的，即好品种也有好种子和孬种子之分，赖品种当中也有好种子和孬种子之分。所以，确定了品种后，还要确保种子质量。优良玉米种子的标准与鉴别如下。

种子质量根据纯度、净度、发芽率、水分四项指标评定等级。2008 年，国家对玉米种子质量标准进行了修订。玉米杂交种分级标准如表4-1所示。

表4-1　玉米杂交种分级标准（GB/T4404.01-2008）%

种子类别	纯　度	净　度	发芽率	水　分
单交种	≥ 96.0	≥ 99.0	≥ 85.0	≤ 13.0
双交种	≥ 95.0	≥ 99.0	≥ 85.0	≤ 13.0
三交种	≥ 95.0	≥ 99.0	≥ 85.0	≤ 13.0

1.种子的外部形态特征

待播种的种子应整齐一致，大小均匀，饱满度好，果皮（或种皮）色泽鲜亮，无瘪粒、无破粒，无虫眼、无霉层。

2.种子纯度鉴别

纯度是表示种子特征特性方面典型一致的程度，是种子品质的重要指标之一，用本品种的种子数占供检本作物样品种子数的百分率表示。国家种子质量标准对每种作物不同等级的种子均有非常严格的规定，该指标的鉴别往往需要花费一个生长周期的时间，因此选购时，除了选用信誉好的种子生产与经营单位外，还应该进行简单目测，看一批种子中有无明显的外观不一致的现象。

一般种子纯度不符合标准有以下几种情况。

（1）掺有商品粮。

（2）混有制种田中父本籽粒，父本属自交系，产量低。

（3）混有其他品种的种子，适应性不同，会影响产量。

（4）常见的是制种时母本去雄不彻底，质量不合格。

3. 发芽率鉴别

发芽率指测试种子发芽数占测试种子总数的百分比。例如，100 粒测试种子有 95 粒发芽，则发芽率为 95%。发芽率是检测种子质量非常重要的指标之一，农业生产上常常依此来计算用种量。种子发芽率的计算公式：

发芽率 = 发芽的种子数 / 检测的种子数 ×100%

4. 净度鉴别

净度表示种子的干净程度，该指标虽然没有发芽率和纯度重要，但也不能忽视，尤其是夹杂在其中的一些杂草种子，会给农业生产带来很多麻烦。种子净度的鉴别方法：取一定量的种子，挑出异作物种子、破损种子、土块、石块等无生命杂质，以及菌核等有生命杂质，测出杂质占所取样本的百分重量，衡量其是否符合品质要求。

5. 含水量鉴别

含水量是一个安全储藏指标，可用手摸或牙咬，通过手感等进行简单鉴别。对已经准备好的含水量偏高的种子进行晾晒，达到安全含水量以后方可储藏，以免霉变造成损失。

（三）北方地区几种主栽主推玉米品种

我国北方地区适宜种植的优良玉米品种如表 4-2 所示。

表4-2　北方地区优良玉米品种

品种名称	特征特性
海玉 9	生育期 107 ～ 112 d，需 ≥ 10℃活动积温 2 285 ～ 2 380℃。抗旱，秆强，大斑病轻，丝黑穗病发病率 12.9%。适于黑龙江省第三积温带西部平原区种植
农大 80	夏播玉米品种，全生育期在北京 99.7 d，抗病性强，抗大斑病、小斑病、矮花叶病。适于北京地区夏播种植
先正达 408	生育期 123 d，需 ≥ 10℃活动积温 2 700℃左右。抗大斑病、灰斑病，中抗弯孢病，高抗丝黑穗病、纹枯病和玉米螟。适于内蒙古自治区呼和浩特市、鄂尔多斯市、兴安盟、赤峰市种植
真金 202	生育期 116 d，需 ≥ 10℃活动积温 2 500℃。中抗大斑病，抗丝黑穗病，高抗茎腐病，感玉米螟。适于内蒙古自治区呼伦贝尔市、兴安盟、通辽市、赤峰市、呼和浩特市种植

品种名称	特征特性
绥玉 7	生育期 108 d，需 ≥ 10℃活动积温 2 240 ～ 2 300℃。中抗大斑病，高抗丝黑穗病，耐黑粉病、青枯病及病毒病，根系发达抗倒，耐旱能力强。适于黑龙江省北部第三积温带种植，同时扩展到了吉林省的延边和敦化地区及内蒙古等地区
垦玉 6	生育期 116 d 左右，需 ≥ 10℃活动积温 2 300℃。大斑病 3 级，丝黑穗病发病率 17.2%。适于黑龙江省第二积温带中部平原区种植
龙单 32	生育期 115 d，需 ≥ 10℃活动积温 2 300 ～ 2 350℃。大斑病 2 ～ 3 级，丝黑穗病发病率 2.2% ～ 23.8%。适于黑龙江省第二积温带种植
哈丰 2	生育期 110 ～ 115 d，需 ≥ 10℃活动积温 2 300℃左右。抗丝黑穗病及玉米大斑病、小斑病。适于黑龙江省第二、三积温带，种植区广泛，适应龙单 13、吉单 27 熟期区域均可种植
唐抗 5 号	生育期春播 105 ～ 115 d，夏播 88 ～ 92 d，需 ≥ 10℃活动积温 2 300℃左右。高抗矮花叶病、粗缩病、青枯病、茎腐病，抗大斑病、丝黑穗病，中抗褐斑病、小斑病，抗旱、耐涝、适应性广。适于在河北的唐、沧、廊、衡、石、保及京、津地区麦收后复播，黑龙江省第一、二积温带春播
吉玉 301	生育期 129 d，需 ≥ 10℃活动积温 2 700℃左右。中抗大斑病，高抗丝黑穗病，中抗茎腐病，感玉米螟。适于内蒙古自治区兴安盟、赤峰市、呼和浩特市、鄂尔多斯市种植
合玉 19 号	生育期 113 d，需 ≥ 10℃活动积温 2 340℃左右。中感大斑病，抗丝黑穗病，抗旱，耐低温。适于黑龙江省佳木斯地区第二积温带和第三积温带上限地区种植，以及牡丹江、齐齐哈尔、绥化等地区的第二积温带及第三积温带上限地区种植
丰禾 10 号	生育期 127 d，需 ≥ 10℃活动积温 2 650℃左右。高抗丝黑穗病、小斑病，中抗弯孢菌叶斑病、茎腐病，抗大斑病、灰斑病、玉米螟。适于黑龙江省第一积温带上限种植
先玉 335	生育期 98 d 左右，需 ≥ 10℃活动积温 2 680℃左右。大斑病 1 ～ 3 级，丝黑穗病发病率 14.3% ～ 21.7%。适于黑龙江省第一积温带上限种植
吉单 517	生育期 123 d，需 ≥ 10℃活动积温 2 600℃左右。抗大斑病、弯孢菌叶斑病、丝黑穗病，高抗灰斑病、茎腐病，抗玉米螟。适于黑龙江省中晚熟地区种植
龙单 38	生育期 110 d 左右，需 ≥ 10℃活动积温 2 350℃左右。高抗玉米大斑病、丝黑穗病，耐黑粉病及青枯病。适于黑龙江省第二积温带下限、第三积温带上限种植

品种名称	特征特性
克单 9 号	生育期 110 d 左右，需 ≥ 10℃活动积温 2 100℃左右。中感大斑病，丝黑穗病发病率 11%。适于黑龙江省第四至第五积温带的过渡区种植，如嫩江、五大连池市、伊春、黑河、逊克、嘉荫、东宁等市县
京玉 7 号	夏播玉米品种，全生育期在北京 99.3 d。高抗大斑病、小斑病、矮花叶病、弯孢菌叶斑病。适于北京地区夏播种植
伟科 702	生育期 135 d，需 ≥ 10℃活动积温 2 900℃左右。中抗大斑病、弯孢菌叶斑病、丝黑穗病，高抗茎腐病，中抗玉米螟。适于内蒙古自治区巴彦淖尔市、赤峰市、通辽市种植
农大 108	春播生育期 120 d 左右，抗倒、抗旱、耐瘠薄。抗大斑病、小斑病、黑粉病和青枯病。适于东北、西北、华北地区春播种植

四、种子处理

玉米在播种前，可通过晒种、浸种和药剂拌种等方法，增加种子生活力，提高种子发芽势和发芽率，减轻病虫危害，以达到出苗早和苗齐、苗壮的目的。

（1）种子精选。播种前要对种子进行粒选和筛选，除去瘦小、破碎、混杂、霉变和受病虫危害的种子。

（2）晒种。晒种一般在播前 10 ～ 15 d 进行，选晴天将种子均匀地摊在干燥向阳的晒场上（注意不能直接摊放在柏油路面或水泥晒场上，防止温度过高烫伤种子），厚度 5 ～ 10 cm 为宜，白天经常翻动，夜间堆起盖好，一般连晒 2 ～ 3 d 即可。

（3）种子包衣。种衣剂是由杀虫剂、杀菌剂、微量元素、植物生长调节剂、缓释剂、成膜剂等加工制成的药肥复合型产品，用种衣剂包衣，既能预防病虫，又可促进玉米生长发育，具有提高产量和改进品质的功效，在生产上应该尽快普及应用。

（4）种子发芽试验。通过种子发芽试验需要测定种子的发芽率和发芽势。种子发芽率高、发芽势强，表明出苗快而整齐，苗壮；如果发芽率高，发芽势弱，预示出苗不齐，弱苗多。一般来说，陈种子发芽率不一定低，但发芽势不高；新种子发芽率和发芽势均较高，因此要选用新种子。

第三节　富硒玉米播种技术

一、玉米播种期的确定

生产上当土壤表层 5～10 cm 深处温度稳定在 8～10℃时开始播种为宜。播种过早、过晚，对玉米生长都不利，同时要结合土壤温度、水分等条件。在当地适宜的播种期范围内适当早播可以延长玉米的生育期，促进果穗发育，籽粒饱满，提高成熟度和产量。但播期过早，温度低，出苗慢，容易出现烂种现象，或苗期受霜冻危害严重。同一纬度山区要适当晚播。盐碱地土壤温度达到 13℃以上播种较为适宜。北方地区在 4 月上中旬进行春玉米播种，6 月上旬进行夏玉米播种。例如，黑龙江省玉米播种适宜期是 4 月 15 日至 5 月初（省内第一积温区）和 4 月 25 日至 5 月 10 日（省内第二积温区）。

二、玉米种植密度的确定

玉米种植密度的确定要根据品种特性、栽培环境与条件等确定。应遵循的原则如下：根据当地的自然条件、土壤肥力、栽培技术和品种特性来确定，保证玉米群体和个体协调生长，使产量构成因素中的穗数、穗粒数和穗粒重的乘积达到最大值。

（一）品　种

1. 株　型

叶片上冲、株型紧凑的品种可更密些，适宜种植密度为 67 500～75 000 株/公顷；平展型玉米植株与叶片之间容易遮光，适宜稀植，适宜密度为 45 000～52 500 株/公顷；中间型玉米也叫半紧凑型玉米，群体光分布介于紧凑型与平展型之间，种植密度适中，适宜密度为 52 500～60 000 株/公顷。

2. 生育期

同一生产环境下，植株矮小的早熟品种茎叶量较小，需要的个体营养面积也较小，可适当密些，适宜密度为 60 000～67 500 株/公顷，如果株型紧凑可增加至 75 000 株/公顷以上；一般晚熟品种生长期长，植株高大，茎叶繁茂，单株生产力高，需较大的个体营养面积，应适当稀松一些，适宜种植密度为 52 500～60 000 株/公顷，紧凑型玉米可增加至 67 500 株/公顷以上。

通常在购买种子的包装袋上有该品种的适宜种植密度。

（二）肥水条件

地力较差，施肥水平较低，又无灌溉条件的地区，种植密度应低一些，通常采用该品种适宜密度的下限值，每公顷减少 7 500 株左右；土壤肥力高、施肥较多、灌溉条件好的地区，因为肥水充足，较小的营养面积即可满足个体需要，所以密度可以增大，通常采用该品种适宜密度的上限值，每公顷增加 7 500 株左右。

（三）地　形

丘陵梯田通风透光条件好，当土壤肥沃、有灌溉条件时，应采用该品种适宜密度的上限；低洼地通风条件差，如果土壤黏重，应采用该品种适宜密度的下限。

（四）土壤质地

沙壤土、壤土地土壤疏松，透光性好，营养分解快，利用率高，玉米根系吸收好，应采用该品种适宜密度的上限。黏土地，土质黏重，土壤紧实，浇水后易板结，不利于根系生长与吸收，易导致穗粒数和粒重的下降，宜采用该品种适宜密度的下限。总体上讲，玉米种植密度为一般轻壤土 > 中壤土 > 重黏土 > 黏土。

（五）生态条件

短日照、气温高，可促进玉米生长发育，缩短从出苗到抽穗所需日数；反之，生育期就延长。因此，同一类型品种，南方的适宜密度高于北方，夏播可密些，春播可稀些。

三、玉米播种量和播深的确定

（一）播种量

玉米播种量因种子大小、发芽率高低、种植密度、播种方法和栽培目的而不同。一般种子大，发芽率低，种植密度大时，播种量应适当增加。反之，可适当减少。条播一般 45 ～ 60 kg/ hm²，点播 37.5 ～ 52.5 kg/ hm²。做青储的玉米播种量比正常播种量增加 25%。

$$播种量 = \frac{公顷计划保苗数 \times 百粒重（g）}{发芽率（\%）\times 净度（\%）\times 10^6 \times [1 - 田间损失率（\%）]}$$

在确定播种量的基础上进行播量调试。田间损失率一般按 10% ～ 15% 计算。

（二）播种深度

玉米播种深浅要适宜，覆土厚度要一致，才能保证种子出苗整齐一致，利于消除大小苗。正常条件下，播种深度 5 ～ 6 cm 为宜。若土壤水分不足，应适当深播，可达 6 ～ 7 cm。土壤水分充足或小粒种子，可浅些。玉米的适宜播种深度，要根据土壤性质、土壤水分、种子大小来决定。质地黏重，应浅播；质地疏松沙质应深些；大粒种子可深些，小粒可浅些。

四、玉米的播种方法

玉米播种方式主要有条播和点播两种：①条播又分为机播、耧播、犁播等，以机条播为好。②点播是将种子按株行距点种在沟内、穴内的一种播种方式。点播可以节省播种量，但费工。点播又分为机械精量点播和人工按行株距穴（点）播。人工点播容易出现播深不一致、出苗不齐的现象。

五、玉米的种植方式

玉米为非分蘖增产作物，单产提高的主要影响因素为密度，在种植方式上以合理密度的确定为主，选择适宜的种植方式。玉米种植方式是指玉米种植时植株在田间布局的形式，主要涉及行距宽窄、株距大小以及植株在田间布局的均匀程度等。总的来讲有三种方式，即穴播、等行距种植、大小行种植。

（1）穴播。穴播也就是过去所讲的"一埯多株"，目前多用于那些不适宜机械化作业甚至不能使用牲畜作业的地块或水土容易流失的坡岗地。

（2）等行距种植。等行距种植指的是种植的行距相等，一般为 60 ～ 70 cm，株距随密度而定。

（3）大小行种植。大小行种植也称大小垄种植、宽窄行种植，指的是行距一宽一窄，宽行 80 ～ 90 cm，窄行 40 ～ 50 cm。

其中，等行距种植和大小行种植这两种种植方式是与现代农业及简化栽培相适应的种植方式。目前，我国玉米种植主要以等行距种植和宽窄行种植为主。

六、玉米播种质量的检查

（一）基本标准

玉米开沟、播种、覆土、镇压等需要一次性作业完成。播种粒距变异

系数 < 40%，合格率 < 95%；双粒率（株距 < 5 cm 为双粒）< 10%；空穴率（株距 > 28 cm 的为空穴）< 5%。播深误差不超过 1 cm。行距一致，往复结合线不超过 5 cm，百米弯曲度不超过 10 cm。

（二）高产技术的机械播种质量检查验收标准

（1）行距误差不得超过 3 cm，六行播幅积累误差不大于 5 cm，邻接行误差不大于 7 cm，平均穴距误差不超过规定的 1/10。

（2）播种量和施肥量经过转动地轮实查，误差不超过规定量的 ±5%。全部地无漏播，地头起落整齐，并补好地头。

（3）播后种子全部播在湿土中（种子上面应有湿土覆盖着），播种深度（按踩实后的土层计算）误差不超过规定的 ±1.5 cm，无露种现象。

（4）镇压不偏墒，种床压实均匀，压后地表有 0.5 ～ 1 cm 松土覆盖苗眼上，无龟裂现象。

（5）防风棱明显。

（6）保苗穴数及保苗率达到 90%，出苗整齐、健壮。

第四节　富硒玉米田间管理技术

一、玉米生产苗期管理

（一）玉米苗期生育特点

（1）从器官建成角度讲，处于营养生长时期，主要生长发育的是植株的营养体，器官有根、茎、叶。

（2）从生长角度讲，其生长速度较慢，生长量较小，这一时期地面覆盖度较低，地面蒸发量较大，光合作用形成的产物也少，但这一时期根系生长较快，应创造良好的土壤通透条件，促进根系发育，形成庞大的根系。

（3）从新陈代谢角度讲，以代谢为主，其光合产物主要用于器官建成，这时期应保证氮的充足供给。

（4）从养分供给角度讲，三叶期以前靠种子胚乳的养分来建造营养体，这一时期生长发育的矛盾比较少，对外界环境的要求主要是土壤通气状况。

（二）玉米苗期对环境条件的要求

1. 温　度

温度是影响幼苗生长的重要因素，在一定温度范围内，温度越高，生长越快。当地温在 20 ～ 24℃时，根系生长健壮；4 ～ 5℃时，根系生长完全停止。玉米在苗期具有一定的抗低温能力，在出苗后 20 d 内，茎生长点一直处在地表以下，此期短时间遇 -2 ～ -3℃的霜冻也无损于地表以下的生长点。当 -4℃低温持续 1 h以上时，幼苗才会受到冻害，甚至死亡。苗期受到一般的霜冻，只要加强田间管理，幼苗在短期内就能恢复正常生长，对产量不会造成明显的影响。苗期一般的低温虽不能使植株死亡，但会削弱对磷的吸收能力，叶片会出现暗绿或紫红色。所以，春玉米采取垄作覆膜方式，对提高地温、促进幼苗生育有一定作用。

2. 水　分

玉米苗期由于植株较小，叶面积不大，蒸腾量低，需水量较小，同时种子根扎得较深，所以耐旱能力较强，但耐涝能力较弱，水分过多会影响玉米生长发育。此期玉米所需要的水分占玉米一生所需水分总量的 21% ～ 23%。土壤适宜含水量应保持在田间最大持水量的 65% ～ 70%。

玉米苗期有耐旱怕涝的特点，适当干旱有利于促根壮苗。土壤绝对含水量在12% ～ 16% 比较适宜，土壤中水分过多，空气缺乏，容易形成黄苗、紫苗，造成"芽涝"。

3. 养　分

玉米幼苗在 3 片叶以前，所需养分由种子自身供给，从第 4 片叶开始，植株才从土壤中吸收养分。这个时期根系和叶片都不发达，生长缓慢，吸收养分较少。苗期吸收的氮量占全生育期所需总量的 6.5% ～ 7.2%。氮不足，苗弱且黄，根系少，生长缓慢。反之，氮过多，地上部分生长过旺，根系反而发育不良。这个时期对磷的需求量占全生育期所需总量的 2% ～ 3%。缺磷时根系发育不良，苗呈紫红色，生长发育延迟。4 片叶以后对磷反应更敏感，需要量虽然不大，但不可缺少，原因在于磷有利于根系生长发育，并能促进对氮的吸收，此期为玉米需磷的临界期，一直到 8 叶期仍是需磷的重要时期。苗期对钾的吸收量占全生育期所需总量的 6.5% ～ 7.0%，充足的钾能促进对氮的吸收，有利于蛋白质形成。缺钾时植株生长缓慢，叶片是黄色或黄绿色，叶片边缘及叶尖干枯，呈灼烧状。锌不足时，植株发育不良，节间缩短，叶脉间失绿，出现黄绿条纹，缺锌严重时叶片呈白色，通常称之为"花白苗"。玉米苗期需要有适量的养分供应，才能保证植株正常生长发育的需要。幼苗期所需养分一是从土壤中吸收，二是从施入的种肥中摄取。苗期根际局部施肥过多，会使土壤溶液浓度过高，导致小苗叶片灰绿，严重时叶片卷曲，甚至死亡，出现烧苗。所以，播种时种肥施入要适量，并要与种子保持一定距离，免得出现烧种烧苗现象。

（三）玉米苗情调查

1. 玉米苗期的几个阶段

玉米苗期是指播种至拔节这一段时间，是以生根、分化茎叶为主的营养生长阶段。本阶段的生长表现为根系发育较快，但地上部茎、叶量的增长比较缓慢。因此，田间管理的中心任务就是促进根系发育、控制地上部生长，培育壮苗，达到苗早、苗足、苗齐、苗壮的"四苗"要求，为玉米丰产打好基础。

2. 苗情调查及主要农艺措施

（1）查苗补种（补栽）。田间出苗后应及时检查，对漏播、地头、田间障碍物附近播种不方便的缺苗断垄处及时补种或补栽，以达到全苗。

（2）间苗定苗。密播作物通过调节播种量来控制基本苗，中耕作物虽然也调整了播种量，但实际出苗数仍然高于需要的苗数，玉米就是典型的需要间苗的作物。

（3）根据苗情采取促控措施。春玉米苗期通常采取"蹲苗"措施控制其地上部生长，促进根系生长。玉米苗期耐旱，在底墒好的情况下，即使是水浇地，也要控制浇水次数和浇水量。有旺长倾向的玉米田，在拔节前后不要浇水，而是通过"蹲苗"或深中耕控制地上茎叶生长，促进根系深扎。蹲苗后，根量多，植株变矮，基部节间缩短增粗、茎叶不徒长，果穗着生部位降低，机械组织发达，扩大根系吸收范围，增强耐旱、抗倒能力。蹲苗长短，应根据品种生育期长短、土壤墒情、土壤质地、气候状况等灵活掌握。

二、玉米生产中期田间管理

（一）玉米生长中期的生育特点

玉米从拔节开始到雄穗抽出，经过 30 ～ 35 d，这一时期被称为玉米生长中期。这个阶段的生长发育特点是营养生长和生殖生长同时进行，即叶片、茎节等营养器官旺盛生长和雌雄穗等生殖器官强烈分化并形成。这一时期是玉米一生中生长发育最旺盛的阶段，也是田间管理最关键的时期。这一阶段田间管理的主要目的是解决营养生长和生殖生长的矛盾，中心任务就是促进中上部叶片增大，茎秆敦实的丰产长相，以达到穗多、穗大的目的。这一阶段营养条件的好坏，不但影响营养器官的大小，而且影响繁殖器官的分化数量及分化持续时间。

1. 从器官建成角度讲

既有营养体的生长，又有生殖体的生长，根、茎、叶属于营养体，花、穗属于生殖体，这些器官全面生长，并且全部建成，不再增加。根系中的初生根增加分枝，次生根不仅增加分枝，还增加次生根数，直到全部定长；叶片大量增加、展开，叶面积达到最大值；小花分化达到最高点，然后向两极分化。

2. 从生长角度讲

生长速度最快，生长量最大，不管是叶片、节间、分枝还是小花分化，都在这一时期建成；植株高度、叶面积、根数都在这一时期达最高值。

3. 从发育角度讲

既有营养生长，又有生殖生长；既有生长，又有发育。处在并进时期，而且是从营养生长向生殖生长、从生长向发育的转折。

例如，黑龙江省玉米进入拔节期，一般早熟品种已展开 6～7 叶，中熟品种已展开 7～8 片叶，中晚熟品种展开 9～10 片叶。穗期阶段新叶不断出现，次生根也一层层地由下向上生长，迅速占据整个耕层，原来紧缩在一起的节间迅速由下向上伸长。玉米根、茎、叶增长量最大，株高增加 4～5 倍，75% 以上的根系和 85% 左右的叶面积均在此期间形成。雄穗、雌穗不断分化形成，干物质逐渐增加，植株各部器官的生理活动都非常旺盛，从拔节开始转入了营养生长和生殖生长并进阶段。

（二）玉米生长中期的主攻方向

苗期主攻方向的核心是培育壮苗，中期是在壮苗的基础上，促控结合，前控后促。玉米的主攻方向是壮秆大穗，防倒伏，减少小花退化，提高小花结实率，增加粒数。

（1）壮秆。是要蹲住基部各节间稳健伸长，最终基部节间要短，穗下节间要长，其余各节间和株高控制在适宜的范围内，这样才能防止倒伏，穗粒重增高。

（2）大穗。是指穗子要大，每穗的小穗数多、小花分化多。

（3）减少小花退化，提高小花结实率，增加粒数。这是中期管理的目的，减少小花退化，提高小花结实率，是增加粒数的主要途径。

（三）玉米追肥技术

玉米是一种高产作物，需肥量较大，根据玉米的需肥规律，确定合理的施肥方法，明确适宜的用肥比例，才能实现玉米稳产高产。玉米追肥是玉米生长期为满足玉米生长发育所需养分进行的补充，是实现玉米优质丰产的必要保证。

1. 追肥方案

玉米形成一定产量，需要从土壤和肥料中吸收相应的养分，产量越高，需肥料越多，根据产量水平、地力条件选择相适应的追肥方案十分必要。现有 3 种追肥方案可供选择。

高产田，地力基础好，追肥数量多，最好采用轻追苗肥、重追穗肥和补追粒肥的追肥方法：苗肥用量占总追肥量的 30%，穗肥约占 50%，粒肥约占 20%。

中产田，肥力基础较好，追肥数量较多，宜采用施足苗肥和重追穗肥的二攻施肥法：苗肥约占 40%，穗肥约占 60%。

低产田，地力基础差，追肥数量少，应采用重追苗肥和轻追穗肥的追肥方法：苗肥约占 60%，穗肥约占 40%。

2. 追肥时间

依据玉米成长的需肥规律，在最佳的施肥时期进行追肥，就能充分发挥肥效，起到增产、增收的作用。

（1）苗肥。有促根、壮苗和促叶、壮秆的功效，为丰产搭架子，为穗大打基础。苗肥除施用速效氮肥外，还可同时施入磷肥和钾肥，亦可施入腐熟的有机肥。

（2）穗肥。玉米大喇叭口期正处在营养生长和生殖生长并进期，生长旺盛，需肥量大。这时施肥，既能满足穗分化对养分的要求，又能提高中上部叶片的光合作用率，使运入果穗的养分多，促进粒多和粒重。

（3）粒肥。玉米抽雄至开花期，转入生殖生长，施粒肥能延长绿叶功能期，提高光合作用效率，增加光合产物的积累，促进粒多、粒重。

另外，玉米生长后期叶面喷施磷肥，对促进养分向籽粒运输，增加千粒重有明显作用。一般用 0.4% ～ 0.5% 磷酸二氢钾水溶液或用 3% ～ 4% 的过磷酸钙澄清浸出液，每公顷用 1 125 ～ 1 500 kg 喷于茎叶上，效果显著。

3. 追肥浓度和部位

合适的施肥浓度和部位，能充分发挥肥效、减少肥料的损失，起到经济有效的施肥作用。用氮素化肥做追肥，必须深施入土，才能充分发挥肥效，提高氮肥利用率。一般氮肥深施 10 cm 左右为宜。苗肥施在距植株 10 ～ 12 cm 处，穗肥施在距植株 15 ～ 20 cm 处，有利于植株吸收利用。

4. 追肥方法

玉米生产中常用的追肥方法有三种，即垄台撒施，大犁蹚土覆盖；人工刨坑深施，覆土，再蹚一型覆盖；垄沟追肥。

这三种方法效果最好的是人工垄台刨坑蹚土覆盖，这种方法不但施肥深，而且覆盖严，比垄上撒施的方法增产3%～12%。其次是垄沟追肥，这种方法优点是方便省事，不足之处是肥料距根系密集区稍远，影响吸收，在使用时要求犁后有较多的坐犁土，把肥料盖严。垄台撒施的，有时封垄不严，肥料裸露在外面，损失严重。玉米追肥深度在距植株7～10 cm处最有利于玉米根系吸收利用，若超过10 cm，肥料会流失，少于5 cm，会造成烧苗。施肥后及时覆土或结合铲蹚二遍覆土。

5. 追肥次数

玉米追肥在拔节期进行，如用作追肥的数量较大，还可留作一部分在大喇叭口期（中熟品种10～11展叶期、中晚熟品种11～12展叶期、晚熟品种12～13展叶期）进行第二次追肥。两次追肥的分配原则是，第一次应占追肥总量的2/3，第二次占1/3。沙质土等轻质土壤，保肥性差，要少量多次追肥，以防止氮素的流失。

富硒玉米是通过玉米植株吸收转化，将无机硒转化为可被利用的有机硒，富集在玉米籽粒中而成为富硒玉米。根据试验研究，在玉米叶面喷施富硒王营养剂，配制成300～1 000倍液有良好的富硒效果。用喷雾器喷在玉米叶片的正反两面，一般喷3次。在玉米7～8叶时，喷施第1次，而后隔10 d喷1次。一般在16：00后或阴天喷施，若遇下雨可重新喷施。硒可与酸性、中性农药混喷，不能与碱性农药混喷。

6. 追肥数量

玉米追肥应根据土壤肥力、品种需肥特性、品种熟期等适量追肥，以满足玉米生长发育所需。土壤地力较薄的地块应加大追肥量，反之可适当少些。高肥力地块，尿素用量为250～300 kg/hm²；中肥力地块，尿素用量为275～350 kg/hm²；低肥力地块，尿素用量为300～400 kg/hm²。对于喜肥玉米品种，如四密25、通吉100等，应加大追肥量，满足品种对肥料的需要，充分发挥品种增产潜力，尿素用量300～400kg/hm²；对于不喜肥玉米品种，如四密21和吉单180等，应适当减少追肥用量，尿素用量225～300 kg/hm²。早熟品种追肥量少于晚熟品种，每公顷追施尿素200 kg左右。另外，因密度和栽培方式不同，追肥用量也不同。密度大应加大追肥量，如郑单958、先玉335等；玉米大垄双行植或保护性耕作方式更应提高施肥水平，每公顷土地追肥300～400 kg。

7. 其他事项

土壤干旱情况下，依据气象预报，在雨前追肥。还要根据玉米田间长势、苗情状况适量追肥，缺肥地块应及时补施，加大追肥量。在贪青晚熟地块，要增施磷、钾肥，促使玉米早成熟。特别是低温冷害年份应早施少施氮肥，并配施一定数量的磷、钾肥，以促早熟，提高玉米品质。

（四）玉米中耕管理

玉米的中耕指在玉米生育期间对土壤进行的耕作活动的总称，主要在出苗之后封垄之前进行。这期间由于降雨，人、畜、机等在田间操作，耕层结构由松变紧。玉米中耕采用手锄、中耕犁、齿耙和各种耕耘器等工具。中耕的时间和次数因作物种类、苗情、杂草和土壤状况而异。玉米中耕管理的五个要点是：查苗、补种、育壮苗；适时中耕、除草、培土；除去田间杂草，铲除争肥、争水等因素，确保玉米生长有充足的肥、水；适时适量追肥；去掉无效果穗。

三、玉米生产后期田间管理

（一）玉米生长后期的生育特点

玉米生长后期是指抽穗开花至成熟的一段时期，又称为成熟期。这一时期的生育特点是以生殖生长为主，茎叶生长基本停止，生育中心是开花散粉和受精结实，是决定有效穗数、结实粒数和粒重的关键时间，这一时期田间管理的中心任务是为玉米开花授粉、灌浆结实创造良好条件，管理措施应是灌溉、排水、追施粒肥、去雄授粉等。

（二）玉米生长后期的管理措施

1. 灌溉排水

玉米抽雄开花期是全生育期中需水量最多的时期，此时叶面积最大，蒸腾和光合作用都很旺盛，同时雌雄开花授粉、灌浆都需要大量的水分，如果土壤水分不足，不仅影响矿质营养的吸收，还使有机养料制造运输受到抑制。所以，应及时灌溉，改善田间小气候，提高大气相对湿度。玉米开花结实期是一年中的多雨季节，防旱的同时也要注意排涝。大雨后要及时清沟排水，以免受涝灾引起植株发黄早衰，造成灌浆结实差。粒肥施肥时期在玉米雌穗抽丝始期，每公顷施尿素75 kg 左右效果显著。

2. 人工辅助授粉

人工辅助授粉增产的目的是保证有足量的花粉和花丝接触，使花丝选择最适合的花粉来受精，从而产生饱满的籽粒，提高千粒重。人工授粉还可以在不良条件下减少秃顶、缺粒，达到增产的效果。如果结合隔行去雄效果会更显著，因为去雄后会减少水分、养分的消耗，使雌穗的养分更充足。

人工辅助授粉的方法步骤如下：先进行采粉，最好用牛皮纸制成纸盘作为采粉器。一手执采粉器，一手将玉米雄穗轻轻拉偏摇动，使花粉落在采粉器内。花粉采集后应马上进行授粉，授粉器一般用毛笔、小刷或竹筒，授粉时将授粉器对准花丝轻轻抖动，使花粉均匀撒在花丝上即可。人工授粉要特别注意的问题是，取粉时露水要干，露水不干，花粉不多，而且花粉容易吸水膨胀破裂，失去生活力。授粉时温度过高也会影响花粉的生活力，因此一天内的授粉时间在没有露水时的上午 8 至 11 时为最佳。

四、玉米病虫草害的发生与防治

（一）玉米病害

1. 玉米大斑病

玉米大斑病也称作玉米条斑病、玉米煤纹病、玉米斑病、玉米枯叶病，是我国北方地区玉米主要病害之一。一般减产 15% ～ 20%，大发生年减产 50% 以上。在整个玉米生育期均可能感染大斑病。往往从植株下部叶片开始发病，逐渐向上扩展。苗期很少发病，抽雄后发病逐渐加重。防治方法如下。

（1）以选用抗病品种为主。

（2）减少菌源。彻底清除病残株和病叶，远离田间进行焚烧，或深耕深翻，压埋病原；用玉米秸秆做堆肥时必须经高温发酵杀死病菌。

（3）加强田间管理。及时中耕，使植株健壮；注意排灌，降低田间湿度；实行轮作。

（4）施足基肥，增施腐熟磷钾肥。

（5）药剂防治。心叶末期到抽雄期或发病初期喷洒 50% 多菌灵可湿性粉剂500 倍液、70% 甲基硫菌灵（甲基托布津）可湿性粉剂 500 ～ 800 倍液、75% 百菌清可湿性粉剂 800 倍液、25% 苯菌灵乳油 800 倍液、50% 退菌特可湿性粉剂800 倍液、40% 克瘟散乳油 80 ～ 1 000 倍液、80% 代森锰锌（大生）可湿性粉剂500 倍液、农抗 120 水剂 200 倍液，隔 10 d 防一次，连续防治 2 ～ 3 次，每公顷喷药液量为 1 500 L 左右。重点防治三叶及上部叶片。

2. 玉米瘤黑粉病

玉米瘤黑粉病又称疠黑粉病、普通黑粉病，为局部侵染病害。一般山区比平原、北方比南方发生普遍而且严重。产量损失程度与发病的时期、发病的部位及病瘤的大小有关，发生早并且病瘤大，在果穗上及植株中部发病对产量影响大，减产高达 15% 以上，整个生育期均可能发病。防治方法如下。

（1）种植抗病品种。早熟、耐旱、果穗苞叶长且紧裹的品种较抗病，硬粒型玉米较抗病，马齿型次之，甜玉米易感病。

（2）实行轮作。大面积的轮作倒茬是防治该病的首要措施，重病区至少要实行 3 ～ 4 年的轮作倒茬。

（3）种子处理。可用 50% 福美双可湿性粉剂，或 50% 克菌丹可湿性粉剂，或 12.5% 速保利可湿性粉剂，按种子重量的 0.2% 拌种；或用 25% 三唑酮可湿性粉剂按种子量的 0.3% 药量拌种；也可以用 50% 多菌灵按种子量的 0.7% 药量拌种。

（4）加强田间管理。适期播种，合理密植；加强肥水管理，避免偏施氮肥，增施钾肥，使植株强壮；病瘤成熟之前及时摘除并深埋，收获玉米后要及时清除田间病残体，秋季深翻。

（5）药剂防治。在玉米未出土前，可以用 15% 三唑酮可湿性粉剂 750 ～ 1 000 倍液，或用 50% 克菌丹可湿性粉剂 200 倍液进行土表喷雾，减少初侵染菌源。高温、高湿或干旱天气多时，可喷施 1∶1∶120 的波尔多液预防。

3. 玉米丝黑穗病

玉米丝黑穗病俗称乌米、哑玉米。玉米丝黑穗病是玉米产区的重要病害，尤其以华北、西北、东北和南方冷凉山区的连作玉米地块发病较重，发病率 2% ～ 8%，严重地块可达 60% ～ 70%，造成严重减产。目前，丝黑穗病已经由次要病害上升为主要病害。苗期侵染，多在雌雄穗抽出后表现症状，严重的在苗期表现症状。防治方法如下。

（1）种子处理。该病防治以种子处理为主，三唑类杀菌剂拌种可有效防治玉米丝黑穗病。用 15% 粉锈宁或羟锈宁可湿性粉剂，或 50% 甲基托布津粉剂，按种子重量的 0.3% ～ 0.5% 拌种。或用 96% 恶霉灵每千克种子用 1 ～ 1.5 g 进行拌种。12.5% 腈菌唑乳油 100 mL 加水 8 L 混合均匀后拌种子 100 kg，稍加风干后即可播种。12.5% 速保利可湿性粉剂按种子量的 0.3% 拌种，风干后播种。2% 立克秀粉剂 2 g 加水 1 L 混合均匀后拌种子 10 kg，风干后播种。使用时不得随意加大药量，以免造成药害。

（2）选用抗病品种。

（3）加强田间管理。避免不适宜的早播，播种时气温稳定在 12℃ 以上。提高播种质量，覆土厚薄适宜，合理施肥，培育壮苗。发现病株，及早拔除，要彻底并带出田外深埋。

（4）实行轮作，重病区实行 3 年以上轮作。土壤要深翻、耙压连续作业，储水保墒提高地温。

（5）药剂防治。苗期用 96% 恶霉灵水剂 6 000 倍喷施基部 1 ～ 2 次。

（二）玉米虫害

1. 玉米蚜

成、若蚜在玉米苗期至成熟期均可为害。成、若蚜多群集于幼嫩的心叶区，也可密集在叶鞘上，刺吸植物组织汁液，为害叶片时分泌蜜露，产生黑色霉状物，导致叶片变黄或发红，轻者影响生长发育，严重时植株枯死。玉米蚜多群集在心叶。紧凑型玉米主要为害其雄花和上层 1 ～ 5 叶，叶片变黄枯死，雄穗不能开花散粉，影响结实，降低粒重，并传播病毒病（特别是矮花叶病毒）造成减产。防治方法如下。

（1）农业防治。清除田边、沟边的禾本科杂草，消灭蚜虫繁殖基地；拔除中心蚜株的雄穗，减少虫量。

（2）种子处理。用玉米种子重量 0.1% 的 10% 吡虫啉可湿性粉剂浸、拌种。

（3）生物防治。玉米蚜的天敌有食蚜蝇、瓢虫、草蛉、蚜茧蜂、蜘蛛等。但尤以瓢虫食蚜量最大。

（4）药剂防治。在玉米心叶期，蚜虫盛发前，可用 40% 乐果乳油、40% 氧化乐果乳油或 80% 敌敌畏乳油 1 500 ～ 2 000 倍液，或 25% 亚胺硫磷乳油 500 ～ 1 000 倍液，或 2.5% 溴氰菊酯乳油 3 000 ～ 3 500 倍液，1 800 ～ 1 950 kg/hm²，喷雾或灌心。用 30% 克百威颗粒剂，拌细土 150 ～ 225 kg/hm²，在玉米蚜初发阶段，在植株根区周围开沟埋施。玉米蚜发生始盛期（7 月底至 8 月上旬），有蚜株率达 50%，百株蚜量达 2 000 头以上时，可用 40% 氧化乐果乳油 50 ～ 100 倍液，涂于茎的中部节间，每株涂 30 ～ 40 cm²。

2. 玉米螟

玉米螟又称玉米钻心虫。玉米螟主要以幼虫蛀茎为害，破坏茎秆组织，影响养分输送，使植株受损，严重时茎秆遇风折断。初孵幼虫先取食嫩叶的叶肉，保留下表皮，3 ～ 4 龄后咬食其他坚硬组织，心叶期则集中在心叶内为害。被害叶长出喇叭口后，呈现出不规则的半透明薄膜窗孔、孔洞或排孔，统称花叶；被害严重的叶片支离破碎不能展开，雄穗不能正常抽出。在孕穗时，心叶中的幼虫都集中到上部，为害幼嫩穗苞内未抽出的玉米雄穗。当玉米雄穗抽出后，大部分幼虫开始蛀入雄穗柄和雌穗以上的茎秆，造成雄穗及上部茎秆折断。到雌穗逐渐膨大或开始抽丝时，初孵幼虫喜集中在花丝内为害，其中部分大龄幼虫则向下转移蛀入雌穗着生节及其附近茎节，破坏营养物质的运输，严重影响雌穗的发育和籽粒的灌浆。这是蛀茎盛期，也是影响玉米产量最严重的时期。防治方法如下。

（1）选用抗虫品种。玉米品种在抗玉米螟方面有差异，选择高抗虫害玉米品种能科学有效地防治玉米螟的发生和发展。

（2）消灭越冬虫源。在春季蛹化羽之前（3月底以前）将上年的秸秆完全处理干净。把玉米秸秆及穗轴当燃料烧掉、秸秆粉碎还田或锄碎后沤制高温堆肥，穗轴也可用于生产糖醛，这样就可以消灭虫源。

（3）科学的种植方式。合理的间、混、套种能显著减少玉米的被害株数，天敌明显增多。例如，玉米与花生和红花苜蓿间作，玉米套红薯、间大豆、间花生等。

（4）人工去雄。在玉米螟为害严重的地区，在玉米抽雄初期，玉米螟多集中在即将抽出的雄穗上为害。人工去除2/3的雄穗，带出田外烧毁或深埋，可消灭一部分幼虫。

（5）物理防治。

①利用螟蛾的趋光性。在成虫发生期，利用螟蛾的趋光性，高压汞灯对玉米螟成虫具有强烈的诱导作用。在田外村庄每隔150 m装一盏高压汞灯，灯下修直径为1.2 m的圆形水池，诱杀玉米螟成虫，将大量成虫消灭在田外村庄内，减少田间落卵量，减轻下代玉米螟危害，又不杀伤天敌。

②利用性信息素防治。利用玉米螟雄蛾对雌蛾释放的性信息素具有明显趋性的原理，采用人工合成的性信息素放于田间，诱杀雄虫或干扰雄虫寻觅雌虫交配的正常行为，使雌虫不育，减少下代玉米螟的数量，从而达到控制玉米螟的目的。从越冬代玉米螟化蛹率50%、羽化率10%左右时开始，直到当代成虫发生末期的1个月时间内，在长势好的玉米行间，每公顷安放15个诱盆，使盆比作物高10～20 cm，把性诱芯挂在盆中间，盆中加水至2/3处，可以诱杀成虫，减轻下代玉米螟的危害。

（6）生物防治。

①释放赤眼蜂。赤眼蜂是一种卵寄生性昆虫天敌，能寄生在多种农、林、果、菜害虫的卵和幼虫中。用于防治玉米螟，安全、无毒、无公害、方法简单、效果好。在玉米螟产卵期释放赤眼蜂，选择晴天大面积连片放蜂。放蜂量和次数根据螟蛾卵量确定。一般每公顷释放15～30万头，分两次释放，每公顷放45个点，在点上选择健壮玉米植株，在其中部一个叶面上，沿主脉撕成两半，取其中一半放上蜂卡，沿茎秆方向轻轻卷成筒状，叶片不要卷得太紧，将蜂卡用线、钉等钉牢。应掌握在赤眼蜂的蜂蛹后期，个别出蜂时释放，把蜂卡挂到田间1 d后即可大量出现。

②利用白僵菌。白僵菌封垛，白僵菌可寄生在玉米螟幼虫和蛹上。在早春越冬幼虫开始复苏化蛹前，对残存的秸秆，逐垛喷洒白僵菌粉封垛。方法是每立方

米秸秆垛，用每克含 100 亿孢子的菌粉 100 g，喷一个点，即将喷粉管插入垛内，摇动把子，当垛面有菌粉飞出即可；白僵菌丢心，一般在玉米心叶中期，用 500 g 含孢子量为 50～100 亿的白僵菌粉，对煤渣颗粒 5 kg，每株施入 2 g，可有效防治玉米螟的危害。

③利用 Bt 可湿性粉剂。在玉米螟卵孵化期，田间喷施每毫升 100 亿孢子 Bt 可湿性粉剂 200 倍液，有效控制虫害。

（7）药剂防治。敌敌畏与甲基异硫磷混合滞留熏蒸一代螟虫成虫，能有效控制玉米螟成虫产卵，减低幼虫数量；防治幼虫可在玉米心叶期，使用 1.5% 辛硫磷颗粒剂，以 1：15 的比例与细煤渣拌匀，使用点施器施药，沿垄边走边点施，每株点施一下，将药剂点施于喇叭口内，在玉米抽穗期，用 90% 敌百虫 800～1 000 倍液，或 50% 甲胺磷乳油 1 500 倍液，每株 5～10 mL，滴于雌穗花柱基部，灌注露雄的玉米雄穗。也可将上述药液施在雌穗顶端花柱基部，药液可渗入花柱，熏杀雌穗上的幼虫。

（三）玉米田杂草的防除

1. 玉米田化学除草

玉米田化学除草大面积使用的方法有两种，一种是播后苗前土壤处理法，一种是苗后茎叶处理法。目前，玉米生产中化学除草大面积使用的是播后苗前土壤处理法，苗后茎叶处理为补助措施。

（1）土壤处理。土壤处理方法具有成本低、操作方便、不易使作物产生药害等特点。但土壤处理法受环境、气候等因素影响较大，土壤有机质、整地的平整、土壤的含水量等条件，对土壤处理均有不同程度的影响。播后苗前施药应在播后早期完成，播种与施药间隔时间越长，药效和作物安全性越差。为了提高土壤处理的防治效果，在施药过程中可提高公顷喷液量，也可采用糊蒙头土等办法。

目前，播后苗前土壤处理可使用的除草剂有都尔、普乐宝、乙草胺（禾耐斯）、噻磺隆（宝收）、阿特拉津、唑嘧磺草胺（阔草清）、赛克（甲草嗪）、2,4-D 丁酯，混配制剂有乙莠合剂（乙草胺＋阿特拉津）、玉丰（异丙草胺＋阿特拉津）、安威（嗪草酮＋乙草胺）等。

阿特拉津（莠去津）属长残效除草剂，它受土壤有机质影响很大，不但用量大，不经济，而且每公顷用量超过有效成分 2 kg 时，第二年不能种水稻、大豆、小麦、甜菜、蔬菜等作物，有机质含量在 3% 以上的土壤使用阿特拉津超过有效成分 2 kg 对下茬作物均可造成药害。玉米苗前施药常受干旱影响，药效不佳，因此不推荐阿特拉津单用作土壤处理。嗪草酮（赛克）和安威（嗪草酮＋乙草胺）

在有机质含量低于 2% 的土壤中不宜使用。

①覆膜玉米的化学除草。随着覆膜玉米栽培田的不断扩大，覆膜玉米田的化学除草得到了迅速发展。覆膜玉米田应用的除草剂品种有都尔、普乐宝、宝收等，这些除草剂对覆膜玉米安全，而且药效好。

②播后苗前土壤处理。可选用 72% 异丙甲草胺乳油（都尔，用法用量与覆膜玉米相同）；72% 异丙草胺（普乐宝）乳油，普乐宝的杀草谱与使用方法同都尔相同，使用方法和用量可参照都尔；50% 乙草胺（禾耐斯）乳油；40% 玉丰（异丙草胺 + 阿特拉津）悬浮剂；40% 乙莠悬乳剂（乙草胺 + 阿特拉津）；40% 阿特拉津（莠去津）胶悬剂；50% 安威（嗪草酮 + 乙草胺）乳油；72%2，4-D 丁酯乳油等。

（2）茎叶处理。可选用 1.4% 烟嘧磺隆（玉农乐）悬浮剂；2.48% 麦草畏（百草敌）水剂等。

2. 玉米田杂草综合治理措施

（1）农业防除。农业防除措施包括轮作、选种、施用腐熟的有机肥料、清除田边（沟边、路边）杂草、合理密植、淹水灭草等。

①轮作灭草。由于不同作物与其所伴生的杂草所要求的生境相似，如用科学的方法即轮作倒茬，改变其生境，便可明显减轻杂草的危害。

②精选种子。杂草种子传播的途径之一是随作物种子传播，为了减少杂草种子的传播扩散，播种前对作物种子进行精选，清除混杂在作物种子中的杂草种子，是一种经济有效的方法。

③施用腐熟的厩肥。厩肥是农家的主要有机肥料。这些肥料有牲畜过腹的圈粪肥，有杂草、秸秆沤制的堆肥，也有饲料残渣、粮油加工的下脚料等，都不同程度地带有一些杂草种子。如果这些肥料不经过腐熟而施入田间，其所带的杂草种子都会被带到田间萌发生长，继续造成危害。

④清除农田周边杂草。

⑤合理密植，以密控草。农田杂草以其旺盛的长势与作物争水、争肥、争光。因此，科学的合理密植，能加速作物的封行进程，利用作物自身的群体优势抑制杂草的生长，即以密控草，可以收到较好的防除效果。

⑥水层淹稗或淹灌灭草。

⑦休闲灭草。在地多人少、草多肥少的地方休闲灭草是特别有效的措施。凡是休闲的地块，当年不耕翻，暴露在地上的杂草草籽被鸟食、牲口吃就能消灭一部分，第二年多次耕翻促使大量杂草种子发芽出苗，有条件的地方可以种植绿肥或牧草，将绿肥进行耕翻或牧草收获后耕翻，这样不仅消灭了大量杂草还改良了土壤物理性状，提高了土壤肥力。

（2）机械防除。主要采用各种手工工具和机动工具，在不同季节采用不同的方法。

①深翻。深翻是防除多年生杂草如问荆、苣荬菜、田旋花、芦苇、小叶樟等杂草的有效措施之一。对防除一年生杂草效果更快更好。

②耙茬。从生产实践出发，耙茬可使杂草种子留在地表浅土层中，增加杂草种子出苗的机会，当杂草大部分出土后，通过耕作或化学除草集中防除，则收效更大。耙茬必须和化学除草密切配合，否则会造成严重的草害。播前耙地或播后苗前耙地，苗期中耕是疏松土壤、提高地温、防止土壤水分蒸发、促进作物生长发育和消灭杂草的重要方法之一。

③生物除草。包括以菌灭草、以虫灭草、利用动物灭草、植物治草。

④植物检疫。植物检疫是防止国内外危险性杂草传播的主要手段，通过农产品检疫防止国外危险性杂草进入我国，同时也要防止省与省之间、地区与地区之间危险性杂草的传播。因此，加强危险性杂草的检疫工作是防除杂草的重要措施。

⑤物理灭草。覆盖可以阻止杂草的生长，通过遮光使杂草难以生存而致死，覆盖不仅可以除草还可以免耕，有利于雨水下渗，对于保墒、增温、提高土壤肥力都有好处，用于除草的覆盖物一般为秸秆或地膜。

⑥药剂除草。使用化学农药进行灭草，化学除草有以下特点：第一，灭草及时、见效快、效果好。只要使用方法正确，对作物安全，除草效果一般在90%以上，比人工除草彻底而且及时；第二，有利于增产，只要掌握除草剂正确使用技术，一般可以避免对作物的药害，即使有轻微药害，由于消灭了草害，改善了作物生长条件，增产也会十分显著；第三，化学除草可以节省劳动力，它本身就是一项先进技术，再配合先进的施药机具，一人一天可以施药几公顷，与人工除草相比，可以节省大量劳动力，提高了劳动生产率，从而有利于农村发展多种经营，使农、林、牧、副、渔全面发展。

第五节　富硒玉米收获储藏技术

一、玉米收获时期的确定

富硒玉米在籽粒蜡熟末期，当果穗苞叶变黄，种皮光滑，籽粒变硬，呈现本品种固有的特征特性，出现黑层，说明已经成熟，应及时收获。籽粒成熟后，适时、及早收获，对种子产量和品质都有良好的作用。收获过早，种子成熟度差，瘦瘪粒多，产量低，品质差，不耐储藏；收获过迟，呼吸作用消耗物质多，往往还由于气候条件不适，如阴雨、干旱、低温等引起种子发芽、霉变、落粒、发芽率下降等现象发生，降低种子产量、品质和耐储藏性。因此，种子必须在霜前适时早收，这样还可使种子有充足时间进行及时晾晒、脱粒，保证在上冻前使种子含水量降至安全储藏水分以下。

二、玉米收获方法

玉米收获分为人工收获和机械收获。机械收获又分为分段收获法和联合收获法。联合收获法将摘穗、剥皮、茎秆放倒一次完成，可缩短收割时间，提高工效，是目前应用最多的收获方法。

三、玉米种子储藏

富硒玉米种子入库前，必须经过清理与干燥，使水分降低到14%以下，达到纯、净、饱、壮、健、干的标准方可入库。仓库密闭性能好，种子处在低温干燥的条件下，可以储藏较长时间而不影响生活力。北方玉米成熟后期气温较低，收获时种子水分较高，又难晒干，易受低温冻害，因此如何安全越冬是种子储藏管理的重点。我们可以利用北方秋季凉爽干燥的气候条件，在低温来临之前将水分降至受冻害的临界水分以下，安全越冬。

种子入库后要合理堆码，严防混杂。要求仓库保持低温、通风、干燥，还要注意防霉、防虫、灭鼠、防雀。种子不能与化肥、农药放在一起，少量种子可用麻袋装，但不能用塑料袋或装大米的袋子装种子。种子储藏期间主要做如下方面的检查：一是检查种子是否受潮霉变；二是检查种子是否被虫蛀鼠咬；三是定期检查种子的发芽率和发芽势。

第五章　富硒花生生产关键技术

富硒花生不但价格较普通花生高 20% 以上，加工成富硒花生油后价差更大，而且医疗保健作用明显，深受消费者青睐，国内外市场供不应求。因此，开发富硒花生产业是农民增收、企业增效、居民受益的有效途径。

第一节　富硒花生栽培基础

一、花生的一生

（一）植物学特征

花生属于豆科落花生属，为一年生草本植物。

1. 根和根瘤

（1）根。根的构造由外向内分为表皮、皮层薄壁细胞、内皮层、维管束鞘、初生韧皮部、形成层、初生木质部及发达的髓部。

根主要是吸收、输导水分、养分和支撑固定植株，并合成氨基酸、植物激素等物质。根系从土壤中吸收水分和养料，并依靠导管输送到地上部各器官，供给植株生长，又将叶片制成的光合产物依靠筛管下送到根系各部，供给根的生长需要。

（2）根瘤。花生根部长着许多圆形突出的瘤，叫"根瘤"，多数长在主根或靠近主根的侧根上，常呈圆形，单生，直径 1 ～ 3 mm。着生在根颈和主侧根基部的根瘤较大，内部多含肉红色汁液的根瘤，固氮力较强；着生在侧根的次生细支根上的根瘤较小，汁液多呈淡黄色，固氮能力较弱，内含微绿色和黑色汁液的根瘤为老根瘤，已失去固氮能力。

2. 茎

花生的主茎直立，幼时为圆柱状，中间有髓；生长中后期，主茎中上部呈棱角状，下部呈圆形并木质化，全茎中空。茎节在群体条件下有 15～25 个，基部节间较短，中部较长，上部较短。主茎高度在正常栽培条件下一般为 40～50 cm，但茎节数和高度常因品种、土壤肥力和气候条件的不同而有很大变幅。茎通常为绿色，也有的带花青素呈紫红色。茎上有白色的茸毛，茸毛多少因品种而异。主茎由表皮、皮层、韧皮部、形成层、木质部及发达的髓部等组成，主要起输导水分、养分和支撑株体的作用。根部吸收的水分、矿质元素和叶片制造的有机物质，通过茎部向上和向下运输。叶片靠茎的支撑才能适当地分布在空间，接收阳光，进行光合作用。

3. 叶

花生的真叶为四出羽状复叶，由叶片、叶柄、托叶组成。

叶片在茎枝上均为互生，两对小叶两两对生在叶柄上部，一般由 4 片小叶组成，偶尔也有少于或多于 4 片的畸形复叶。叶片形状有卵圆形、倒卵圆形、椭圆形和宽卵圆形等。

花生的叶片由上、下表皮、栅栏组织、海绵组织、叶脉维管束及大型储水细胞等组成。叶的主要功能是在花生生育期间调温和吸收二氧化碳进行光合作用。

4. 花和花序

花生的花为蝶形花。因一朵花内既有雄蕊也有雌蕊，所以也叫"两性完全花"。花冠黄色，子房上位着生在叶腋间。整个花器由苞片、花萼、花冠、雄蕊和雌蕊等组成。

花生的花序属"总状花序"。它实际上是一个变态枝，又叫生殖枝或花枝。有长短两种，其中花序轴短，只着生 1～3 朵花，近似簇生的叫短花序；花序轴伸长，着生 4～7 朵花，甚至 10 朵以上花的叫长花序。有的花序上部又长出羽状复叶，不再着生花朵，使花序转变为营养枝，又叫生殖营养枝或混合花序。有些品种在子叶节侧枝基部可见好几个短花序丛生在一起，形似"复总状"花序，因此叫复状花序。

5. 果 针

子房柄和位于其先端的子房合称果针。果针在入土前为暗绿略带微紫色，尖端为一层木质化的表皮细胞，形成一帽，以保护子房入土。果针的长度，侧枝基部低节位的短些，一般在 3～8 cm，侧枝中上部高节位的长些，一般在 10 cm 以上，个别可达 20～30 cm。

果针是一种具有特殊生理活性的生殖器官，既具有与茎相类似的结构，也能像根一样吸收土壤中的养分，而且有向地性。

花生开花受精后，只需 3 ～ 6 d 即可形成肉眼可见的果针。开始时略呈水平方向缓慢生长，每日平均伸长 2 ～ 3 mm，不久即弯曲向地，基本达垂直状态时，生长速度显著加快，在正常条件下，经 4 ～ 6 d 便可接地入土。果针的入土深度，因花生类型和结实节位的不同而有差异。

6. 荚果和种子

花生的果实属于荚果，似茧形或葫芦形。果壳坚厚，黄褐色，成熟时不自行开裂，有纵横网纹，前端突出略似鸟嘴叫"喙"或"果嘴"。每个荚果通常二室以上，各室间有果腰，但无隔膜。荚果的形状有普通形、斧头形、葫芦形、蜂腰形、茧形、曲棍形、串珠形。

花生的每个荚果包含两粒或以上的种子，称花生仁。成熟的花生种子外形有椭圆形、圆锥形、桃形、三角形四种，由种皮、子叶、胚组成。花生种皮薄，易吸水，颜色有紫、褐、紫红、红、粉红、黄及花皮等。

（二）生育时期

花生属无限开花结实的作物，生育期很长。一般早熟品种 100 ～ 130 d，中熟品种 135 ～ 150 d，晚熟品种 150 d 以上。根据花生成长中不同时期器官生长特点和干物质积累及分配的不同特点，可将花生成长分为播种出苗期、幼苗期、开花下针期、结荚期和饱果成熟期五个生育时期。

1. 播种出苗期

从播种至 50% 的幼苗出土、主茎 2 片真叶展现，为播种出苗期。在正常条件下，春播早熟品种需 10 ～ 15 d；中晚熟品种需 12 ～ 18 d；夏播和秋植的品种需 4 ～ 10 d。出苗期间生长最快的器官是根和胚轴，临出苗时，主根可深达 30 cm 左右，并有众多的侧根。与此同时，胚轴长成粗壮多汁的"顶土器官"，胚芽各部分也开始生长和进一步分化。

2. 幼苗期

花生从 50% 的幼苗出土、展现 2 片真叶至 50% 的植株始现花、主茎有 7 ～ 8 片真叶的这一段时间为幼苗期。在北方地区，一般年份春播花生 25 ～ 35 d，夏播花生约 20 ～ 25 d。苗期以营养生长为主。根系生长较快，出苗后 10 d，主根入土 40 cm 左右，到了始花期，主根可入土 50 ～ 70 cm，并可形成 50 ～ 100 条侧根和二次支根。苗期根部开始形成根瘤，但固氮能力较弱，根瘤菌与花生之间的关系属寄生关系。地上部分生长较缓慢，到开花时主茎高度一般为 4 ～ 8 cm。当侧枝形成后，植株的生长中心就转向侧枝。

3. 开花下针期

花生从 50% 的植株始花至 50% 的植株始现定形果,即主茎展现 12 ~ 14 片真叶的这一段时间为开花下针期。北方地区春播花生 25 ~ 35 d,夏播 15 ~ 20 d。此时是花生植株大量开花、下针和营养体迅速生长的时期。根系迅速增粗增重,大批的有效根瘤形成并发育,根瘤菌的固氮能力迅速增强,并开始给花生供应大量氮素营养;叶片数迅速增长,这一时期增长的叶片数大约可占最高叶片数的 50% ~ 60%,叶片加大,叶色转淡,光合作用增强。单株开花数达最高峰,开花数通常可占总开花数的 50% ~ 60%,形成的果针数占总数的 30% ~ 50%,约有 20% 的果针入土膨大为幼果,50% 植株的幼果形成定形果。

4. 结荚期

花生从 50% 的植株始现定形果至 50% 的植株始现饱果,主茎展现 16 ~ 20 片真叶为结荚期。北方地区春播花生 30 ~ 40 d,此期为花生营养生长和生殖生长的最盛期。根系的增长量和根瘤的增生及固氮活动、主茎和侧枝的生长量及各对分枝的分生、叶片的增长量均达高峰。此期干物质的积累速度也达到一生中的最高值,所积累的干物质是一生中总干物质的 50% ~ 70%,其中 60% ~ 70% 分配在营养器官。结荚期大批入土果针发育成荚果,果重亦开始显著增长。

5. 饱果成熟期

花生从 50% 的植株始现饱满荚果至单株饱果指数早熟品种达 80% 以上,中、晚熟品种达 50% 以上,主茎鲜叶片保持 4 ~ 6 片的一段时间称为饱果成熟期。果针入土后 55 ~ 60 d,这一时期根的活力减退,根瘤菌停止固氮活动,并随着根瘤的老化破裂而回到土壤中营腐生生活。茎、枝生长停滞,叶片变黄绿色,中下部叶片大量脱落,净光合生产率很快降低,干物质积累量逐渐减少,植株茎叶中的氮、磷等营养物质大量向荚果转运,荚果迅速增重。

二、富硒花生生长发育需要的环境条件

花生是一种喜温、较耐旱、怕涝渍的一年生作物,温、光、水、气等气候因素对花生生长发育和产量形成的影响很大。花生从播种到收获各生育期所需要的环境条件是不同的。

(一)发芽出苗期

花生播种到土壤中,吸收本身重量 50% 左右的水分后,才能开始出苗。当土壤含水量为田间最大持水量的 50% ~ 60% 时,发芽率最高;低于 50% 出苗不齐,若降到 40% 以下,种子基本不能发芽出苗;但也不能太高,若高达田间最大持水

量的80%～90%，种子呼吸困难，发芽率就会下降。

花生种子发芽最适宜气温是25～37℃，低于10℃或高于46℃，有些品种就不能发芽。花生春播要求5 cm土壤温度为12～15℃以上，所以土温必须达到12～15℃才能进行播种。温度低，将延长发芽出苗时间，使种子养分大量消耗，影响出苗率，甚至出现缺苗断垄。温度过高也不利，当温度达40℃时，发芽率下降，超过46℃不能发芽。

（二）幼苗期

幼苗期较耐旱，这时土壤含水量为田间最大持水量的45%～55%最适宜。低于最大持水量的35%，新叶不展现，花芽分化受抑制，始花期推迟；高于最大持水量的65%，易引起茎枝徒长，基节位长，根系发育慢、扎得浅，不利于花的形成；超过田间持水量的70%时，如果多阴雨，往往造成湿害，使花生植株根弱苗黄。

花生幼苗期最适宜茎枝的分生发展和叶片增长的气温为20～22℃。平均气温低于19℃时，茎枝分生缓慢，花芽分化慢，始花期推迟，形成"小老苗"。平均气温超过25℃时，会使苗期缩短，茎枝徒长，基节拉长，不利于蹲苗。

幼苗期每日最适日照时数为8～10 h。日照时数多于10 h，茎枝徒长，花期推迟；日照时数少于6 h，茎枝生长迟缓，花期提前。花生要求的最适光照度为5.1万 lx/m²，过大或过小都会影响叶片的光合效率。

（三）开花下针期

需水量逐渐增多，其最适宜的土壤水分为0～30 cm土层的含水量占田间最大持水量的60%～70%，这时根系和茎枝正常生长，开花增多。土壤干旱，土壤含水量低于田间最大持水量的40%时，叶片停止增长，开花也受到影响，甚至中断开花，果针伸展缓慢，茎枝基部节位的果针不能入土，入土的果针也停止膨大。当土壤含水量为田间持水量80%以上时，会造成茎叶徒长，开花和下针少，甚至烂针烂果，根瘤的增生和固氮活动明显减弱。同时，空气相对湿度对开花下针也有很大影响。当空气相对湿度达100%时，果针伸长量为每日平均0.62～0.93 cm；空气相对湿度下降到60%时，果针伸长量为每日平均0.2 cm；空气相对湿度低于50%，花粉粒干枯，受精率显著降低。

（四）结荚期

此期需土壤湿润，要求的适宜土壤含水量为田间最大持水量的65%～75%。土壤缺水，子房停止生长，形成秕果，但土壤水分过多，导致通气不良，土壤缺氧，根系早衰，空果、枇果、烂果增多。

此期气温高，荚果发育最适温度为 25 ～ 33℃，此时荚果发育快，增重高。低于 20℃ 或高于 40℃ 对荚果的形成、发育都有一定的影响。

（五）种子成熟期

此期根系的吸收力减退，蒸腾量和耗水量明显减少，最适宜的土壤含水量为田间最大持水量的 40%～50%。如果高于最大持水量的 60%，荚果籽仁充实减慢，低于最大持水量的 40%，根系易受损，叶片早脱落，茎枝易枯衰，影响荚果的正常成熟。

此期适宜土壤温度为 25 ～ 30℃，土壤温度高于 40℃，植株营养生长衰退过早、过快，干物质积累少，果仁增重不犬；结实层平均地温低于 18℃，荚果就停止发育。

此期要求晴朗温暖的天气，在充足的光照下才有利于荚果饱满和果仁增重。

第二节 富硒花生播前准备

一、选地与选茬

（一）选 地

富硒花生要求土层深厚，全土层 50 cm 以上，耕作层 30 cm 左右，有机质含量 1% 以上，容重 1.5 g/cm³，全氮含量为 500 mg/kg 以上，有效磷含量为 25 mg/kg 以上，有效钾含量 20 mg/kg 以上。结果层土质疏松、通透性好，总孔隙度 40% 以上，毛管孔隙度上层小下层大，非毛管孔隙度上层大下层小。

最适宜富硒花生生长发育的是活土层深厚、耕作层疏松、pH 6 ～ 7 的微酸性砂质壤土。

（二）选 茬

花生重茬会影响产量和品质。一是根系分泌的有机酸在土壤中积累达到一定量会造成花生自身中毒；二是花生所需的磷、钾营养缺乏；三是病虫害加重。花生对前作要求不严格，凡有耕翻基础的禾谷类、经济类作物，如小麦、玉米、甘薯、蔬菜和亚麻等都是花生的适宜前作。各地花生主要轮作方式如下。

1.北方大花生产区

（1）一年一熟制。春花生—冬闲—春甘薯；春花生—冬闲—春玉米等。

（2）二年三熟制。春花生—冬小麦—（第二年）夏玉米（甘薯或大豆）；冬小麦—套种花生—春玉米（春高粱、甘薯、谷子）等。

2.长江流域春、夏花生交作区

（1）一年一熟制。春花生—冬闲—（第二年）春玉米（套夏甘薯）—冬闲等。

（2）一年二熟制。冬小麦—花生—冬小麦—夏甘薯（或夏玉米）；油菜（豌豆或大麦）—花生—冬小麦—（第二年）夏甘薯（夏玉米）等。

（3）二年三熟制。冬小麦—花生—冬闲—（第二年）早、中稻二秋耕烤田等。

（4）三年五熟制。冬小麦—花生—冬小麦—（第二年）杂豆—（第三年）甘薯等。

3.南方春秋两熟花生区

（1）二年轮作制。花生—秋甘薯—大麦、小麦—（第二年）大豆或谷子—秋甘薯—蔬菜或冬闲；春花生—秋甘薯—（第二年）春大豆—秋甘薯—豆类、蔬菜或休闲等。

（2）三四年轮作制。春花生—小麦—（第二年）甘薯—豌豆（或冬闲）—（第三年）大豆—甘薯；春花生—秋甘薯—（第二年）红麻或玉米或高粱—大豆或甘薯—（第三年）甘蔗—（第四年）甘蔗等。

二、整地改土与施肥

我国花生种植区域广泛，但相对比较集中，多种植在冲积平原、丘陵山区、沿河海沙地等。主要的土壤类型有丘陵沙砾土、平原沙土和丘陵红黄壤土，这些土壤多数土层浅薄、质地过粗、结构差、自然肥力低，不能满足花生生长发育的需要，因此要想获得高产，必须从整地改土开始，创造良好的外部环境条件，为花生高产稳产打下坚实的基础。

（一）整地改土

1.深耕深翻

深耕深翻可打破犁底层，疏松土壤，加厚活土层，改变土壤结构，使土壤容重减小，孔隙度增大，扩大储水范围，增强土壤浸水速度，使土壤含水量增加，也为土壤微生物的增殖创造良好的生活环境，促进微生物的发育和活动，有利于花生根系的生长发育；深翻后，通过物理、化学、生物的作用可把沉积在犁底层的不易被花生吸收利用的养分释放出来，转化为有效养分，供花生吸收利用。此外，深耕、深翻还有利于消灭多年生杂草，并能将地下害虫翻出地面，使其在寒冷的冬天冻死或被雀鸟啄食，达到减轻虫害的目的。

2. 改良土性

土质过沙或过黏的土壤，不能满足花生生长发育的需要，需在冬季或早春结合耕翻，进行压土或压沙，以改良土性。对过黏的土壤，要进行压沙；对沿河、沿海的飞沙地，要采取防风固沙、翻砂压淤等措施。压土或压沙时，需要土或沙数量的多少，应根据各地土壤情况而定，一般使泥沙比例为 6∶4 即可。

3. 精细整地

整地是花生丰产的基础。整地的具体要求是土壤疏松、细碎、不板结、含水量适中、排灌方便，使花生的生长发育有适宜的土壤环境。

（二）需肥规律与施肥

1. 花生的需肥规律

花生不同的生育时期对养分的吸收量是不同的。幼苗期花生生长较慢，需要的养分少，对氮、磷、钾的吸收量占全生育期吸收总量的 5% 左右；开花下针期植株生长较快，株丛增大，并大量开花下针，需要的养分急剧增加，对氮的吸收量占全生育期吸收总量的 17% 左右，对磷、钾的吸收量占全生育期吸收总量的 22% 左右；结荚期是营养生长和生殖生长最旺盛的时期，有大批果针入土结果，荚果膨大的很快，需要的养分最多，对氮、磷、钾的吸收量分别约占全生育期吸收总量的 42% 以上、46% 和 60%；饱果成熟期植株生长速度逐渐减慢，需要的养分明显减少，对氮、磷、钾的吸收量分别约占全生育期吸收总量的 28%、22% 和 7%。

2. 施肥技术

花生施肥应掌握以有机肥料为主，化学肥料为辅；基肥为主，追肥为辅。追肥以苗肥为主，花肥、壮果肥为辅，氮、磷、钾、钙配合施用的基本原则。

（1）基肥。花生应着重施足基肥，且以腐熟的有机肥料为主，配合使用硫酸铵、钙镁磷肥、氯化钾等无机肥料。一般每公顷施用农家肥 15 000 ～ 18 000 kg，硫酸铵 75 ～ 150 kg，钙镁磷肥 225 ～ 375 kg，氯化钾 75 ～ 150 kg。将化肥和农家肥混合堆闷 20 d 左右后施用。

（2）种肥。将腐熟好的优质有机肥 1 000 kg 左右与磷酸二铵 5 ～ 10 kg 或钙镁磷肥 15 ～ 20 kg 混合均匀，沟施或穴施。另外，在花生播种前，每公顷用 3 kg 的花生根瘤菌剂，结合 150 ～ 225 g 钼酸铵拌种，经济效益也较好。

（3）追肥。追肥以幼苗期为主，花期、结荚期为辅，饱果期根据植株状况决定是否根外追肥。开花以后一般不进行根际追施氮肥。一般在花生开花前每公顷施用腐熟有机肥 7 500 ～ 15 000 kg，尿素 60 ～ 75 kg，过磷酸钙 150 kg。或者用 0.3% 的磷酸二氢钾和 2% 的尿素溶液，在花生中后期结合防治叶斑病、锈病的杀菌剂一起对叶面喷施 2 ～ 3 次。

（4）微肥的施用。微肥可以用作基肥、种肥、浸种、拌种和根外喷施，一般以拌种加花期喷施增产效果最好。可每公顷用浓度为 0.1% ～ 0.25% 的钼酸铵 30 g 拌种。在盛花期，用浓度为 0.1% ～ 0.25% 的钼酸铵和 0.2% 的硼砂溶液喷施。

3. 科学施硒

（1）培育原理。在花生生长发育过程中，叶面喷施"粮油型富硒增甜素"，通过花生的生理生化反应，将无机硒吸入花生植株体内，转化为人体能够吸收利用的有机硒，富集在花生籽粒中而成为富硒花生。

（2）使用方法。用"粮油型富硒增甜素"13 g，加好湿 1.25 mL，加水 15 kg，充分搅拌均匀，然后均匀地喷施在花生叶片的正反面，以不滴水为度。在苗期 3 ～ 5 片真叶时，每公顷喷硒溶液 225 kg；开花期、结荚期每公顷分别喷硒溶液 450 kg。

（3）注意事宜。选阴天和晴天下午 4 时后施硒。喷洒要均匀，雾点要细。施硒后 4 h 之内若遇雨，应补施 1 次。宜与好湿等有机硅喷雾助剂混用，以增加溶液黏度，延长硒溶液在叶片上的滞留时间，提高施硒效果。可与酸性、中性农药、肥料混用，不能与碱性肥料、农药混用。采收前 20 d 停止施硒。

三、花生品种选择

品种不同，产量水平、适应区域、市场适应性均不相同。一般在栽培地区能够充分发挥其优质、高产、稳产特性的品种，称为优良品种。只有根据当地的气候特点，选择适宜当地种植的优良品种才能获得高产。

由于各地的生态条件、耕作方式、生产条件和生产目的不同，选择的品种也不相同。一般规律是春播花生，北方花生产区要选用大果型、中晚熟的普通型，生育期 130 d 左右；在无霜期短、丘陵、一般肥力的地块及南方花生产区，宜选用中早熟的中果珍珠豆型品种，生育期 120 d 左右。夏直播花生，可选用中小果型、中早熟品种，生育期 100 d 左右。秋、冬花生应尽量选用早熟品种。在实际工作中，还要根据各地种植的前后茬作物以及当地的市场需求情况进行品种的选择，以获得高产。北方花生产区主栽和主推品种如表 5-1 所示。

表5-1　北方花生产区主栽和主推品种

品种名称	特征特性
花育 19 号	春播生育期 130 d 左右，夏播 100 d 左右，抗倒伏，结实率高。对根腐病、叶斑病、叶病毒病抗性强。适于河北、河南、山东、安徽、江苏、山西及陕西等地区夏播和部分地区春播种植
冀油 4 号	生育期 130 d 左右，抗旱耐涝、抗叶斑病，荚果普通型，籽仁椭圆形，种皮粉红色。适于东北花生产区春播及冀中南和豫北地区麦套播种
鲁花 14 号	生育期 130 d，株型直立、疏枝，植株矮，节间短，抗倒伏，抗旱耐瘠，叶色浓绿。适于北京、天津、河北、河南、山东、安徽、江苏等地区夏播和春播种植
鲁花 15 号	生育期 130 d 左右，株型直立，叶色绿，籽仁桃圆形，种皮浅红色，内种皮金黄色。产量、品质、抗性等综合性好。适于出口的花生产区种植
开农 30	生育期 130 d 左右，直立疏枝型大花生，连续开花，荚果普通型。高抗病毒病和枯萎病，抗叶斑病和网斑病，轻感锈病，抗涝性强，抗旱性中等。适于山东、河南、河北、辽宁、安徽及江苏北部等地区种植
锦花 5 号	生育期 107.5 d，株型直立，疏枝。抗倒性强，抗叶斑病。适于东北地区、山东、河南、河北等地区种植
远杂 9307	北方花生产区夏播 110 d，株型直立，疏枝。高抗青枯病，抗叶斑病、网斑病、病毒病。适于河北、河南、山东、安徽、江苏等地区种植
豫花 11 号	春播生育期 134 d 左右，套种生育期 120 d 左右，株型直立，疏枝，荚果普通型。抗叶斑病和锈病，耐病毒病。适于山东、河南、河北、辽宁、安徽、山西及陕西等地区种植
花 28	春播生育期 135 d 左右，株型直立，疏枝，抗旱性强，有一定的耐涝、耐黏性，较耐病毒病。适于北京、山东、河南、河北、辽宁、安徽等地区种植

四、种子处理

（一）种子准备

1. 选　种

首先对留种的荚果进行选择，用饱满的双仁果当作种子，然后剥去外壳，对剥壳后的种子进行粒选分级，将秕粒、小粒、破碎粒、感染病虫害和霉变的种子挑出，按种子籽粒的大小分为三级，分级播种，但三级种子一般不做种子用。

2. 播前晒果

播前晒果习惯上称播前晒种，晒果能增加种子的后熟，结束种子的休眠期；还可使种子干燥，提高种子的渗透压，增强吸水能力，促进种子的萌动发芽，提高发芽率，使出苗快而整齐；还可以起到杀菌的作用，减轻病原菌对花生的侵染。晒果与不晒果相比，可以提早出苗 1～2 d，增产 10% 左右。

播前晒果，最好选在晴天上午 10 时左右，把种子摊放在泥土场上摊晒，厚约 6.7 cm，晒时要经常翻动，力求晒透、晒匀，晒到下午 4 时左右收起，连晒 2～3 d。晒果时一般不要摊在水泥场或石板地上，以免温度过高，灼伤种子而降低发芽率。

3. 剥　壳

花生剥壳不宜太早，因剥壳后的种子容易吸收水分，增强呼吸作用，加快酶的活动，促进物质转化，消耗大量的养分，降低发芽能力。因此，花生的剥壳时间离播种期越近越好。

4. 发芽试验

播种前进行发芽试验是各种作物必须进行的程序之一。经过发芽试验，可以预先知道花生种子质量的高低，对基本上丧失发芽能力的种子，及早调换；对发芽率偏低的种子，可采取浸种催芽或适当增加播种量等方法加以补救。

（二）种子包衣

种衣剂是农药、微肥、生物激素的复合制剂，花生种子通过种衣剂包衣，可以杀菌、治虫、提高种子活力，避免或减轻不利环境的影响，有利于花生苗齐、苗全、苗壮，促苗早发。花生种子包衣应根据不同情况选择适合各自特点的种衣剂，目前市场可应用的有 25% 华农牌种衣剂 23 号，用量为种子量的 2.0%～2.5%，或 21% 复方适乐时种衣剂，用量为种衣剂：种子 =1：350。将种衣剂与种子按比例配好后，快速混拌均匀，使种衣剂在种子表面形成一层均匀的药膜即包衣，包衣时间最好在播种的前一天或当天上午进行，阴干后播种。种子量较大时可进行机械包衣，按药、种比例调节好计量装置，按操作要求进行作业。种子量小时可人工包衣，按比例分别称好药和种子，先把种子放到容器内，然后边加药边搅拌，使药剂均匀地包在种子表面。

用种衣剂包衣的种子发芽速度会减慢，因此要选用生命力强、发芽率高的种子，以免浪费药剂和种子。

（三）拌　种

1. 药剂拌种

用 70% 甲基托布津可湿性粉剂或 50% 多菌灵可湿性粉剂，按种子重量的 0.3%～0.5% 拌种，可有效防止烂根死苗；用 50% 辛硫磷乳剂按种子量的 0.2% 拌种或用 50% 氯丹乳剂按种子量的 0.1%～0.3% 拌种，可防治苗期地下害虫。使用这些药剂拌种时，切记要注意用药安全。

2. 根瘤菌剂拌种

根瘤菌剂是一种生物制剂，用其拌种能增加花生根瘤数目，增加花生产量。目前，常用的根瘤菌剂有粉剂和液剂两种，粉剂的用量为每公顷 1 500 g，液剂的用量为每公顷 750 g，每克菌剂包含的活菌要求在 2 亿个以上。拌种方法是：先向菌剂中加入适量清水混合均匀，然后将其倒在需要拌的种子上，拌匀，使每粒花生种子都沾有菌粉或菌液。拌种要随拌随播，而且不能和农药、硫酸铵、石灰等接触，以免杀死根瘤菌。播种时种子要用湿布盖好，播种后要及时盖土，以防减少根瘤菌的成活力。

3. 微量元素拌种

土壤中微量元素过多或供应不足，都会影响花生正常的生长发育，最终影响产量和品质。目前，花生上用的微量元素主要有铁、硼、钼。

硫酸亚铁拌种，每公顷用硫酸亚铁 150～225 g，对水 150～225 kg，配成 0.1% 的溶液，放入种子，浸泡 12 h，捞出晾干后即可播种。硼肥拌种，每公顷用硼酸钠 75～90 g，对水 30 kg，溶解后直接喷洒在种子上，晾干后播种。钼肥拌种，每公顷用钼酸铵或钼酸钠 90～225 g，先用少量 40℃ 的温水溶解，然后加清水配制成 0.3%～1.0% 的溶液，用喷雾器直接喷洒到花生种子上，边喷边拌匀，晾干后播种。花生拌种用钼肥或硼肥时，要严格掌握用量，过多会导致中毒，造成减产。

第三节　富硒花生播种技术

一、播种时期

适宜的温度、水分和通气条件是花生种子发芽和培育壮苗的必要条件。花生发芽出苗的适宜度是 5℃，播种层 5 cm，平均地温稳定在 15℃ 以上，5 cm 土层含水量占田间最大持水量的 50% 以上（沙质壤土的绝对含水量为 15% 以上）。由于不同的耕作制度和环境条件存在差异，使花生的适宜播种的时间并不相同。

北方春播花生产区的适宜播期为 4 月下旬至 5 月上旬，即谷雨至立夏。普通畦田麦垄套种花生的适宜播期一般在麦收前 15 ~ 20 d。夏播花生，存在生育期短和有效积温不足的问题，农谚有"春争日、夏争时"之说，因此麦收后应抢时播种，力争在 6 月 10 日前播种结束。

一般花生的播种深度以 5 cm 左右为宜，掌握"干不种深、湿不种浅"以及土质黏的要浅、沙土或沙性大的土壤要深的原则。播种后应根据土质、墒情，灵活进行镇压，可用石磙镇压或顺行脚踩。

二、种植密度及种植方式

（一）种植密度

花生种植密度，要根据花生的长相来定。总的要求是"肥地不倒秧，薄地能封行"，以结果期封行为宜。

花生适宜的种植密度，因地、因肥、因品种而不同。对生育期短、分枝少、开花早而集中、结实范围紧凑、单株所占营养面积较小的品种，种植密度应适当密些；而对生育期较长、植株高大、结实范围和单株营养面积较大的品种，种植密度应稀些。人们所说的"大花生宜稀，小花生宜密"，就是这个道理。

（二）种植方式

我国花生的种植方式主要有三种，各地根据本地的土壤肥力、耕作制度、种植的花生品种选用不同的种植方式。

1. 平 种

平种简单省工，可随意调节行距，充分利用土地，保墒好。但在多雨、排水不良的条件下易受涝渍，烂果较多。北方旱地花生产区普遍应用这种种植方式，各类型各品种均采取平地开沟（或开穴）播种的方式，等行种植，行距 26 ~ 33 cm，穴距 13.2 ~ 16.5 cm，每穴 2 粒。

2. 垄 种

垄种便于排灌，垄上表土层疏松，通气好，地表上受光面积大，春季升温快，因而垄种花生在春季保墒好的条件下苗壮，特别是后期烂少，果大果饱，是北方中肥田和肥水地的一种种植方式。即在花生播种前起垄，在垄上点种花生，大致有单行垄种和双行垄种两种，播种时不同土壤条件以及不同品种的花生垄距、穴距有所不同。

3. 高畦种植

高畦种植能排能灌，抗旱防涝，是南方的主要种植方式。一般畦宽 140～200 cm，其中畦沟宽 40 cm，沟深 20～25 cm，等行种植 4～6 行，平均行距 25～25.8 cm，穴距 16.5～23.1 cm，每公顷种 16.50～19.20 万穴，每穴播 2 粒。

三、播种方法

目前，播种花生的方法有机械播种和人工播种两种。机械播种用播种机可一次性完成整地、施肥、喷施除草剂、播种、覆膜、压土等工序。人工播种采用双粒穴播的方式，即根据土壤墒情先开沟 5 cm 深左右，然后施肥，再以每穴 2 粒等距离下种，均匀覆土，镇压，最后喷洒除草剂。

第四节　富硒花生田间管理技术

一、查苗补苗

花生基本齐苗后，应全面进行查苗，如有缺苗时应及时进行补种。补种的种子要浸种催芽，补种时应浇水，出苗后补施少量氮肥，以利提苗，促其早发根，避免出现弱苗。补种的品种尽量用原品种，以防止混杂。如果缺苗是由病虫害造成的，要错开原穴刨窝，以免种蝇、病菌再次危害，也可施农药防治。

二、清棵蹲苗

清棵是在出苗后将花生植株周围的土扒开，使子叶出土。清棵宜在花生基本齐苗时进行，过早、过晚都不好。可与第一次中耕除草同时进行。清棵方法是：平地种植的花生，先用大锄深锄一遍，随后用小扒锄扒土清棵，把幼苗周围的土向四面挖锄，使两个子叶露出来；起垄种植的花生，可以破垄退土清棵，并结合大锄深锄垄沟，深度以两片子叶露出地面为宜，但不要碰到子叶。根据调查，清棵花生比不清棵的花生增产 20% 左右。

三、中耕培土

花生中耕的主要作用是疏松表土，改善表土层的水、肥、气、热状况，促进根系和根瘤的发育，还可清除杂草。在不同的花生产区，中耕的次数不同。一般早熟品种中耕 2 ~ 3 遍，中晚熟品种 3 ~ 4 遍，如河北、河南、山东等地的春播花生分别于齐苗时清棵前，麦收前团棵时，麦收后果针大批入土前进行中耕。每次中耕的深度要根据花生生育阶段的不同进行，南北花生产区的群众都有"头遍刮（浅锄结合清棵），二遍挖（深锄），三遍四遍如绣花（细锄）"的经验。

培土的主要作用：一是缩短果针入土的距离，使果针及早入土，并为果针入土和荚果发育创造一个疏松的土层；二是培土后行间形成垄沟，便于浇水和排涝，尤其对涝洼地和排水不良的地块，有利于及时排除积水，减少烂果，提高产量。

培土应在田间刚封垄时或封垄前已有少数果针入土、大批果针将要入土时，结合锄三、四遍地进行。培土过早，会影响第一对侧枝基部二次枝的生长；培土过晚，若在封行后进行，不仅操作不方便，还容易松动已入土的果枝，不利于荚果膨大发育，影响产量。

四、防旱排涝

花生与禾本科作物相比是比较抗旱的，在丘陵山地，因无水浇条件，一般很少进行浇水。但在有浇水条件的情况下，为了提高产量，还是要适时适量的浇水的。

花生各生育阶段由于植株长势、气候条件的不同，对水分的要求也有差异。苗期在底墒充足时，一般不需要浇水，保持 50% ~ 60% 的土壤湿度即可，低于 40% 时，可少量浇水；开花下针期对水的需求逐渐增多，当土壤含水量低于最大持水量 50% 时，应及时浇水；结果期对水分最敏感，低于 50% 时就应浇水；在饱果成熟期，当田间持水量低于 40% 时，也应及时浇水。花生浇水以小水润浇为好，不宜大水漫灌，有条件的最好用喷灌。喷灌不仅可以节约用水，保持水土，防治土壤板结，避免损伤花生茎蔓，还能比一般沟浇明显提高产量。只有合理灌溉，才能保根保叶，防止烂果或发芽，提高花生坐果率和饱果率，以确保优质高产。

五、花生病虫草害防治

（一）花生主要病害的防治

在花生田常发生的病害有花生叶斑病、花生根结线虫病、花生锈病等，以下介绍几种花生病害及防治方法。

1. 花生叶斑病

通常把能使花生叶上产生斑点的病害称为花生叶斑病，主要有黑斑病和褐斑病。花生叶斑病以危害叶片为主，也可危害叶柄和茎秆，造成叶片枯死、脱落。在全国各花生产区花生叶斑病都有发生，对产量的影响较大，一般减产10%～20%，严重的可达40%以上。

黑斑病的病斑较小，直径为2～5 mm，叶片上的病斑呈黑褐色，边缘黄色，正面和背面颜色基本相同，病斑周围没有明显的晕圈，叶片背面的病斑有大量黑色小点，呈同心轮纹状排列。褐斑病的病斑较大，直径4～10 mm，叶片上的病斑颜色较浅，正面为茶褐色，背面为黄褐色，初期病斑就有明显的黄色晕圈，叶片正面病斑上有小黑点，散生且不明显。潮湿时，两种病害在小黑点上均产生灰褐色霉层。严重时，几个病斑连在一起，造成叶片干枯、脱落，茎秆枯死。防治措施如下。

（1）轮作。花生叶斑病的寄主比较单一，只侵染花生，与其他作物轮作，使病菌得不到适宜的寄主，可减少为害，有效地控制病害的发生。轮作周期一般为2年以上。旱坡地花生常与玉米、地瓜、木薯等旱地作物轮作，若实行水旱轮作，与水稻轮作效果更好。

（2）加强管理，减少病源。改善栽培条件，增施有机质农家肥，采取有效措施（如改良土壤），使植株生长健壮，增强花生的抗病能力。花生收获后，及时清除田间病叶。使用有病株沤制的粪肥时，要使其充分腐熟后再用，以减少病源。

（3）选用抗病品种。种植花生，要选择抗叶斑病强的品种。一般叶片厚、叶色深的品种较抗病，在河南重病区宜选用豫花1号、海花1号、豫花7号等耐病性较强的品种。

（4）药剂防治。在发病初期，当田间病叶率达到10%～15%时，应开始第一次喷药，以后每隔10～15 d喷药1次，连喷2～3次，每次每公顷喷药液750～1 125 kg。常用的药剂有50%多菌灵600倍液、80%代森锰锌400倍液、抗枯宁700倍液等。若花生叶面光滑，喷药时可适当加入黏着剂，防治效果更佳。

2. 花生锈病

花生锈病是我国南方花生产区普遍发生的为害较重的病害。主要为害叶片，严重时地上部各个部位均可发病。一般自花期开始为害，先从植株底部叶片发生，后逐渐向上扩展到顶叶，使叶色变黄，提早落叶，生育期明显缩短。发病初期，叶片背面出现针尖大小的白斑，同时相应的叶片正面出现黄色小点，以后叶背面病斑变成淡黄色并逐渐扩大，呈黄褐色隆起，表皮破裂后，用手摸可沾满铁锈色末。一般减产20%，严重的损失可达50%以上，甚至绝产。防治措施如下。

（1）农业防治。选用抗病品种，施足底肥，增施磷、钾肥。做好防旱排涝工作，防止田间积水。加强田间管理，培育壮苗，提高植株抗病能力。

（2）药剂防治。在田间病株率达到 10% ～ 20% 时，进行喷药，每隔 8 ～ 10 d 喷一次，连续喷 2 ～ 3 次。药剂可选用 50% 胶体硫 150 倍液、75% 百菌清 800 倍液、25% 粉锈宁可湿性粉剂 3 000 ～ 5 000 倍液、敌锈钠 600 倍液等进行喷雾防治。敌锈钠不宜连续使用，应与其他药剂交替使用，每次每公顷喷药液 900 ～ 1 125 kg。

3. 花生根腐病

俗称烂根。整个花生生育期均可发病。侵染刚萌发的种子，造成烂种；幼苗受害，主根变褐，植株枯萎，3 ～ 4 d 即死亡；成株受害，主根根端呈湿腐状，根的外皮层变褐腐烂，易脱离脱落，无侧根或极少，形似"鼠尾"。病株地上部矮小，生长不良，叶片由下而上渐次变黄，开花结果少，且多为秕果。防治措施如下。

（1）农业防。实行轮作，轻病田隔年轮作，重病田轮作 3 ～ 5 年。深耕改土，增施有机肥，合理排灌增强抗病能力。严格选种，淘汰病弱种子。

（2）药剂防治。用 50% 多菌灵可湿性粉剂，按种子重量的 1% 拌种；花生发病后，可用根腐灵 300 倍液喷洒或灌根。

（二）花生主要虫害的防治

在花生田常发生的虫害有花生蚜虫、花生棉铃虫、蛴螬等，以下介绍几种花生虫害及防治方法。

1. 花生蚜虫

花生蚜虫也叫首落蚜、槐蚜。它吸食花生汁液，传播病毒。主要在嫩茎、嫩芽和叶片背面危害，受害轻的使花生的生长、开花、受精和结果受到抑制，受害重的使花生植株生长停滞、矮小、叶片卷缩，影响开花下针和正常结实。更严重时，蚜虫排出大量蜜汁，引起霉菌寄生，使植株茎叶变黑，甚至全株枯萎死亡。防治措施如下。

（1）农业防。覆膜栽培花生，苗期具有明显的反光驱蚜作用，特别是使用银灰膜覆盖，可以有效减轻花生苗期蚜虫的发生与为害。

（2）药剂防治。花生播种时每公顷用 10% 辛拌磷粉粒剂 7.5 kg 等拌种，既防治蚜虫，又有利于保护天敌，还可兼治地下害虫；当有蚜株率达 20% ～ 30%，百株蚜量超过 500 头，田间瓢蚜比低于 1：100 时，发出防治预报，及时采用药剂防治，这样既减少了盲目用药，又保护了蚜虫的天敌。生育前期，用 2.5% 扑蚜虱可湿性粉剂 2 500 倍液、30% 蚜克灵可湿性粉剂 2 000 倍液、10% 高效吡虫啉可湿性粉剂 4 000 倍液等，进行叶面喷雾防治，可维持药效 10 ～ 20 d；生育中后期用 25% 快杀灵乳油、50% 避蚜雾可湿性粉剂 2 000 倍液等对花生基部进行喷雾防治。

2. 花生棉铃虫

又叫钻桃虫，是华北地区主要害虫之一，食性很杂，除为害花生外，还为害棉花、番茄、豆类、瓜类、玉米、小麦等多种作物和果树。其为害花生的特点是幼龄期的棉铃虫主要在早晨和傍晚钻食花生心叶和花蕾，影响花生发棵增叶和开花结实，老龄期白天和夜间均大量啃食叶片和花朵，影响花生光合作用进而影响干物质的积累，造成花生严重减产，一般使花生减产 5%～10%，严重的减产20%，且发生区域广泛，遍及全国各地。防治措施如下。

（1）农业防治。深耕冬灌，减少虫源，消灭越冬蛹；诱杀成虫，方法是在受害作物田种植玉米诱集带，引诱成虫集中产卵进而杀灭；或用黑光灯诱杀。

（2）生物防治。在棉铃虫产卵高峰期，用含孢子量每克 100 亿以上 Bt 乳剂稀释 500～800 倍液喷施 2 次。还可向初龄幼虫喷链孢霉菌或棉铃虫核形多角体病毒等生物杀虫剂。

（3）药剂防治。当百墩花生有低龄幼虫 30 头时，用药防治，适期为卵孵化高峰期，防治指标是每平方米 4 头。较有效的药剂有 2.5% 抑太保 1 000 倍液，50%辛硫磷乳油 1 500 倍液，1.8% 阿维菌素乳油 2 000～3 000 倍液，50% 灭多威乳油 1 000 倍液喷雾，喷药时要对准顶部叶片施药。

（三）花生化学除草

花生田到中后期很难进行除草，因此在花生田推广化学除草技术很重要。花生田内主要的杂草有：禾本科类的马唐、狗尾草、稗草、牛筋草等；阔叶类的铁苋菜、马齿苋、苣荬菜、刺儿菜等。夏天温度高、水分充足，禾本科和阔叶类杂草混合生长，且密度高、生长快，与花生争肥争水，引起草害，造成花生减产。化学除草的关键时期是花生播种至开花下针前。最佳适期是播后芽前，其次是杂草 2～5 叶期。方法如下。

1. 播前土壤处理

每公顷用 48% 氟乐灵乳油 1 500～2 250 mL 或用 48% 氟乐灵乳油900～1 200 mL ＋ 70% 灭草蟒 1 500～1 800 mL，对水 750～900 L，均匀喷于地面，并及时浅耙或浅刨，使除草剂混入 3～5 cm 的土层内，用药后 5～7 d 可播种，并且防效期可达 3 个月左右。这种方法可防除多种禾本科、莎草科和阔叶杂草。

2. 播后芽前土壤处理

每公顷用 50% 乙草胺乳油 1 500～2 250 mL 或 72% 都尔（异丙甲草胺）乳油 1 500～2 250 mL，对水 750～900 L，在花生播种后 1～2 d 内均匀喷施于土壤表面，可防除马唐、狗尾草、画眉草、千金子、旱稗、藜、苋、蓼、马齿苋等杂草。或用 50% 禾宝乳油 900～1 200 mL、33% 二甲戊乐灵乳油 3 000～4 500 mL，对水 750～900 L，地面喷施，也可有效防除花生田的杂草。

3. 苗后茎叶处理

（1）以禾本科杂草为主的花生田。每公顷用 10.8% 高效盖草能 300～450 mL、12.5% 盖草能乳剂 600～900 mL，对水 600～750 L，在杂草 2～4 叶期对茎叶喷施，可有效地防除禾本科杂草。每公顷用 12% 收乐通（烯草酮）乳油 450～600 mL，对水 600～750 L，在杂草 2～5 叶期喷药，对防除一年生和多年生禾本科杂草有特效。该药能很快被杂草吸收，施药后 2 h 下雨不影响药效，田间防效期长达 60 d。

（2）阔叶杂草为主的花生田。每公顷用 48% 苯达松水剂 2 025～3 000 mL、24% 可阔乐乳油 375～600 mL，在杂草 2～5 叶期对水喷施，可较好地防除多种阔叶类杂草。

（3）禾本科杂草和阔叶类杂草都重的花生田。每公顷用 6% 克草星乳油 750～900 mL 于花生 2～3 叶期、杂草高度 5 cm 左右时对水茎叶喷洒，对防除禾本科杂草和阔叶类杂草有很好的效果。

第五节　富硒花生收获储藏技术

收获、储藏花生是生产中最后一项重要工作。为保证花生丰产丰收，要求做到适期收获、及时晒干、安全储藏。

一、花生收获技术

（一）适期收获

花生是无限开花无限结实的作物，荚果成熟早晚不同，收获时期也不同。收获太早或太晚都会降低产量和品质。只有在适期收获，才能保证花生丰产丰收、品质好。

确定花生的适宜收获时期，首先看地上部植株生长状况，地上部植株生长停滞，中下部叶片脱落，上部叶片变黄，昼开夜合的感夜运动不灵敏或消失，表明植株已经衰老，产量不会再增加，是花生成熟的标志。其次，看地下部荚果发育情况，拔起花生植株看荚果，70% 以上的荚果网纹清晰，内果皮海绵组织变薄而破裂，果壳内海绵层有黑褐色光泽。籽仁充实饱满，种皮显示粉红色或桃红色等品种固有的本色，表明花生已成熟。再次，看当地气温变化情况，当地昼夜平均温度下降到15℃以下时，花生荚果不再继续增长，花生已成熟。可抓紧时间及时收刨。具体的收获期，不同地区及不同品种均有一定差异。

花生具体的收获期：一般北方产区做种子用的春播中熟大花生和麦套花生，要在寒露前完成，霜降前晒干入仓。南方的秋花生冬至前收完晒干。北方春播大花生产区早中熟品种在8月下旬至9月中旬收获，麦套、夏播花生在9月下旬至10月上旬收获。长江流域春夏花生交作区，在8月上中旬收获，南方春秋两熟花生区，春花生在6月下旬至7月中旬收获，秋花生在11月中旬至12月上旬收获。

（二）及时晒干

花生收获后，荚果的含水量一般为45%～55%，这种水分含量如果直接储藏就会使花生霉烂变质或遭受冻害，因此要及时晒干。晒至种子含水量降至8%以下，才可以入库储藏。据测定，种子含水量6%可耐-30℃的低温；种子含水量10%时，在-24℃经75 h，发芽率仍为95%；种子含水量31%时，在-6℃经72 h，发芽率只有15%；含水量45%的种子，在-2℃经2 h，发芽率可降至65%。

花生收刨后，秸棵鲜湿，果柄柔韧，不宜立即堆垛和摘果，要先晒干。方法是花生收刨后，抖落泥土，就地铺晒2～3 d，然后码成65 cm左右高的长条垛，使根果向阳，这样株体将荚果架空，通气好，干得快。晒6～7 d，至五六成干，用手摇动荚果有响声后，即可运到场上手工摘果或机械脱果。摘下的荚果扬净茎叶杂质后，再摊成6～10 cm厚的薄层，并用木锨堆成小垄，以加大暴晒通风面积。傍晚时收成并排的长条堆，顶上盖草席或雨布，可防露、防霜冻。等次日晨露干后，再进行摊晒。这样连续摊晒5～6 d后，再堆成大堆，捂2～3 d，让种子"发汗"，然后再摊晒1～2 d让种子"放风"。待剥开荚果用牙咬种仁有脆声，手搓种子皮易脱落时，说明花生含水量已达到8%以下的安全含水量，扬净去杂后，即可入库储藏。

二、花生储藏技术

安全储藏的关键是保持荚果干燥，以降低种子的呼吸代谢作用，避免种子发生霉变。花生种子含水量高时，细胞内出现游离水，使脂肪酶和其他酶的活性增强，呼吸作用也加强，易使种子霉变。因此，安全储藏种子非常关键。含水量达到安全储藏界限，又经去除杂质的花生，可采用一定的方法储藏。

（一）露天囤藏

选择通风向阳、地势高且干燥的地方，下面用石头、木块等垫起 33 cm 左右的囤，上面铺一层 6 ～ 10 cm 的高粱秸或玉米秸，外面用高粱秸箔或苇箔围起来，内装花生荚果，囤的中央插一个直径 16 ～ 20 cm 的高粱秸把子，下通到囤底，上露出囤面，以保持上、中、下层通气。顶上用草苫封成圆锥状的帽子，防止进去雨雪。每囤以储藏荚果 1 000 ～ 2 000 kg 为宜。

（二）室内储藏

室内储藏是普遍采用的一种方法。可将荚果直接堆放在室内地上，但要离开墙壁，底下垫上隔潮物品，以免返潮。北方冬季气温低而干燥的地区越冬储藏时，最好是把荚果装在通风的条筐、麻袋等器具里，库房里保持通风干燥，使荚果安全越冬。而常年或夏季储藏时，不能用通风储藏的方法。因为夏季气温高、空气潮湿，采用通风储藏的方法时，即使原来已充分干燥的荚果，也会吸潮变质。因此，应采取密闭储藏法，使种子与空气隔绝，保持种子始终干燥。

无论采用哪一种方法储藏，都需每隔一定时间分层取样检查，发现花生含水量超过储藏的安全含水量时，要及时打开门窗通风或倒囤进行摊晒，使其含水量保持在安全含水量内。种用花生以存放荚果为好，果壳可以起到防湿保暖的作用，留种的花生剥壳时间距播种期愈近愈好。

第六章　富硒大豆生产关键技术

大豆起源于我国是国内外早已公认的事实。大豆是人类重要的粮食作物之一，是具有高营养价值、高生理活性和广泛工业用途的宝贵农业资源。大豆籽粒蛋白质含量约 40%，含油量 20% 左右，含有人体必需的 8 种氨基酸、亚油酸以及维生素 A、维生素 D 等营养物质，是唯一能替代动物性食品的植物产品。豆油是品质较好的植物油，且不含对人体有害的芥酸，有防止血管硬化的功效。大豆饼粕及秸秆是畜禽的蛋白质饲料的来源。同时，大豆根瘤菌具有固定空气中氮素的作用，是良好的用地养地作物。因此，大豆在国民经济和人民生活中占有重要地位。

富硒大豆跟普通大豆的大部分营养成分是一样的，就是硒含量高些，硒含量高的食物可以提高人体的整体免疫力，具有辅助防癌、抗癌功能。

第一节　富硒大豆栽培基础

一、大豆的一生

（一）植物学特征

大豆为豆科大豆属一年生草本植物。

1. 根和根瘤

（1）根。大豆根属于直根系，由主根、侧根和根毛组成。初生根由胚根发育而成，侧根在发芽后 3 ～ 7 d 出现，一次侧根还再分生二、三次侧根。根毛是幼根表皮细胞外壁向外突出而形成的，根毛寿命短暂，大约几天更新一次。根的生长一直延续到地上部分不再增长为止。

（2）根瘤。大豆根瘤菌在适宜条件下，侵入大豆根毛后形成的瘤状物叫根瘤。

初形成的根瘤呈淡绿色，不具固氮作用。健全根瘤呈粉红色，衰老的根瘤变褐色。出苗后 2 ～ 3 周，根瘤开始固氮，但固氮量很低，此时根瘤与大豆是寄生关系。开花期以后，固氮量增加，到籽粒形成初期是根瘤固氮的高峰期，根瘤与大豆由寄生关系转为共生关系。以后由于籽粒发育，消耗了大量光合产物，根瘤获得养分受限，逐渐衰败，固氮作用迅速下降。一般来说，根瘤固定的氮可供大豆一生需氮量的 1/2 ～ 3/4。这说明共生固氮是大豆的重要氮源，然而单靠根瘤固氮是不能满足其需要的。根瘤菌是嗜碱好气性微生物，在氧气充足、矿质营养丰富的土壤中固氮力强。大量施用氮肥，会抑制根瘤形成；施用磷、钾肥能促进根瘤形成，提高固氮能力。大豆的根系如图 6-1 所示。

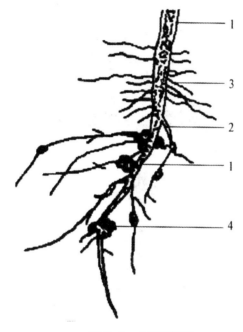

图 6-1　大豆的根系

1—主根；2—侧根；3—不定根；4—根瘤

2. 茎

大豆的茎，近圆柱形略带棱角，包括主茎和分枝，一般主茎高度在 30 ～ 150 cm。

大豆幼茎有绿色与紫色两种，绿茎开白花，紫茎开紫花。茎上生茸毛，呈灰白或棕色，茸毛多少和长短因品种而异。

按主茎生长形态，大豆可分为蔓生型、半直立型和直立型。栽培品种均属于直立型。

大豆主茎基部节的腋芽常分化为分枝，多者可达 10 个以上，少者 1 ～ 2 个分枝或不分枝。分枝与主茎所成角度的大小、分枝的多少及强弱决定着大豆栽培品种的株型。按分枝与主茎所成角度的大小，可分为张开、半张开和收敛三种类型；按分枝的多少、强弱，又可将株型分为主茎型、中间型以及分枝型三种。

3. 叶

大豆属于双子叶植物，叶有子叶、真叶和复叶 3 种。

大豆小叶的形状、大小因品种而异。叶形可分为椭圆形、卵圆形、披针形和心脏形等。有的品种的叶片形状、大小不一，属变叶型。

叶片寿命 30 ～ 70 d 不等。下部叶变黄脱落较早，寿命最短。上部叶寿命也比较短，出现晚却又随植株成熟而枯死。中部叶寿命最长。大豆的叶如图 6-2 所示。

图 6-2　大豆的叶

1—子叶；2—真叶；3—复叶

4. 花和花序

大豆的花序着生在叶腋间或茎顶端，为总状花序。一个花序上的花朵通常是簇生的，俗称花簇。花的颜色分白色和紫色两种。

大豆是自花授粉作物，花朵开放前已完成授粉，天然杂交率不到 1%。

5. 荚和种子

大豆荚由子房发育而成。荚的表皮有茸毛，个别品种无茸毛。荚色有草黄、灰褐、褐、深褐以及黑色等。豆荚形状分直形、弯镰形和弯曲程度不同的中间形。

有的品种在成熟时沿荚果的背腹缝自行开裂（炸裂）。

栽培品种每荚多含 2 ～ 3 粒种子。荚粒数与叶形有一定的相关性。披形叶大豆，四粒荚的比例很大，也有少数五粒荚；卵圆形叶、长卵圆形叶品种以 2 ～ 3 粒荚为多。种子形状可分为圆形、卵圆形、长卵圆形以及扁圆形等。种子大小通常以百粒重表示，百粒重 14 g 以下为小粒种，14 ～ 20 g 为中粒种，20 g 以上为大粒种。种皮颜色可分为黄色、青色、褐色、黑色和双色五种，以黄色居多。胚由两片子叶、胚芽和胚轴组成。

成熟的豆荚中常有发育不全的籽粒，或者只有一个小薄片，通称秕粒。秕粒率常在 15% ～ 40%。秕粒发生的原因是受精后结合子未得到足够的营养。一般先受精的先发育，粒饱满；后受精的后发育，常成秕粒。在同一个荚内，先豆由于先受精，养分供应好于中豆、基豆，故先豆饱满，而基豆则常常瘦秕。开花结荚期间，阴雨连绵，天气干旱均会造成秕粒。因此，鼓粒期间改善水分、养分和光照条件有助于克服秕粒。

（二）生育期

大豆从出苗到成熟经历的天数称为生育期。

我国大豆按原产区生产条件下的生育期分为极早熟、早熟、中熟、晚熟和极晚熟五类。

北方春作大豆区，极早熟品种生育期在 100 d 以内；早熟品种为 101 ～ 110 d；中早熟品种 110 ～ 120 d；中熟品种 121 ～ 130 d；晚熟品种 130 ～ 140 d；极晚熟品种 121 d 以上。

黄淮海流域夏大豆区，春作大豆极早熟品种生育期在 100 d 以内；早熟品种为 101 ～ 110 d；中熟品种 110 ～ 120 d；晚熟品种 121 ～ 130 d；极晚熟品种 131 d 以上。夏作大豆极早熟品种生育期在 90 d 以内；早熟品种为 91 ～ 100 d；中熟品种 101 ～ 110 d 山晚熟品种 111 ～ 120 d；极晚熟品种 121 d 以上。

南方大豆区，长江流域春作大豆极早熟品种生育期在 95 d 以内；早熟品种为 96 ～ 105 d；中熟品种 106 ～ 115 d；晚熟品种 116 ～ 125 d；极晚熟品种 126 d 以上。夏作大豆极早熟品种生育期在 120 d 以内；早熟品种为 121 ～ 130 d；中熟品种 131 ～ 140 d；晚熟品种 141 ～ 150 d；极晚熟品种 150 d 以上。南方春作大豆区极早熟品种生育期在 90 d 以内；早熟品种为 91 ～ 100 d；中熟品种 101 ～ 110 d 晚熟品种 111 ～ 120 d 极晚熟品种 121 d 以上。南方秋作大豆区早熟品种生育期在 95 d 以内；中熟品种 96 ～ 105 d 晚熟品种 106 ～ 115 d；极晚熟品种 116 d 以上。

（三）生育时期

大豆出苗到成熟经历种子萌发与出苗期、幼苗期、分枝期、开花结荚期和鼓粒成熟期五个生育时期。

1. 种子萌发与出苗期

当胚根与种子等长时为发芽；当子叶刚出土展平即为出苗。田间 10% 的大豆出苗为出苗始期；50% 出苗叫出苗期。

2. 幼苗期

从出苗到分枝出现为幼苗期，即出苗期到田间 10% 的植株两片复叶刚展开时称幼苗期。大豆在第一对真叶期开始形成根瘤，第一复叶期根瘤开始固氮，但此时固氮量能力很低。幼苗期是大豆的营养生长时期，地下部生长快于地上部。

3. 分枝期

第一分枝出现到第一朵花出现为分枝期。大豆在第二复叶刚展开时开始发生分枝，田间 10% 的植株分枝，即为分枝期。每个叶腋中都有两个潜伏的腋芽，一个是枝芽，可以发育成分枝；另一个是花芽，可以发育成花序。一般植株上部的腋芽形成花序，下部的形成分枝。

分枝期是以营养生长为主的营养生长和生殖生长并进期，叶的光合产物具有同侧就近供应的特点，中部叶的光合产物向上供应生长点和新生茎、叶，向下供应不能独立进行光合作用的同侧弱小分枝。下部叶的光合产物则供给根和根瘤的发育。分枝期根瘤具有一定的固氮能力。

种子萌发到始花为营养生长阶段，又称生育前期，约占全生育期的 1/5。

4. 开花结荚期

从始花到终花为开花结荚期。田间有 10% 植株开花叫始花期；50% 植株开花叫开花期；80% 植株开花叫终花期。开花和结荚是两个并进的生育时期，始花到终花，占全生育期的 3/5，又称生育中期。开花后形成软而小的绿色豆荚，当荚长达 2 cm 时叫结荚，田间 50% 植株结荚叫结荚期。开花结荚期是营养生长与生殖生长并进阶段，是植株生长最旺盛的时期。茎、叶大量生长，株高日平均增长 1.4～1.9 cm，叶面积指数达到最大值，根瘤菌的固氮能力达到高峰。开花结荚期光合产物由主要供应营养生长逐渐转向以供应生殖生长为主，叶的功能分工更加明显。荚成为有机物的分配中心，光合产物主要供给自身叶腋中的豆荚，少量供给邻近豆荚，也具有同侧就近供应的特点。

5. 鼓粒成熟期

大豆结荚后，叶片、叶柄、茎和荚皮中的养分不断向籽粒中运输，豆粒日益膨大，当豆荚平放，豆粒明显鼓起并充满荚腔时，称为鼓粒。田间50%植株鼓粒叫鼓粒期。

在一个荚中，顶部的豆粒首先快速发育，其次是基部的豆粒膨大，最后是中部的豆粒发育，当外界条件不良时其易形成空秕粒。鼓粒完成时，种子含水量为90%左右，随着种子成熟很快降到70%，以后含水量缓慢下降。当种子达最大干重时，含水量迅速降低，在7~14 d内由65%降到15%左右。这时豆粒变硬，与荚皮分离，呈现本品种固有的形状和色泽。种子在开花后40~50 d成熟。终花到成熟期占全生育期的1/5，又称生育后期。

大豆的成熟过程分为黄熟、完熟和枯熟3个阶段。黄熟期植株下部叶片大部分变黄脱落，豆荚由绿变黄，种子逐渐呈现其固有色泽，体积缩小、变硬，此时是人工收获或分段收获的适宜时期，也是大豆含油量最高的时期。进入完熟期叶片全部脱落，荚壳干缩，籽粒含水量降到15%，豆粒与荚皮分离，用手摇动会发出响声，此时为直接收获的适宜时期。到枯熟期时植株茎秆发脆，出现炸荚现象，种子色泽变暗。

二、富硒大豆生长发育需要的环境条件

（一）光　照

大豆是喜光作物。大豆的光饱和点是随着通风状况而变化的，通风状况好，光饱和点提高。大豆的光补偿点也受通气量影响，在低通气量下，光补偿点相对偏高；而在高通气量下，则相对偏低。在田间条件下，大豆群体冠层所接受的光照度是极不均匀的。大豆群体中、下层的光照是不足的，这里的叶片主要靠散射光进行光合作用。

大豆是短日照作物。大豆对日照长度反应极其敏感，即使极微弱的月光对大豆开花也有些影响。大豆开花结实要求较长的黑夜和较短的白天。每个大豆品种都有其对生长发育适宜的日照长度，只要日照长度比适宜的日照长度长，大豆植株即延迟开花；反之，则提早开花。但是，大豆对短日照的要求是有限度的，并非越短越好。一般品种每日12 h的光照即可起到促进开花抑制生长的作用；9 h光照对部分品种仍有促进开花的作用；当每日光照缩短为6 h，则营养生长和生殖生长均受到抑制。大豆结实器官的发育和形成要求短日照条件，不过早熟品种的短日性弱，晚熟品种的短日性强。

认识大豆的光周期特性，可以在引种上加以利用。同纬度地区间引种容易成功，低纬度地区大豆向高纬度地区引种，生育期延迟，一般霜前不能成熟。反之，

高纬度地区大豆品种向低纬度地区引种，生育期缩短，产量下降。

（二）温　度

大豆是喜温作物。不同品种在全生育期内需要的大于或等于10℃的活动积温相差很大，黑龙江省的中晚熟品种要求2 700℃以上，而超早熟品种则要求1 900℃左右。

大豆种子萌发的最低温度是7～8℃，正常萌发出苗温度为10～12℃，最适温度为25～32℃。幼苗期生长的最低温度为8～10℃，正常生长温度为15～18℃，最适温度为20～22℃，苗期可忍受−2～−3℃短时间的低温，当气温降到−5℃时幼苗就会被冻死。分枝期要求的适宜温度为21～23℃。开花结荚期要求的最低温度为16～18℃，最适温度为22～25℃，低于18℃或高于25℃，花荚脱落增多。鼓粒期要求的最低温度为13～14℃，成熟期为8～9℃。一般18～19℃有利于鼓粒，14～16℃有利于成熟。鼓粒成熟期昼夜温差大，有利于降低呼吸作用，促进同化产物的积累。

大豆不耐高温，当气温超过40℃时，结荚率减少57%～71%。大豆植株的不同器官，对温度反应的敏感性不同。茎对温度较敏感，叶次之，根不敏感。在较低温度条件下，叶重与茎重的比值有增高趋势，茎、叶重与根重的比值则有减少的趋势。

（三）水　分

大豆是需水较多的作物。每形成1 kg籽粒，耗水2 kg左右。大豆不同生育时期对水分的需求不同。

播种到出苗期间，需水量占总需水量的5%。种子萌发需水较多，约为种子重的1～1.5倍。土壤相对含水量在70%时，出苗率可达94%；相对含水量增至80%时，出苗率降至77.5%，且出现烂根现象。这说明水分过多，透气性差，土温较低，影响出苗。种子萌发出苗适宜的土壤相对含水量为70%。

幼苗期需水较少，占总需水量的13%，此时抗旱能力强，抗涝能力弱。幼苗期根系生长快，茎、叶生长较慢，土壤水分蒸发量大，适宜的土壤相对含水量为60%～70%。幼苗期适当干旱，有利于扎根，形成壮苗。

分枝期是大豆花芽分化的关键时期，需水量占总需水量的17%，如果干旱，会影响花芽分化，适宜的土壤相对含水量为70%～80%。

开花结荚期是大豆营养生长与生殖生长并进期，对水分反应敏感，是大豆一生中需水最多的时期，占总需水量的 45%，也是需水临界期。开花结荚期适宜的土壤相对含水量为 80%。

鼓粒成熟期营养生长停止，生殖生长旺盛进行，仍是需水较多的时期，需水量占总需水量的 20%，适宜的土壤相对含水量为 70%。

第二节　富硒大豆播前准备

一、选地与选茬

（一）选　地

耕层深厚，在 20 cm 以上，有机质含量 3% 以上，容重 0.8～1.2 g/cm³ 的土壤，最适于大豆的生长。各种土壤均可种植大豆，以壤土最为适宜。

富硒大豆要求 pH 值为 6.5～7.5 的中性土壤。pH 值低于 6.0 的酸性土往往缺钼，不利于根瘤菌的繁殖和发育；pH 值高于 7.5 的土壤往往缺铁、锰。大豆不耐盐碱，总盐量 < 0.18%，NaCl < 0.03%，植株生育正常。

（二）选　茬

大豆重迎茬会影响产量和品质。一是病虫害加重；二是根系分泌物和根茬腐解物对大豆产生毒害作用；三是土壤微生物种群发生变化，不利于大豆的微生物种群增加；四是土壤养分过度偏耗；五是土壤理化性状恶化，容重变大，不利于大豆的生长发育，使大豆产量降低，品质下降。

大豆对前作要求不严格，凡有耕翻基础的禾谷类、经济类作物，如小麦、玉米、高粱、谷子和亚麻等都是大豆适宜的前作。

玉米茬土壤疏松肥沃，杂草少；小麦茬根系入土较浅，土质疏松，土壤熟化时间长，速效养分含量高，土壤水分状况好，杂草少，都能为大豆生长发育提供良好的土壤环境。谷子和高粱等杂粮作物根系分布浅，土壤疏松，有利于大豆根系生长，但应结合秋翻整地，加大施肥量，特别是增施有机肥，才能确保丰产。大豆与浅根性禾谷类作物轮作，可以使危害大豆的病虫减少，可以分别利用土壤不同层次的养分，达到均衡利用土壤养分的目的。各地大豆主要轮作方式为：小麦→大豆→小麦；小麦→大豆→玉米；大豆→杂粮→玉米；小麦→大豆→杂粮→

玉米；马铃薯→小麦→大豆→杂粮；大豆→甜菜→小麦→玉米。

二、整地与施肥

（一）耕整地

通过耕翻、深松，耕深达到 18 ～ 35 cm，形成深厚耕层；通过耙地和耢地，使耕层土壤细碎、疏松、地面平整，10 m 宽幅内高低差不超过 3 cm、每平方米内直径 3 ～ 5 cm 土块不超过 10 个。

（1）耕翻。耕翻深度 18 ～ 20 cm，以不打乱耕作层为限。伏翻宜深，秋翻宜浅；有深松配合宜浅，无深松配合宜深。不起大块，不出明条，翻垡整齐严密，不重耕不漏耕，耕幅、耕深一致，耕垄直，百米内直线误差不超过 20 cm，地表10 m 内高低差不超过 15 cm，翻耙紧密结合。

（2）深松。无深松基础的地块应深松以打破犁底层，有深松基础的地块，每三年深松一次。深松深度一般 30 cm，多年未深松、犁底层较厚的地块，应逐年加深，深松深度达到耕层以下 5 ～ 15 cm 为宜。深松宜在夏季进行；秋季土壤水分较充足仍可进行深松，但土壤水分较少的易旱地块，秋耕不宜深松；地势较高、耕性好的地块，可先深松后耙茬，低平地、耕性差的地块，可先耙茬后深松，再耙茬。深松应做到不重不漏，不起大块，松耙紧密结合。干旱条件下苗期不宜深松。

（3）耙地。耕翻、深松后应及时耙地。一种是冬前重耙两遍，耙深 15 cm 以上，耙透耙细；早春轻耙 1 ～ 2 遍，深度达 8 cm 以上。另一种是有耕翻或深松基础的平播大豆，前茬多为小麦、亚麻等，在前作收获后，立即用双列圆盘耙耙地灭茬，对角耙 2 ～ 3 遍，耙深 12 ～ 15 cm，再轻耙 1 ～ 2 遍，耙平、耙细，播前耢平即可播种。

（4）耢地。耢地可与耙地同时进行。秋天耢地以平地保墒为主，春天前期耢地以碎土平地为主，后期以保墒为主。根据耢地的目的和时机，选择相应的机具类型。

（5）旋耕。有深松基础的玉米茬、高粱茬地块，在秋季或春季可用旋耕机旋耕 1 ～ 2 次，旋耕深度 12 ～ 18 cm，再平播或起垄播种、镇压复式作业。

（二）需肥规律与施肥

1.大豆的需肥规律

大豆所需氮素营养的一部分是由根瘤菌固氮作用提供的，占总需氮量的

25% ～ 60%，其余的氮素为出苗后从土壤中吸收。第一复叶期大豆的根瘤固氮能力弱，根吸氮量少，处于"氮素饥饿期"，叶色转淡。幼苗期以后吸氮量不断增加，到结荚期达到高峰期，以后吸氮量逐渐减少。大豆对氮素的吸收具有前少后多单峰曲线的特点。

大豆是"喜磷作物"，幼苗期到分枝期是磷的敏感期，缺磷器官发育受抑制，足磷对保证产量作用重大。大豆出苗后吸磷量迅速增加，到分枝期出现第一个吸收高峰，以后又渐渐下降；开花期以后吸磷量再次增加，到结荚期出现第二个高峰，以后又缓慢下降。大豆对磷的吸收具有前多后少双峰曲线的特征。

大豆具有喜钾特性。从出苗到开花期吸收占总吸收量的 32.2%，开花期到鼓粒期吸收约占 61.9%，鼓粒期到成熟期吸收占 5.9%。大豆需钙较多，又称钙性植物。

2. 施肥技术

（1）基肥。基肥应以有机肥为主，配合一定数量的化肥。根据地力情况有机肥施用量要达到每公顷 30 m³ 以上，化肥一般用尿素 52.5 kg/hm²、二铵 150 kg/hm²、氯化钾 75 kg/hm²。基肥的施用方法因整地方法而异，最好在伏秋翻地前施入，通过耕翻和耙地将基肥翻耙入 18 ～ 20 cm 的土层中。如果秋季或春季破垄夹肥，可将底肥施入原垄沟，然后破茬打成新垄，使基肥正好深施于新垄台下。来不及秋翻施肥的地块，可在春季耙地前撒施肥料，通过深耙混入土层中。

（2）种肥。化肥做种肥要做到氮、磷、钾搭配并补充微肥，要提倡和推广测土配方平衡施肥。没有配方施肥条件的地方，应按减磷、增钾的原则确定施肥量和比例。中等肥力地块，一般施过磷酸钙 97.5 ～ 150 kg/hm² 或二铵 75 ～ 150 kg/hm²，硫酸钾 37.5 ～ 60 kg/hm²，一般不用氮肥做种肥。化肥应深施、分层施。施肥量大时，第一层施在种下 5 ～ 7 cm 处，占施肥总量 30% ～ 40%；第二层施于种下 8 ～ 16 cm 处，占总量的 60% ～ 70%。在施肥量偏少的情况下，第二层施在 8 ～ 10 cm 处。

（3）追肥。在土壤肥力不足的地块，大豆苗期生育弱，封垄有困难时应根据土壤肥力状况、大豆苗期长势结合中耕除草追肥。开花至鼓粒期是大豆需肥的高峰期，在此前的分枝期和初花期追肥，恰好可以满足大豆需肥高峰期的养分需求。施过基肥的地块，在初花期前 5 d 左右要重施一次追肥，可追尿素 75 ～ 112.5 kg/hm²，视苗情适当补施硫酸钾 75 ～ 105 kg/hm²，开沟条施。基肥施用量少的地块，除苗期早追肥外，应根据土壤肥力和大豆长势，在分枝至初花期追施尿素 75 ～ 150 kg/hm²、磷酸二铵 150 ～ 225 kg/hm²、氯化钾 75 ～ 150 kg/hm²。

根外追肥一般在初花到终花期喷施 1 ～ 2 次。用尿素 7.5 ～ 15 kg/hm²、钼酸铵 225 ～ 450 g/hm²、磷酸二氢钾 1.5 ～ 4.5 kg/hm²，对水 450 ～ 750 kg 根

外追肥。其他微量元素不足的地块，可加硫酸锌 75 ～ 375 g/hm²（最终浓度为 0.01% ～ 0.05%）、硫酸锰 750 g/hm²（最终浓度为 0.1%）、硼砂或硼酸 75 g/hm²（最终浓度 0.01%）。

3. 科学施硒

富硒大豆是运用生物工程技术原理培育出来的。在大豆生长发育过程中，叶面喷施粮油型富硒增甜素，通过大豆的生理生化反应，将无机硒吸入植株体内，转化为人体能够吸收利用的有机硒，富集在大豆籽粒中而成为富硒大豆。

方法为：粮油型富硒增甜素 195 g/hm²，加好湿 18.75 mL/hm²，加水 225 kg，充分搅拌均匀，然后均匀地喷施在大豆叶片的正反面，以不滴水为度。苗期 3 ～ 5 叶时喷硒溶液 225 kg/hm²，开花期、结荚期分别喷施 1 次硒溶液，用量约为 450 kg/hm²。选阴天和晴天下午 4 时后施硒为宜，要求喷施均匀，雾点要细；施硒后 4 h 之内遇雨，应当补施 1 次；宜与好湿等有机硅喷雾剂混用，以增加溶液的黏度，延长硒溶液在叶片上的滞留时间，增强施硒效果；可与酸性、中性农药、肥料混用，但不能与碱性农药、肥料混用；收获前 20 d 应停止施硒。

三、优良品种的选用

（一）优良品种的标准

在一定的自然条件、耕作栽培条件下，经人类选择，形成了丰富的大豆品种类型，每一品种都有一定的特点和适应性。例如，喜肥水、茎秆粗壮的有限或亚有限结荚习性的品种、主茎发达的大粒品种与植株高大、繁茂性强的中小粒品种，适宜在高肥水的条件下栽培；无限结荚习性的品种，适宜在瘠薄干旱条件下种植。由此可见，大豆的优良品种没有统一的标准，一般在栽培地区能够充分发挥其优质、高产、稳产特性的品种，就称为优良品种。

（二）大豆优良品种选用的依据

1. 根据无霜期和积温选用品种

根据当地积温和无霜期，选择熟期类型及与之相适应的品种，能保证霜前正常成熟，又不浪费光热资源。种植与主栽品种熟期相近的品种，就不会有大问题。一般北方春作大豆品种生育期 90 ～ 155 d；黄淮流域春、夏播大豆生育期 90 ～ 150 d；南方春大豆生育期 95 ～ 110 d，夏大豆生育期为 120 ～ 150 d，秋大豆生育期多为 90 ～ 115 d。

2.根据地势、土壤和肥水条件选用品种

阳坡地、沙质土地温高，可选用生育期稍长的品种；阴坡地和黏质土地温低，应选用生育期略短的品种。一般情况下，肥水条件好、管理水平高的地区，可选用熟期稍长、增产潜力大的品种；平川地、二洼地要选用耐肥、抗倒的高产品种；瘠薄干旱、施肥量不足的地区，应选用适应性强并耐瘠薄的品种。

3.根据栽培方法选用品种

窄行密植要选用主茎发达、分枝少、秆强抗倒的中矮秆品种；大垄栽培与穴播要选用分枝能力强、中短分枝、茎秆直立、单株生产力高的品种；机械化收获应选用秆强不倒、株型收敛、结荚部位高、不易炸荚、籽粒破碎率低的品种。

4.根据加工企业和市场需求选用品种

根据加工企业和市场需要选择高油、高蛋白或双高品种是选用品种的重要原则。

5.特殊条件下的品种选用

在干旱、盐碱土地区宜选用耐旱、耐瘠和耐盐碱品种；在孢囊线虫、菌核病等危害严重的地区，要选用抗病虫品种；灌水栽培的大豆要选用抗倒伏的品种；重、迎茬多的地区，要注意选用多抗性品种。北方地区主栽和主推的优良大豆品种如表6-1所示。

表6-1　优良大豆品种

品种名称	特征特性
合农61	生育期121 d左右，亚有限结荚习性。中感花叶病毒病1号株系，感花叶病毒病3号株系，中抗灰斑病。适宜在黑龙江第二积温带、吉林蛟河和敦化地区、内蒙古兴安盟地区、新疆昌吉和新源地区春播种植
黑农65	在适应区出苗至成熟生育日数115 d左右，需≥10℃活动积温2 350℃左右。亚有限结荚习性，株高90 cm左右，有分枝。适于黑龙江省第二积温带种植
绥农31	生育期121 d左右，无限结荚习性。中感灰斑病，中抗花叶病毒病1号株系，感花叶病毒病3号株系。适宜在黑龙江省第二积温带和第三积温带上限、吉林省白山和吉林地区、新疆维吾尔自治区昌吉和新源地区春播种植
吉农27	生育期129 d左右，圆叶，白花，亚有限结荚习性。感胞囊线虫病，中感灰斑病，抗花叶病毒病1号株系，中抗花叶病毒病3号株系。适宜吉林中南部、辽宁东部山区、甘肃西部、宁夏北部、新疆伊宁地区春播种植

品种名称	特征特性
沈农 12	生育期 132 d 左右，圆叶，紫花，亚有限结荚习性。中感胞囊线虫病，中感花叶病毒病 1 号株系和 3 号株系。适宜在辽宁中南部、宁夏中北部、陕西关中平原地区春播种植
登科 1	生育期 111 d 左右，长叶，紫花，无限结荚习性。中感灰斑病，中感花叶病毒病 1 号株系，感花叶病毒病 3 号株系。适宜在黑龙江第三积温带下限和第四积温带、吉林东部山区、内蒙古呼伦贝尔中部和南部、新疆北部地区春播种植
中黄 13	春播生育期 130～135 d，夏播生育期 100～105 d。有限结荚习性，半矮秆，抗倒伏，中抗胞囊线虫和根腐病，抗花叶病毒病。适于华北北部、辽宁南部、四川春播；黄淮海地区夏播
豫豆 29	生育期 109 d，有限结荚习性，抗倒、抗病性好。适宜在河南中部和北部、河北南部、山西南部、陕西中部、山东西南部夏播种植
科丰 14	黄淮海南片夏播生育期 95 d，北片为 100 d。有限结荚习性，株型收敛，抗大豆花叶病毒病。适宜于北京、天津、河北、河南、山东、安徽、江苏、山西及陕西等地区夏播和部分地区春播种植
徐豆 11	夏播生育期 104 d，适宜一年两熟制夏播。亚有限结荚习性，植株直立，主茎分枝少。适宜江苏淮北地区及鲁南、皖北、河南等地作夏大豆种植

四、种子处理

（一）种子精选及发芽试验

播种前进行机械或人工精选，清除病虫粒、破碎粒、瘪粒和其他杂质。精选后的种子要达到二级良种以上标准，即品种纯度在 98% 以上，种子净度 98% 以上，发芽率 90% 以上，种子含水量不高于 13%。

在种子精选前进行一次发芽试验，确定种子是否有选用的价值，如果没有种用价值就应更换，有种用价值的再进行精选。种子精选后再进行一次发芽试验，发芽率达到 90% 以上才能播种。

选种有机械选种和人工粒选两种方法。机械选种是通过筛选或空气浮力选种，清除杂质，选出粒大、饱满、完整的种子。人工选种通过逐粒选择，清除病虫粒、破碎粒、小粒、瘪粒和其他杂质。

（二）种子包衣

种衣剂是农药、微肥、生物激素的复合制剂，能促进幼苗生长，对地下害虫、大豆孢囊线虫、大豆根腐病、大豆根潜蝇等都有较好的防效。大豆种子包衣应根据需预防的病虫种类选择种衣剂，按使用说明的标注，将种衣剂与种子按比例快速混拌，使种衣剂在种子表面形成一层均匀的药膜即包衣，阴干后播种。目前，大豆常用种衣剂有 ND 大豆专用种衣剂、30% 多克福大豆种衣剂、25% 呋多种衣剂等，用量为种子重的 1% ～ 1.5%。种子量较大时进行机械包衣，按药、种比例调节好计量装置，按操作要求进行作业。种子量小时可人工包衣，按比例分别称好药和种子，先把种子放到容器内，然后边加药边搅拌，使药剂均匀地包在种子表面。

（三）微肥拌种

主要采用钼酸铵、硫酸锌、硼砂、硫酸锰等微肥拌种。一般经过测土，土壤有效钼含量 ≤ 0.15 mg/kg；有效锌、有效硼含量 ≤ 0.5 mg/kg；有效锰含量 ≤ 5 mg/kg 时，施用微肥效果最好。

每千克豆种用 5 g 钼酸铵磨细，用非铁容器，先加少量热水溶化后稀释，总用水量为种子重的 0.5%，用喷雾器喷在大豆种子上阴干后播种。每千克豆种用硫酸锌 4 ～ 6 g，拌种用水量为种子重的 0.5%。每千克豆种用硼砂 0.4 g，先将硼砂溶于 16 mL 热水中，然后与种子均匀混拌。每千克豆种用硫酸锰 10 g，溶于种子重 1% 的水中，喷在种子上拌匀阴干播种。

两种以上微肥拌种，总用水量不宜超过种子重的 1%，防止种子皱缩、脱皮，影响播种质量。播种要注意墒情，适宜的土壤湿度为 60% 左右。微肥拌种不能与碳酸氢铵等碱性肥料混用。

（四）微生物菌剂拌种

根瘤菌是大豆常用的微生物菌剂，它可以固定空气中的氮素，直接供给大豆发育所需氮素营养。另外还有增产菌，它的作用是增强大豆对不良环境的抗性，即提高抗逆性，提高产量。

根瘤菌拌种时，用量为 56.25 kg/hm²。先用比种子重 2% 的水把菌剂搅成糊状，然后与种子混拌均匀，阴干后 24 h 内播种；增产菌拌种时将粉剂 10 g 加适量的水搅匀，用喷雾器均匀地喷洒在 5 kg 大豆种子表面，边喷边搅，使种子表面都沾有菌液，阴干即可使用。

第三节　富硒大豆播种技术

一、播种时期

大豆适期播种可以合理利用当地的热量资源，保墒保苗，提高产量和脂肪含量。播种过早，地温低，出苗慢，容易感染病害，北方春大豆出苗过早也易受冻害。播种过晚易造成贪青晚熟，粒色发青。过早、过晚播种均可降低产量和籽粒含油量。

北方春作大豆区一般在 5 ～ 10 cm 土层稳定达到 8℃时即可开始播种。播期为 4 月下旬至 5 月上中旬。早熟品种适当晚播，晚熟品种适当早播；土壤墒情好可适当晚播，墒情差应抢墒播种。黑龙江省南部于 4 月 25 日至 5 月 10 日，北部 5 月 5 日至 5 月 15 日播种；吉林省平原地区 4 月 20 至 4 月 30 日，东部山区、半山区于 4 月 25 日至 5 月 5 日播种；辽宁省 4 月 20 日至 5 月 10 日播种；内蒙古自治区 4 月 20 日至 5 月 20 日播种。其他省份 4 月下旬至 5 月上旬播种。

黄淮流域夏大豆区春播为 4 月上中旬；夏播为南部 6 月上旬，中、北部 6 月中旬；套作为 5 月中下旬。河北省、山东省一般 6 月中下旬夏播；山西省、陕西省、安徽省 6 月上中旬夏播，河南省 6 月 15 日前夏大豆套种。

二、种植密度及播种量

（一）种植密度

确定密度主要考虑品种、肥水条件、种植方式及气候条件等因素。

早熟品种宜密，晚熟品种宜稀；植株矮小欠繁茂宜密，植株高大繁茂宜稀；瘦地宜密，肥地宜稀；窄行密植宜密，精密播种、穴播宜稀；无霜期短宜密，无霜期长宜稀；晚播宜密，早播宜稀。清种宜密，间作宜稀。

北方春作大豆区土质肥沃，种植分枝性强的品种，一般保苗 15 ～ 19.95 万株 / 公顷。土质瘠薄，种植分枝性弱的品种，一般保苗 24 ～ 30 万株 / 公顷。高寒地区，种植早熟品种，一般保苗 30 ～ 45 万株 / 公顷。在种植大豆的极北限地区，极早熟品种，一般保苗 45 ～ 60 万株 / 公顷。黑龙江省中、南部地区垄作一般保苗 25.05 ～ 34.5 万株 / 公顷，北部地区一般保苗 28.5 ～ 40.5 万株 / 公顷。吉林省垄作中部地区一般保苗 18 ～ 22.5 万株 / 公顷，西部地区一般保苗 19.5 ～ 22.5 万株/公顷，东部地区一般保苗 18～19.95 万株/公顷。辽宁省北部地区一般保苗 19.5～30 万株/公顷。山西北部一般保苗 22.5～37.5 万株/公顷。

黄淮流域夏大豆区一般保苗 22.5～45 万株/公顷。平坦肥沃，有灌溉条件的地块，一般保苗 18～24 万株/公顷。肥力中等及肥力一般的地块，一般保苗 33～45 万株/公顷。山东省一般保苗 18～27 万株/公顷，河南省一般保苗 16.5～22.5 万株/公顷，安徽省一般保苗 22.5～30 万株/公顷。

（二）播种量

按公顷保苗数要求，根据种子净度、发芽率、百粒重及田间损失率计算播种量。

播种量（kg/hm^2）= 公顷保苗数 × 百粒重 /[发芽率 × 净度 ×10^5×（1 – 田间损失率）]

田间损失率一般按 10% 计算，要求各排种口流量均匀，误差不超过 ±4%，播种量误差不超过 ±3%。

三、播种

（一）播种方法

（1）精量点播。机械垄上单、双行等距精量点播，双行间的间距为 10～12 cm。人工点播，一般用杯耙开沟，人工摆籽，摆籽后立即覆土 3～5 cm，镇压提墒。如果土壤含水量高，待表土略干后再镇压，以免表土板结影响出苗。

（2）垄上机械双条播。双条间距 10～12 cm，要求对准垄顶中心播种，偏差不超过 ±3 cm。

（3）窄行条播或点播。行距 20～50 cm，实行播种、镇压连续作业。

（4）等距穴播。大豆等距穴播是选用植株高大、繁茂的品种，人工或利用机具，在垄上按相等穴距，穴内定株的播种方法。一般穴距 15～25 cm，因种植密度而异，每穴点籽 3～4 粒。

无论采用何种播法，均要求覆土厚度 3～5 cm。过浅，种子容易落干；过深，子叶出土困难。

（二）播种质量检查

检查播种质量包括行距、播种深度、播种量三项内容。检查时按对角线方向随机选取 10 个以上测定点取平均值。

（1）检查行距。拨开相邻两行的覆土，直至发现种子，用直尺测量其种子幅宽中心距离是否符合规定的行距，要求行距误差不应超过 2.5 cm。

（2）检查播种深度。每个测定点拨开覆土直至发现种子，顺播种方向贴地表水平放置直尺，再用另一根带刻度的直尺测量出种子至地表的垂直距离，平均播深与规定播深的偏差不应大于 0.5 ～ 1.0 cm。

（3）检查播种量。在选定的测定点，顺播种行的走向拨开 1 m 长的覆土，直至露出种子，查种子粒数，即得 1 m 长度的播种行内实播种子数，与根据播种量计算出来的每米长度内应播种粒数比较。穴播还要检查各测点每穴播种粒数并测量穴距。每行应选 3 ～ 5 个测点，每个测点长度不应小于规定穴距的 3 倍，每穴种子粒数与规定粒数误差 ±1 粒为合格，穴距与规定穴距 ±5 cm 为合格。精密播种机播种，粒距 ±0.2 cm 为合格。

第四节　富硒大豆田间管理技术

一、查田补苗

在大豆出苗期间及时进行田间检查，查清各地块的缺苗程度、缺苗面积和分布状况，如果缺苗率超过 5%，则需要进行补种或补栽。补种要及早进行，将种子播在湿土上，并加强肥水管理，使补种苗尽快赶上原苗；也可在地头或行间先播一些种子，长成预备苗，在出苗后进行坐水补栽。

二、间苗、定苗

通过间苗、定苗可以保证合理密度，调节植株田间分布，有利于个体发育，为建立高产大豆群体打下基础。

在大豆齐苗后，子叶展平开始间苗，打开死撮子。定苗时，按规定密度留苗，拔除弱苗、病苗和小苗，同时剔除苗眼草，并结合松土培根。

三、中耕培土

中耕具有抗旱保墒、疏松土壤、提高地温、除草、促进根瘤形成和幼苗生长的作用。

大豆生育期间应进行 2 ～ 3 次中耕。第一次在第一片复叶展开时进行，耕深 10 ～ 12 cm，墒情好时可垄沟深松 18 ～ 20 cm，要求垄沟和垄帮有较厚的活土层，坐犁土不应少于 5 cm，培土厚度不超过子叶节，少培土形成张口垄。第二次在苗高 20 ～ 25 cm 时进行，耕深 8 ～ 12 cm，培土厚度不应超过初生真叶节。第三次在封垄前结束，耕深 8 ～ 12 cm，防止伤根，低洼地应高培垄，以利排涝。

四、科学灌水

（一）灌水原则

据苗情定灌水：需灌水的标志为生长缓慢，叶色老绿，中午叶片萎蔫，叶片含水量降低到 70% 以前应灌水。

（1）据墒情定灌水。当土壤含水量低于最适含水量时要及时灌水，地表有明水要及时排水。

（2）据雨情定灌、排水。久晴无雨或气温高，蒸发量大，土壤水分不足时要及早灌水，降雨偏多的年份，加强排涝。

（3）据地形和土质定灌水。沙壤土勤灌轻灌，土质黏重加大灌水量、减少灌水次数。

（二）灌水时期与定额

分枝期早熟、中早熟品种干旱时应灌水，中晚熟品种一般不灌，或者少灌，一般灌水 300 ～ 450 t/hm²；开花结荚期干旱会严重减产，应勤灌水、多灌水，一般灌水 600 ～ 750 t/hm²；鼓粒期据降雨量决定是否灌水，干旱年份一般灌水 450 ～ 600 t/hm²。

（三）灌水方法

灌溉方法因各地气候条件、栽培方式、水利设施等情况而定。灌水效果喷灌好于沟灌，能节约用水 40% ～ 50%；沟灌优于畦灌。有条件的可采用滴灌或地下多孔管渗灌。

五、调节剂及其应用技术

（一）调节剂使用技术

大豆常用的调节剂有两类：一类是改善株型结构，防止徒长倒伏，减少郁蔽和花荚脱落，采用延缓抑制剂进行的调节；另一类是改善植株光合性能，调节体内营养分配，促进产量提高，采用营养促进剂进行的调节。生产上应用的调节剂主要有以下几种。

1. 多效唑

多效唑是一种三唑类植物生长调节剂，具有抑制徒长，促进根系发育，增加根瘤数量，增强抗逆性的作用。此外，多效唑还具有抑制杂草和灭菌的作用。在高肥水条件及使用无限结荚习性品种时，增产幅度可达 6.2% ～ 18.3%。

大豆应用多效唑可以采用浸种和叶面喷洒的方法。

浸种方法简单，用量少，但技术要求严格，操作不好会影响出苗。一般用 200 mg/kg 多效唑溶液，按溶液与种子重 1∶10 的比例浸种。阴干后种皮不皱缩时播种，要求土壤墒情好。

叶面喷洒一般较稳妥，但用工量大，可重点用于高产田控制旺长、防倒伏。在大豆初花期，每公顷喷 150 mg/kg 多效唑溶液 750 kg（15% 多效唑可湿性粉剂 750 g，对水 750 kg），在晴天下午均匀喷洒。不重喷，不漏喷，浓度误差不超过 10%。超低量喷雾，每公顷药液量不少于 225 kg。若喷后 6 h 降雨，要降低一半药量重喷。

多效唑必须在高肥水地块上施用，适当增加密度。在玉米与大豆间作时施用效果好。在有限结荚习性大豆品种上施用，浓度应适当降低。多效唑在土壤中易残留，不能连年使用。若浓度过高，大豆受药害时可喷洒赤霉素，追施氮肥，灌水缓解。

2. 烯效唑

烯效唑也是一种三唑类植物生长调节剂，具有矮化植株、增强抗倒、提高作物抗逆性和杀菌等功能。其活性高于多效唑，且不易发生药害，高效、低残留，对大豆安全。试验结果表明，烯效唑在 50 ～ 300 mg/kg 浓度范围内对大豆均有一定的增产效果，以 150 mg/kg 的增产幅度最高，可达 21.6%。

烯效唑宜在肥力水平高、生长过旺的田块使用，以大豆初花期至盛花期叶面喷洒为宜，浓度为 100 ～ 150 mg/kg。施用烯效唑注意事项与多效唑相同。

3. 维他灵

维他灵是一种以维生素 B 类为主体的农用生化制剂。在大豆上施用能促进根系发育和根瘤形成，增强抗逆性，控制株型，改善大豆田间受光状态，有利于光合作用和生殖生长。黑龙江省试验平均增产 10.4% ～ 14.6%。

维他灵可以与种衣剂混合拌种，也可以叶面喷洒。维他灵 8 号为大豆专用。拌种时，每公顷大豆种子用 375 mL 维他灵，与相应种衣剂混匀后进行种子包衣。叶面喷洒的最佳时间是初花期，施用两次效果更好。一般每公顷用 375 mL 维他灵，对水 300 ～ 450 kg 喷雾。

施用维他灵可与防治病虫、叶面施肥同时进行。维他灵的主要成分是维生素类物质，不含氮、磷、钾等营养元素，不能因施用维他灵后叶色变深而减少施肥量。

（二）使用调节剂应注意的问题

使用植物生长调节剂是一项高产稳产新技术，但它不是灵丹妙药，必须以品种为基础，与其他栽培管理措施相配合才能发挥作用。

（1）根据需要选择适宜的调节剂。不同品种、肥力、环境条件和大豆的生育状况，需要调节的目的和要求不同。肥水条件差、长势弱、发育不良的地块，要选用促进型的调节剂。肥水条件好、密度高、长势旺的田块，为了控制徒长，防止倒伏，要选用抑制型的调节剂。干旱、生长不良的情况下切不可使用抑制型调节剂。

（2）严格掌握施用浓度和方法。根据调节剂的种类、使用时期、施用方法和气象条件，确定适宜的浓度，做到严格控制。在施用方法上，先要选择适宜的时期，如防倒伏以初花期为宜；然后使用方法应通过试验来确定，与化肥、农药混用，酸碱性不同时不能混用，不同性质的调节剂不能混用。

（3）注意环境因素的影响。用调节剂拌种或浸种时应避免阳光直射，叶面喷洒也应避开烈日照射时间，以上午9时前和下午4时后为宜。叶面喷洒应避开风雨天，喷后6 h遇雨要重喷。

（4）加强田间管理。如果大豆使用多效唑等延缓抑制剂，必须同适时早播、适当增加密度、增加肥水投入、加强中耕除草和病虫害防治相结合，否则会使产量降低。

（5）防止发生药害。要严格控制使用浓度和剂量，把握准使用时期和方法。如果发生药害，要根据药害产生的原因和受害程度采取相应的补救措施。如果用错了调节剂，可立即喷大量清水淋洗作物，或用与该调节剂特性相反的调节剂来挽救。已发生药害，在受害较轻时可补施速效氮肥、灌水；受害较重时应抓紧改种其他作物。造成土壤残留的，要用大水冲洗，以免影响下茬作物。

六、病虫草害防治

（一）大豆主要病害的防治

1. 大豆孢囊线虫病

大豆胞囊线虫病俗称"火龙秧子"，是我国大豆生产中普遍发生、危害严重的病害之一，主要分布于东北、华北、山东、江苏、河南、安徽等地，尤其在东三省的干旱、盐碱地区发生严重。一般减产 10% ~ 20%，重者可达 30% ~ 50%，甚至绝产。

胞囊线虫病在大豆整个生育期均可发生，田间常呈点片发黄状。大豆开花前后，病株明显矮化、瘦弱，叶片褪绿变黄，似缺水、缺氮状。病株根瘤少，根发育不良，须根增多，根上有大量 0.5 mm 大小的白色至黄白色的球状孢囊（线虫的雌成虫）。病株结荚少或不结荚，籽粒小而瘪。防治措施如下。

（1）大豆胞囊线虫主要以胞囊在土壤中或混杂在种子中越冬，其侵染力可达 8 年。生产中实行水旱轮作或与禾本科作物 3 年以上轮作，是有效的防治措施，且轮作年限越长效果越好。

（2）选种抗线 6，7，8 号，晋遗 30 号，中黄 19，黑河 38，辽豆 13 等抗耐病品种，可减轻当年受害程度。

（3）加强栽培管理。加强检疫，严防大豆胞囊线虫传入无病区。不在沙壤土、沙土或干旱瘠薄的土壤及碱性土壤种植大豆。增施有机肥或喷施叶面肥，促进植株生长。高温干旱年份适当灌水。

（4）药剂防治。可选用 3% 米乐尔颗粒剂 60 ~ 90 kg/hm²、3% 克线磷颗粒剂 4.995 kg/hm²、10% 涕灭威颗粒剂 33.75 ~ 75 kg/hm²、5% 甲拌磷颗粒剂 120 kg/hm² 等播种时撒在沟内，也可用含有呋喃丹的种衣剂包衣，对线虫有 10 ~ 15 d 的驱避作用。

2. 大豆根腐病

大豆根腐病是东北大豆产区的重要根部病害，主要分布于东北、内蒙古及西北地区。根腐病是各种根部腐烂病害的统称，由多种土壤习居菌侵染引起，从幼苗到成株均可发生。病菌主要以菌丝、菌核在土壤和病株体内越冬。不同病菌引起的病害症状不尽相同，但共同点是根部腐烂。大豆 4 ~ 5 片复叶期开始在田间点片发病，呈圆形或椭圆形"锅底坑"状分布。因根部受害，病株瘦小、变黄，叶脉绿色但叶片从叶缘向内变黄。严重时根部变褐腐烂，地上部枯死。土壤瘠薄、黏重、通透性差、低洼潮湿发病重，连作年限越长发病越重。防治措施如下。

（1）种子处理。每 100 kg 大豆种子用 2.5% 咯菌腈（适乐时）悬浮种衣剂 600 ~ 800 mL 拌种，或用种子重量 0.3% ~ 0.5% 的 50% 多菌灵可湿性粉剂、50% 福美双可湿性粉剂拌种。

（2）选地与轮作。选择土壤通透性好、肥沃、排灌良好的地块种植大豆；避免重迎茬，与禾本科作物 2 年以上轮作。

（3）提高播种质量。选用中黄 13 号等抗耐病品种大垄栽培。土温稳定在

6 ～ 8℃时播种，播深不要超过 5 cm，湿度大时不能顶湿强播。

（4）加强田间管理。雨后及时排除田间积水、深松和中耕培土，勿过多施用氮肥，增施磷肥，及时防治地下害虫及根潜蝇，选用安全性好的除草剂，提高使用技术，减少苗期除草剂药害，减轻发病。

（5）生物防治。用种子重量 2% 的保根菌拌种，阴干后播种，或用种子重量 1% 的 2% 菌克毒克水剂拌种，或用埃姆泌 45 ～ 75 kg/hm² 防治。

3. 大豆灰斑病

大豆灰斑病又名蛙眼病，世界各大豆产区均有发生，此病不仅影响产量，还影响籽粒外观，病粒品质变劣，商品豆降等降价。主要危害叶片，也可侵染茎、荚和种子。叶片和种子上产生边缘褐色、中央灰白色或灰褐色、直径 1 ～ 5 mm 的蛙眼状病斑，潮湿时叶背病斑中央密生灰色霉层。灰斑病病菌主要以菌丝体在种子或病残体上越冬，病残体为主要初侵染源，条件适宜时易大流行。一般连作、田间湿度大发病重。防治措施如下。

（1）选用抗（耐）病品种。种植晋遗 31 号、吉育 47 号、蒙豆 14 号、合丰 50 等抗病品种是防止病害流行的有效措施。但抗病品种的抗病性很不稳定，且持续时间短。

（2）加强栽培管理。合理轮作，避免重迎茬，合理密植，收获后及时清除病残体及翻耕等均可减轻发病。

（3）药剂防治。在发病初期或结荚盛期及时喷药防治。常用药剂有 50% 多菌灵可湿性粉剂 1 000 倍液、50% 苯菌灵可湿性粉剂 1 500 倍液、65% 甲霉灵可湿性粉剂 1 000 倍液等。隔 7 ～ 10 d 喷药 1 次，连续用药 1 ～ 2 次。

4. 大豆褐纹病

大豆褐纹病也叫大豆褐叶病、大豆斑枯病，全国各大豆产区均有发生。东北地区发生普遍，苗期病株率可达 100%。大豆褐纹病从苗期到成株期均可发生，主要危害叶片，病株单叶甚至下部复叶长满病斑，造成层层脱落，对大豆产量影响很大。叶上产生多角形 1 ～ 5 mm 褐色或赤褐色略隆起病斑，中部色淡，稍有轮纹，上生小黑点，病斑周围组织黄化，多数病斑可汇合成黑色斑块，导致叶片由下向上提早枯黄脱落。一般种子带菌率高，种子带菌导致幼苗子叶发病。温暖多雨，结露持续时间长发病重。防治措施如下。

（1）选用抗病品种并进行种子处理。选用抗病品种可减少产量损失。播前用种重 0.3% 的 50% 福美双可湿性粉剂或 50% 多菌灵可湿性粉剂拌种，或用大豆种衣剂包衣处理。

（2）合理轮作，消灭菌源。与禾本科作物 3 年以上轮作，收获后及时清除病残体并深翻，豆秸若留做烧柴，应在雨季之前烧光。

（3）合理施肥。施足基肥及种肥，及时追肥。生育后期最好喷施多元复合叶面肥，增强抗病性。

（4）药剂防治。发病初期用 25% 阿米西达 900 ～ 1200 mL/hm²、50% 多菌灵可湿性粉剂 1.125 ～ 1.5 kg/hm² 等对水喷雾，隔 7 ～ 10 d 喷 1 次，连用 2 ～ 3 次。也可用 47% 春雷霉素可湿性粉剂 800 倍液、30% 碱式硫酸铜悬浮剂 300 倍液等喷雾，隔 10 d 左右喷 1 次，连续用药 1 ～ 2 次。

（二）大豆主要虫害的防治

1. 大豆食心虫

大豆食心虫又称大豆蛀荚蛾、小红虫，是我国北方大豆产区的重要害虫，主要以幼虫蛀荚危害豆粒，对大豆的产量、质量影响很大。食心虫成虫为暗褐色小蛾子，体长 5 ～ 6 mm。前翅暗褐色，前缘有 10 条左右黑紫色短斜纹，外缘内侧有一个银灰色椭圆形斑，斑内有 3 个紫褐色小斑。低龄幼虫黄白色，老熟幼虫鲜红色或橙红色。大豆食心虫在我国各地 1 年发生 1 代，以末龄幼虫在大豆田的土壤中作茧越冬。成虫有弱趋光性，飞翔力弱，下午在豆株上方成团飞舞。在 3 ～ 5 cm 长的豆荚、幼嫩豆荚、荚毛多、荚毛直立的品种豆荚上产卵多，极早熟或过晚熟品种着卵少，初孵幼虫在豆荚上爬行数小时后便蛀入荚内，并将豆粒咬成兔嘴状。防治措施如下。

（1）农业防治。选用抗（耐）虫品种，宜选用无荚毛或荚毛弯曲、成熟期适中的抗虫品种，如吉育 47 号等，可有效减轻危害。大豆与甜菜、亚麻或玉米、小麦等禾本科作物 2 年以上轮作，最好不要与上年种植大豆的田块邻作；大豆收获后及时深翻，可增加越冬幼虫死亡率。适当提前播种，可减少豆荚着卵量，降低虫食率。

（2）生物防治。在成虫产卵盛期释放赤眼蜂，放蜂量为 30 ～ 40.5 万头 / 公顷，可消灭大豆食心虫卵。

（3）药剂防治成虫。成虫在田间"打团"飞舞时为防治适期，可选用 2.5% 敌杀死乳油 405 ～ 600 mL/hm²、20% 灭扫利乳油 450 mL/hm²、48% 乐斯本（毒死蜱）乳油 120 ～ 1500 mL/hm² 等喷雾防治。喷药时，将喷头朝上，从根部向上喷，使下部枝叶和上部叶片背面着药。大豆封垄后，用长约 30 cm 的玉米秸等两节为一段，去皮的一节浸足敌敌畏药液，每隔 4 垄、在垄上间距 5 m 将药棒留皮的一端均匀插在垄台上，需药棒 600 ～ 750 根 / 公顷熏蒸杀死成虫。

2. 大豆蚜虫

大豆蚜虫俗称腻虫，繁殖力强，1头雌蚜可繁殖50～60头若蚜，若蚜在气候适宜时，5 d 即能成熟进行生殖。1年可在大豆上繁殖15代。以成蚜和若蚜集中在豆株的顶叶、嫩叶、嫩茎刺吸汁液，严重时布满茎叶，幼荚也可受害。豆叶被害处叶绿素消失，形成鲜黄色的不规则黄斑，之后黄斑逐渐扩大，并变为褐色。受害严重的植株，叶卷缩，根系发育不良，发黄，植株矮小，分枝及结荚减少，百粒重降低，苗期发生严重时可使整株死亡。大豆蚜虫经常发生为害，干旱年份大发生时为害更为严重，如不及时防治，轻者减产20%～30%，重者减产50%以上。防治措施如下。

（1）种子处理。用含有内吸性杀虫剂的种衣剂包衣，对控制苗期蚜虫为害有一定作用。

（2）农业防治。选用抗蚜品种，及时铲除田边、沟边杂草，减少虫源。

（3）生物防治。大豆蚜虫的天敌种类较多，可保护和利用瓢虫、草蛉、食蚜蝇、小花蝽、蚜茧蜂、瘿蚊、蜘蛛、蚜毒菌等天敌来控制蚜虫。

（4）药剂防治。播种前先开沟，沟施3%呋喃丹颗粒剂 30 kg/hm²，盖少量土后再播种，可兼治多种地下害虫和苗期害虫。田间有蚜株率超过50%，且高温干旱，应及时防治。常用药剂有50%辟蚜雾可湿性粉剂 1 500 倍液、10%吡虫啉 1 000 倍液、2.5%鱼藤酮乳油 500 倍液喷雾，药剂应轮换使用。

（三）大豆化学除草

大豆田常见的主要禾本科杂草有马唐、牛筋草、狗尾草、稗草和野燕麦等，阔叶杂草有反枝苋、皱果苋、铁苋菜、龙葵、马齿苋、苍耳、鸭跖草、苘麻、藜及刺儿菜等。

1. 播前土壤处理

大豆田播种前土壤处理多采用混土处理方法，其优点是可防止挥发性和易光解除草剂的损失，在干旱年份也可达到较理想的防效，并能防治深层土中的一年生大粒种子的阔叶杂草，在东北地区由于气温低也可于上年秋季施药。操作时混土要均匀，混土深度要一致，土壤干旱时应适当增加施药量。可选用的除草剂有以下几种。

（1）氟乐灵。主要用于防除禾本科杂草和一部分小粒种子的阔叶杂草。一般在播前5～7d用药，春大豆也可在上年秋天用药，48%氟乐灵用量为1.65～2.6 L/hm²，施药后2 d内及时混土5～7 cm。

（2）灭草猛（卫农）。主要用于防除一年生禾本科杂草和部分阔叶杂草，88%灭草猛乳油用量为 2.6～4.0 L/hm²，混土 5～7 cm。

（3）地乐胺。主要用于防除禾本科杂草和部分阔叶杂草，48% 地乐胺乳油用量为沙质土 2.25 L/hm²、壤质土 3.45 L/hm²、黏土 4.5～5.6 L/hm²，混土 5～7 cm。

2. 播后苗前土壤处理

（1）防除禾本科杂草。可选用的除草剂：50% 乙草胺乳油 2.25～3 L/hm²，沙质土壤及夏大豆田可适当降低用量；72% 异丙甲草胺乳油 1.5～2.7 L/hm²；48% 甲草胺（拉索）乳油 4.5～7.0 L/hm²；72% 异丙草胺（普乐宝）乳油 1.5～2.7 L/hm²。

（2）防除阔叶杂草。可选用的除草剂：80% 茅毒可湿性粉剂 2.25～2.7 kg/hm²；50% 速收可湿性粉剂 0.12～0.18 kg/hm²。

（3）防除阔叶杂草和禾本科杂草。常用的除草剂有 50% 嗪草酮可湿性粉剂 1.05～1.5 kg/hm²，土壤有机质含量低于 2% 的土壤和沙质土不能应用；50% 广灭灵乳油 2.25～2.5 L/hm²；5% 普施特水剂 1.5～2.0 L/hm²，因对下茬油菜、水稻、甜菜和蔬菜等极易产生药害，在夏大豆种植区不宜应用。

此外，大豆田化学除草的土壤处理多以混用为主，常用的混用组合有乙草胺 + 嗪草酮、氟乐灵 + 嗪草酮、拉索 + 嗪草酮、都尔 + 嗪草酮、广灭灵 + 嗪草酮、氟乐灵 + 广灭灵、氟乐灵 + 普施待、氟乐灵 + 茅毒、灭草猛 + 嗪草酮、乙草胺 + 广灭灵、乙草胺 + 普施特、都尔 + 普施特、都尔 + 广灭灵、乙草胺 + 速收、都尔 + 速收以及氟乐灵 + 速收等。

3. 苗后茎叶处理

（1）防除禾本科杂草。常用的除草剂：20% 拿捕净 1.5～2.0 L/hm²；12.5% 盖草能乳油 0.75～1.0 L/hm² 或 10.8% 高效盖草能乳油 0.375～0.525 L/hm²；15% 精稳杀得乳油 0.75～1.2 L/hm²；10% 禾草克乳油 0.75～1.2 L/hm² 或 5% 精禾草克乳油 0.45～0.9 L/hm²；7.5% 威霸浓乳剂 0.45～0.75 L/hm²；12% 收乐通乳油 0.525～0.6 L/hm² 以及 4% 喷特乳油 0.6～1.0 L/hm²。上述药剂均于杂草 3～5 叶期喷施。

（2）防除阔叶杂草。常用的除草剂：21.4% 杂草焚水剂 1.0～1.5 L/hm²；25% 虎威水剂 1.0～1.5 L/hm²；48% 苯达松水剂 1.5～3.0 L/hm²；44% 克莠灵水剂 1.5～2.0 L/hm²；24% 克阔乐乳油 0.4～0.5 L/hm²；10% 利收乳油 0.45～0.675 L/hm²。上述药剂均需在大豆 3 片复叶前、杂草 2～4 叶期用药。

第五节　富硒大豆收获储藏技术

一、收获时期

富硒大豆收获过早，籽粒尚未充分成熟，百粒重、蛋白质、脂肪含量均低；收获过晚，会造成炸荚落粒，品质下降。适宜收获时期因收获方法不同而异。直接收获的最适宜时期是在完熟初期，此时大豆叶片全部脱落，茎、荚和籽粒均呈现出原品种的固有色泽，籽粒含水量在20%～25%，用手摇动会发出响声。分段收获可提前到黄熟期，此时大豆已有70%～80%叶片脱落，籽粒开始变黄，部分豆荚仍为绿色，是割晒的最适时期。过早，茎、叶含水量高，青粒多，易发霉；过晚，则失去了分段收获的意义。

二、收获方法

（1）直接收获。就是用联合收割机直接收获。要求割茬高度以不留底荚为度，一般为5 cm，综合损失不超过4%，收割损失不超过2%，脱粒损失不超过2%，破碎粒不超过3%。

（2）机械分段收获。就是先用割晒机或经过改装的联合收获机，将大豆割倒放铺，晾干后再用联合收获机拾禾脱粒。分段收获与直接收获相比，具有收割早、损失率低、破碎粒和"泥花脸"少等优点。要求综合损失不超过3%，拾禾脱粒损失不超过2%，收割损失不超过1%。割后晒5～10 d，种子含水量在15%以下时，及时拾禾。

（3）人工收割。人工收割应在午前植株含水量高、不易炸荚时进行。要求割茬低，不留荚，放铺规整，及时拉打，损失率不超过2%。

三、安全储藏

富硒大豆籽粒储藏前必须充分晾晒，使含水量低于12%～13%时，再入仓储藏。储藏的最适宜温度为3～10℃，种子含水量高，储藏温度不应超过5℃。种子含水量13%以下时，可以冷库储藏，库藏最好用麻袋包装堆放，堆高不超过8层麻袋高。露天储藏要堆底垫好防潮，堆顶苫盖，防止雨淋，防鼠。

第七章　富硒棉花生产关键技术

棉花是我国重要的经济作物，是纺织工业的重要原料，也是轻工、化工、医药和国防工业的重要原料，棉花及棉纺织品是我国重要的创汇物资。

棉籽仁含丰富的油脂和蛋白质，含油率高达 35% ～ 46%，精炼后的棉籽油色清透明，占我国食用植物油总量的 1/4；蛋白质含量高达 30% ～ 35%，脱毒棉籽仁是良好的饲料。棉籽壳、棉秆、棉根等也均有重要用途。发展棉花生产对国民经济具有十分重要的意义。

富硒棉花销售价格较普通棉花高 20% 以上，深受消费者青睐，国内外市场需求量大。因此，发展富硒棉花产业是农民增收、企业增效、居民受益的重要途径。

第一节　富硒棉花栽培基础

一、棉花的一生

（一）棉花的植物学特征及器官发育

1. 种子萌发与出苗

棉花种子为圆锥形，钝端为合点，是吸水通气的主要通道；尖端为珠孔，萌发时胚根由此伸出。轧花后的棉籽外披短绒，称毛籽；无短绒的称光籽。成熟棉籽为黑色或棕褐色，壳硬；未成熟棉籽种皮呈红棕色或黄色乃至白色，壳软。棉籽的大小常以百粒棉籽重（g）表示，称为籽指。陆地棉的籽指多为 9 ～ 12 g。由于品种、种子形成时条件及棉铃着生部位不同，种子大小有一定差异。

健全的棉籽在适宜条件下吸水膨胀，储藏物质分解，胚细胞分化生长。当胚根伸长，从珠孔伸出时，称为萌动（露白）；达种子长度一半时称为发芽。胚根向下生长形成主根，同时胚轴伸长将子叶和胚芽推出地面，子叶脱壳出土并展开称为出苗。

棉籽萌发的最低温度为 10.5～12℃，最适为 25～30℃，最高为 40～45℃，在临界温度范围内，温度越高，发芽越快。胚根维管束开始分化需要 12～14℃，下胚轴伸长发育形成导管需要 16℃以上。在 16～32℃，胚轴与胚根生长随温度升高而加快；若温度在 16℃以下，棉籽只发芽生根，幼茎不能出土。

棉籽吸收相当于种子风干重 60% 以上的水分才能萌发，适于棉籽萌发出苗的土壤水分为田间持水量的 70%～80%。

棉籽含有较多的脂肪和蛋白质，这些物质氧化分解和利用时需消耗较多的氧气。氧气不足时，影响萌发；严重不足时，种子只能进行无氧呼吸，产生酒精，抑制萌发，甚至毒害种胚，导致烂种缺苗。

棉籽的生活力与储藏条件有很大关系。干燥状态下储藏的棉籽，生活力可保持 3～4 年，生产上要求使用 1～2 年的种子。

2. 根

棉花的根系为直根系，由主根、侧根、支根、毛根和根毛组成，网络层次分明，呈倒圆锥形。主根由胚根向下生长而成，四周分生四列侧根，侧根上生支根，支根再生小支根，根尖端着生根毛。主根垂直向下，入土深度可达 2 m 以上；侧根横向伸长，上层可达 60～100 cm，向下渐短，侧根主要分布在 10～30 cm 土层内。

根系在苗期以主根生长为主，现蕾后侧根生长加快，到开花前根系基本建成；开花后主、侧根生长开始减慢，到吐絮时基本停止生长；吐絮前，只要条件合适，根系可不断增长。棉花根系在开花结铃前有较强的再生能力，棉苗越小再生能力越强。棉花根系吸收养分和水分供地上部分器官生长，根系生长的好坏直接影响地上部分生育状况。

3. 主茎与分枝

（1）主茎。棉花的主茎由上胚轴伸长、顶端生长点不断向上生长和分化而成；其生长一方面靠节数的增加，一方面靠节间的伸长。生产上要求棉株节数增加快些，节间延长慢些；这样的棉株节多，节间短，株型紧凑，生长稳健。随主茎逐渐成长、老熟，表皮组织内叶绿素与花青素的含量会发生变化，茎秆也会由下向上逐渐变为红褐色，这种颜色变化的速度直接反映棉花长势，常作为田间诊断指标。

棉花株高是指子叶节到最顶端分枝的基部的距离，以厘米表示。陆地棉株高一般为 60～120 cm。

棉花主茎苗期生长慢，现蕾以后逐渐加快，初花期达生长高峰，盛花后逐渐减慢，吐絮以后渐趋停止。主茎的生长速度是衡量棉花生育的重要长势指标，一般以株高日增长量表示。

（2）分枝。棉花的分枝有果枝（生殖枝）和叶枝（营养枝）两种。直接着生蕾、铃的为果枝；不能直接现蕾结铃，需要再生果枝后才能着生蕾铃的为叶枝。一般棉株基部第 1～2 节的腋芽不发育，呈潜伏状态，第 3～5 节的腋芽发育为叶枝，第 5～7 节以上各节的腋芽发育为果枝，但有时也会出现少量叶枝。叶枝上长出的果枝（又称二级果枝），一般开花晚，结铃迟，铃重低，在生产上通常于现蕾初期就将叶枝去掉；苗、蕾期主茎顶尖受损后，可培养叶枝代替主茎。在田边地头及田内缺苗处，可适当保留叶枝，充分利用空间，多结蕾铃。第一果枝着生的部位，称果枝节位。果枝节位的高低因品种和栽培条件而异。陆地棉果枝节位一般在 6～8 节，其中早熟品种比中、晚熟品种稍低。同一品种，如采取适时早播、早间定苗、合理施用肥水、深中耕等措施，可以降低果枝节位，避免形成"高脚苗"。

4. 叶

棉叶有子叶、先出叶和真叶三种。

陆地棉的子叶有两片，茧形，对生在子叶节上。先出叶位于枝条基部的左侧或右侧，是每个枝条的第一片叶，叶片很小。子叶和先出叶为不完全叶。

棉花真叶有主茎叶和果枝叶，为完全叶。叶片掌状，通常有 3～5 裂或更多。主茎第一片叶最小，全缘似桃形，第二片稍大有 3 个尖，第三片有 3 个裂片，第五片真叶以上有 5～7 个裂片；叶序多为 3/8 排列。果枝上的叶分左、右两行排列。

棉苗出土后，子叶展开，即进行光合作用。3 片真叶以前，子叶是重要的光合器官，在中耕作业时要避免其受损伤。

5. 现蕾和开花

（1）现蕾。蕾是花的雏形，由果枝的顶芽分化发育而成。当棉株第一果枝上开始出现荞麦粒大小（约 3 mm）的三角苞时，称作现蕾。一般一个果枝上可形成 3～7 个蕾。棉株现蕾顺序是由下而上，由内向外，以第一果枝第一果节为中心，呈螺旋曲线由内圈向外圈发展。相邻两个果枝同一节位的蕾称同位蕾，其间隔期称纵间隔期，一般为 2～4 d。同一果枝相邻果节的蕾称邻位蕾，其间隔期称横间隔期，一般为 5～7 d。根据现蕾顺序，可将一定时间内出现的棉蕾划分为若干圆锥体。各圆锥体以 3 为基数，依次累增。靠近主茎的内围棉蕾现蕾、开花结铃早，生长发育时气温较高，营养条件好，成铃率高、铃相对较大。

（2）开花。棉花的花是一两性完全花，由外向内可分为苞叶、花萼、花冠、雄蕊及雌蕊五部分。

棉株现蕾后 25 ～ 30 d，花器各部分逐次发育成熟，即行开花。开花顺序与现蕾顺序相同。开花前一天下午，花冠急剧生长，露出苞叶顶部，翌日早晨开放，呈乳白色，当日下午三四时后逐渐萎缩成浅红色，第二天呈紫红色并凋萎，第三天花瓣连同雄蕊管、花柱及柱头一起脱落。开花时遇雨，花冠残留在子房上，易引起幼铃感病脱落。由于开花后细胞液酸度增加，花青素遇酸性细胞液变红而使花冠呈红色。温度高时开花稍早，温度低时则稍迟且不易变色或变色时间推迟。

6. 棉铃（棉桃）的发育

棉花开花受精后，花冠脱落留下子房，称为幼铃。幼铃在开花受精后 10 d 左右，直径即可达到 2 cm 左右，称为成铃。棉铃为蒴果，外部为铃壳，内部有 3 ～ 5 室，每室有一瓣籽棉。绿色的铃壳内含叶绿素，能进行光合作用；随着棉铃成熟，铃壳表面逐渐由绿色变为红褐色。一般铃壳薄的品种成熟早，吐絮畅。棉铃大小常以单铃重（单铃籽棉重）或每千克籽棉所需的铃数来表示。陆地棉的单铃重一般为 4 ～ 6 g，即 170 ～ 250 个铃可收 1 kg 籽棉。铃重的高低因品种不同而有较大差异，也因着生部位及栽培条件而不同，一般靠近主茎的内围铃及优越栽培条件下的铃重较高，反之较低。

棉铃自开花至吐絮所需时间称为铃期（也称铃日龄）。陆地棉的铃期一般为 50 ～ 60 d。根据棉铃的生长发育特点，一般将棉铃发育过程划分为 3 个阶段。

开花后 20 ～ 30 d 为棉铃的体积增大期，含水量大，幼嫩多汁，易受虫害；随后 25 ～ 35d 是棉铃的充实时期，内部种子和纤维发育成长，铃壳内的储藏物质向种子和纤维转运，当含水量降到 65% ～ 70% 时，铃壳变为黄褐色，棉铃成熟；含水量继续下降至 20% ～ 15%，铃壳脱水，沿裂缝开裂，吐出棉絮，历时 5 ～ 7 d。

根据棉铃吐絮时间早晚可分为霜前花和霜后花。在生产上将当地严霜后 5 d 前所采摘的棉花称为霜前花，严霜 5 d 以后采收的棉花称为霜后花。霜前花纤维品质和铃重均优于霜后花。

7. 棉籽的发育

棉籽由受精的胚珠发育而成。棉籽的发育过程与棉铃发育相对应，一般受精后 20 ～ 30 d，体积达到最大；再经 25 ～ 30 d，胚将胚乳吸收并储存于子叶中，剩下一层膜状胚乳痕迹，此时胚已具有发芽能力；吐絮前胚完全成熟。未成熟及发育不良的种子，成为不孕子或秕子，影响产量和纺纱质量。

（二）生育期和生育时期

1. 生育期

棉花从播种到收花结束为大田生长期，其时间长短依霜期而定，一般 200 d 左右。

从出苗到开始吐絮所经历的时间，称为生育期。由于品种、气候及栽培条件等不同，生育期长短也不一样，据此可分为早熟、中熟和晚熟品种。一般早熟陆地棉品种 105～115 d，中熟品种为 126～135 d，晚熟品种在 135 d 以上。

2. 物候期和生育时期

（1）物候期。在棉花一生中，随着季节和气候的变化，新器官不断出现，致使植株在外部形态上发生明显的变化，一定数量的植株发生这一变化的短暂时刻叫物候期。棉花的主要物候期有以下几个。

①出苗期：全田 50% 的幼苗子叶展开的日期。

②现蕾期：全田 50% 的植株第一果枝第一个幼蕾苞叶基部宽达 3 mm 的日期。

③开花期：全田 50% 的植株第一朵花开放的日期。

④吐絮期：全田 50% 的棉株第一个棉铃开裂，各室均显白絮的日期。

此外，还细分为盛蕾期和盛花期，一般以全田 50% 棉株第四果枝第一蕾出现及第四果枝第一朵花开放为准。

（2）生育时期。在棉花整个生育过程中共经历播种出苗期、苗期、蕾期、花铃期和吐絮期等五个生育时期。

①播种。出苗期指从播种到出苗所经历的时间。北方棉区春棉一般 4 月中下旬播种，4 月底 5 月初出苗，需经历 10～15 d；夏播棉 5 月中下旬播种，5～7 d 后出苗。

该阶段的主要限制因素为土壤温度、水分及空气状况。

②苗期。棉花从出苗到现蕾所经历的时间为苗期。直播春棉一般 4 月底 5 月初出苗，6 月上中旬现蕾，历时 40～45 d；夏播棉一般 5 月底出苗，6 月中下旬现蕾，历时 25～28 d。

生育特点：苗期以根、茎、叶生长为主，并开始花芽分化。此期根系生长速度最快，主根伸长比地上部主茎增长要快 4～5 倍，是这一时期的生长中心。

壮苗长势长相：植株敦实，宽大于高；茎粗节密，红绿各半；叶片平展，大小适中，叶色青绿。主茎平均日增长量 0.3～0.5 cm；顶心凹陷，现蕾时株高 12～15 cm。河北省劳模李文昌形象地提出了"二叶平，四叶横，六叶亭"的壮苗长相。

管理主攻方向：田间管理要求在全苗基础上促进根系发育，达到壮苗早发。

③蕾期。棉花从现蕾到开花所经历的时间为蕾期。直播春棉一般在6月上中旬现蕾，7月上中旬开花；夏播棉6月中下旬现蕾，7月20日前后开花，历时25～30 d。

生育特点：棉花进入营养生长与生殖生长并进时期，以营养生长为主。

高产棉田棉株长势长相：株型紧凑，茎粗节密，叶色油绿，顶心凹陷；第一果枝着生节位低，果枝平伸、健壮，顶芽肥壮，叶片大小适中，蕾多蕾大。初蕾期主茎日增长量为0.5～1.0 cm，盛蕾期为1.5～2.0 cm，整个蕾期平均为1.0～1.5 cm。开花时株高50～60 cm，主茎下部定型节间长度为3.0～5.0 cm，红茎占株高的2/3左右。现蕾时叶面积系数为0.2～0.4，初花时达1.5～2.0。平均3d左右长一果枝，开花时果枝数达8～10个，单株总果节数20个以上。

管理主攻方向：以肥、水管理为中心，协调营养生长与生殖生长的矛盾，搭好丰产架子，实现壮株稳长，节密蕾多。

④花铃期。从开花到吐絮称为花铃期。一般从7月上中旬至8月底9月上旬，历时50～60 d。花铃期又可分为初花期和盛花期，初花期历时15 d左右。

生育特点：初花期是棉花一生中营养生长最快的时期，株高、果节数、叶面积的日增长量均处于高峰，根系生长虽已减慢，但吸收能力达到最强；生殖生长明显加快，主要表现为大量现蕾，开花数渐增，脱落率一般较低，全株仍以营养生长为主。

进入盛花期后，株高、果节数、叶面积的日增量明显变慢，生殖生长开始占优势，运向生殖器官的营养物质日渐增多，棉株大量开花结铃，叶面积系数、干物质积累量均达到高峰期。此期是营养生长与生殖生长、个体与群体矛盾集中的时期，亦是蕾铃脱落的高峰期。

高产棉田棉株长势长相：株型紧凑，果枝健壮，节间短，叶色正常，花蕾肥大，脱落少，带桃封行。具体指标：初花期主茎日增长量以2.0～2.5 cm为宜，盛花期以后以0.5～1.0 cm为宜；初花期红茎比例70%左右，盛花期后接近90%；初花期叶面积系数1.5～2，盛花期上升到3.5～4.0，吐絮初期降至2.5～3.0。大暑节气前后带1～2个成铃封行，达到"下封上不封，中间一条缝"。打顶后，上部果枝可继续生长3～4个果节。

管理主攻方向：以肥水为中心，辅之以打顶整枝、化控，协调好棉株生长发育与外界环境条件、个体与群体、营养生长与生殖生长的关系，实现脱落少、三桃多、不早衰的目标。

⑤吐絮期。从吐絮到收花结束称为吐絮期。春棉一般8月底9月上旬开始吐

絮，夏棉一般9月中旬吐絮。由于生产情况不同，吐絮期长短差别较大，30～70 d不等。

生育特点：进入吐絮期，营养生长逐渐停止，随时间推移，棉铃由下向上、由内向外逐步充实、成熟、吐絮；根系吸收能力渐趋衰退，棉株体内有机营养几乎90%供棉铃发育，为铃重增加的关键时期。

高产棉田棉株长势长相：早熟不早衰；棉株下部开始吐絮，上部继续开花，晚蕾很少，呈"绿叶托白絮，上下见双花"；生长健壮的棉花，顶部果枝平伸，长度20～30 cm，有大蕾3～4个；吐絮初期叶面积系数2.5左右，以后缓慢下降。

管理主攻方向：保根、保叶、促早熟、防贪青、防早衰，力争棉铃充分成熟，提高铃重，改善品质。

二、棉花的生育特性

棉花原产于亚热带地区，为多年生植物，引种到温带以后，经长期的人工选择和培育，逐渐成为一年生作物，但仍保留了原有的无限生长、喜温好光、再生能力强等生育特性。

（一）无限生长习性，株型具有可塑性

棉花的无限生长习性是指在适宜的环境条件下，棉株可以不断进行纵向和横向生长，生长期不断延长的特性。生产上采取的适期早播、地膜覆盖、育苗移栽及防止早衰等措施，均是利用棉花的无限生长习性，以期延长其生长期，增加有效结铃时间，充分发挥其增产潜力。

棉花株型具有很大的可塑性，棉株大小、群体长势、长相等，均会受环境条件和栽培措施的影响而发生变化。

（二）喜温好光

棉花生长发育所需的温度较其他作物高。若温度偏低，则生长缓慢，生育推迟，从而造成减产、晚熟和品质降低。棉花生长发育的适宜温度为25～30℃，在适宜的温度范围内，其生育进程随温度的升高而加快。棉花完成其生长周期所需的积温也高于其他作物，从播种到吐絮需≥10℃的活动积温，早熟陆地棉品种为2 900～3 100℃，中早熟陆地棉品种为3 200～3 400℃。

日照长短和光照强度均会影响棉花的生育。据测定，棉花在每日12 h光照条件下发育最快；棉花单叶的光补偿点为1 000～1 200 lx，光饱和点为70 000～80 000 lx，均高于其他作物，棉叶的向光运动就是棉花喜光特性的表现。

棉花产量潜力及纤维品质优劣与当地太阳辐射强度、全年日照时数及日照百分率密切相关。

（三）营养生长和生殖生长并进时间长

棉花从开始现蕾（严格讲在 2～3 片真叶时即开始花芽分化）到停止生长，一直都是营养生长与生殖生长并进阶段，约占整个生育期的 4/5；棉株在长根、茎、叶的同时，不断分化花原基、现蕾、开花、结铃。这段时间内，营养生长和生殖生长既互相依赖，又互相制约，在营养物质分配以及对环境条件要求上存在着矛盾，现蕾、开花、结铃盛期尤为突出。

（四）适应性广，再生能力强，结铃有一定的自我调节能力

棉花根系强大，吸收肥水能力强，对旱涝和土壤盐分具有很强的耐受力。研究表明，在 10～30 cm 土层含水量 8%～12% 时，棉花仍能存活；在淹水 3～4 d 后，如能及时排水，仍可恢复生长；土壤含盐量在 0.3% 以下，棉花能出苗并正常生长发育。此外，棉花对土壤酸碱度的适应范围也较广，在 pH 值 5.2～8.5 的土壤中均能正常生长。

棉花的每个叶腋内都生有腋芽，当棉株遭灾受损后，只要有茎节，其中的腋芽就可长成枝条，直接或间接开花结铃而获得一定产量；棉花的幼根断伤之后，也能生长出更多的新根。

棉花结铃有很强的时空调节补偿能力，前、中期脱落多而结铃少时，后期结铃就会增多；内围脱落多时，外围结铃就会增多；反之亦然。

第二节　富硒棉花播种技术

一、播前准备

（一）深耕整地

棉花对土壤要求不严格，但以富含有机质，质地疏松，保肥保水能力强，通透性良好，土层深厚的沙壤土为宜。黏土地"发老不发小"，应注意前期保苗和防止中后期旺长；沙土地"发小不发老"，要注意防止后期早衰。

棉花是深根作物，深耕的增产效果十分显著。据试验，深耕 20～33 cm 比浅

耕 10 ～ 17 cm 增产皮棉 6.5% ～ 18.3%。深耕结合增施有机肥料，能熟化土壤和提高土壤肥力，使耕层疏松透气，促进根系发展，扩大对肥、水的吸收范围；改善土壤结构，增强保水、保肥能力和通透性；加速土壤盐分淋洗，改良盐碱地；减轻棉田杂草和病虫害。

土壤耕翻在收获后进行效果最佳。冬前未深耕的棉田可在土壤解冻后春耕，耕后要及时耙耱保墒。深耕应结合增施有机肥，使土壤和肥料充分混合，以加速土壤熟化。高产棉田的耕地深度以 30 cm 左右为宜。

棉花子叶肥大，顶土出苗困难。棉田整地质量好坏，直接影响着棉花的发芽和出苗。在深耕基础上平整土地，耙耱保墒，达到地平土细、上虚下实、底墒足、表墒好，是一播全苗、培育壮苗的基础。

（二）肥料准备

1.棉花的需肥规律

（1）营养元素对棉花生育的影响。棉花正常生长发育需要各种大量元素和微量元素，属全营养类型。其中，碳、氢、氧占棉株重的 95%，氮约占 1.6%、磷占 0.6%、钾占 1.4%；另外，还有钙、硅、铝、镁、钠、氯、铁等含量较多的元素及锰、镉、铜、锌、钼等微量元素。

氮是构成细胞原生质的主要成分，也是合成叶绿素、多种纤维及核酸不可缺少的重要成分，对棉株的形态建成、干物质积累及产量形成有着很大影响。

磷是构成细胞核的必要成分，对碳水化合物的合成、分解和运转具有重要作用。

钾素参与光合作用中碳水化合物合成和移动的生理过程，能促进疏导组织和机械组织的正常发育，增强棉株抗病、抗倒伏能力，提高纤维品质。

微量元素在棉花生育中也起着重要作用。例如，硼可促进糖的合成和运输，保证花粉形成和受精作用正常进行，从而提高棉花的产量和品质。

（2）棉花不同生育时期的需肥特点。棉花从出苗到成熟，历经苗期、蕾期、花铃期和吐絮期 4 个时期，每个生育时期都有其生长中心。由于各生育期的生长中心不同，其养分的吸收、积累特点也不相同。

苗期以根系生长为中心，此时气温低，生长缓慢，棉株小，需求养分少。据李俊义、刘荣荣等（1985）对不同产量水平（940.5 ～ 1 416 kg/hm²）棉花的测定，此期吸收的 N、P_2O_5、K_2O 的数量分别占一生总量的 4.5% 左右、3.0% ～ 3.4%、3.7% ～ 4.1%；棉株对各种养分的吸收强度也是各生育期最低的。苗期需肥虽少，但对肥料十分敏感，对磷、钾需求的临界期均出现在 2 ～ 3 叶期。

现蕾以后，植株生长加快，根系也迅速扩大，吸肥能力显著增加，吸收的 N、P_2O_5、K_2O 分别占总量的 27.8% ～ 30.4%、25.3% ～ 28.7%、28.3% ～ 31.6%；吸收氮、磷、钾的强度也明显高于苗期。现蕾初期是棉花氮素营养临界期。

花铃期是棉花一生中生长最快的时期，也是形成产量的关键时期。棉株吸收的 N、P_2O_5、K_2O 分别占一生总量的 59.8% ～ 62.4%、64.4% ～ 67.1%、61.6% ～ 63.2%，吸收强度和比例均达到高峰，是棉花养分的最大效率期（盛花始铃期）和需肥最多的时期。

吐絮以后，棉株对养分的吸收和需求减弱，养分吸收的数量和强度明显减少，吸收 N、P_2O_5、K_2O 的数量分别占一生总量的 2.7% ～ 7.8%、1.1% ～ 6.9%、1.2% ～ 6.3%。

另据研究，产量较低棉田、早熟品种、地膜棉和移栽棉比高产棉田、中晚熟品种、露地直播棉养分吸收高峰有所提前。

（3）棉花的产量水平与需肥量。棉花产量不同，需要的氮、磷、钾数量也不相同。据李俊义、刘荣荣等（1985）实验，一般每生产 100 kg 皮棉，吸收纯 N 12 ～ 18 kg，P_2O_5 4 ～ 5 kg，K_2O 10 ～ 12 kg；随产量提高需肥量也增加，但产量增长与需肥量增加之间不成正比。在一定范围内，产量水平越高，每千克养分生产的皮棉越多，效益越高。

2. 基肥施用技术

棉花生育期长，根系分布深而广，需肥量大，为满足棉花全生育期在不同土层吸收养分的要求，除棉田浅层要有一定的肥力外，耕层深层也应保持较高的肥力，因此必须施足基肥。基肥以有机肥为主，配合适量的磷、钾等肥，结合深耕，多种肥料混合施用，使之相互促进，提高肥效。肥效发挥平稳，前后期都有作用。肥料较少时，要集中条施。

高产棉田一般要求每公顷施优质圈肥 30 000 ～ 60 000 kg，纯 N 105 ～ 127.5 kg，P_2O_5 120 kg，缺钾土壤施 K_2O 75 ～ 112.5 kg（盐碱地不能施用氯化钾）。缺硼、缺锌的地区或棉田，可施硼砂 7.5 ～ 15 kg，硫酸锌 15 ～ 30 kg。

基肥最好结合秋冬耕施入土壤，以利于肥料腐熟分解，提高肥效，春季施肥则越早越好。做基肥用的磷、钾肥，应和有机肥同时施用。基肥中的氮肥，可在播种前旋耕施下。

（三）底墒水准备

1. 棉花的需水规律

棉花主根入土深，根群发达，是比较耐旱的作物。但由于棉花生育期长，叶面积较大，生育旺盛期正值高温季节，所以棉花也是需水较多需补充灌溉的作物。

棉花的需水量一般随着产量的增加而相应增加，但不成比例。据河北省灌溉研究所研究，单产皮棉为 750 kg/hm² 的棉田总耗水量为 4 500 ～ 6 000 m³，单产皮棉为 1 500 kg/hm² 的棉田总耗水量大约为 6 750 m³。

棉花不同生育时期对水分的需求不同，总趋势与棉花的生长发育速度相一致。

播种到出苗期间，需水量不大。一般土壤水分为田间最大持水量的 70% 左右时，发芽率高，出苗快。盐碱地棉田，在含盐量不超过 0.25% ～ 0.3% 时，土壤含盐量越高，棉籽发芽出苗所需的土壤水分越多。

苗期需水较少，占总需水量的 10% ～ 15%，此期根系生长快，茎、叶生长较慢，抗旱能力强，适宜的土壤相对含水量为 60% ～ 70%。幼苗期适当干旱，有利于根系深扎和蹲苗，促进壮苗早发。

棉株现蕾后，生长转快，耗水量逐渐增多，对水分反应敏感，10 ～ 60 cm 土层的含水量以 60% ～ 70% 为宜。低于 55% 或高于 80% 均会妨碍棉株的正常生育，影响增蕾保蕾。

花铃期是棉花需水最多（约占总耗水量的一半）的时期，对水分需求很敏感。此期 10 ～ 80 cm 土层的含水量以保持田间最大持水量的 70% ～ 80% 为宜。此期土壤缺水，会造成棉株生理代谢受阻，引起蕾铃大量脱落；土壤水分过多，也会阻碍根系的吸收和呼吸作用，甚至会引起烂根烂株，增加蕾铃脱落和烂铃，降低产量和品质。

吐絮期的需水量显著减少，耗水量占总耗水量的 15% ～ 20%。土壤干旱会引起棉株早衰，影响秋桃产量；水分过多会造成贪青晚熟，增加烂桃。土壤水分以田间最大持水量的 55% ～ 70% 为宜。

2. 底墒水准备

浇足底墒水是保证棉花适时播种、一播全苗的重要措施。同时，蓄足底墒可以推迟棉花生育期第一次灌水，实现壮苗早发，生长稳健。

播前储备灌溉以秋（冬）灌为最好。秋（冬）灌不仅可以提供充足的土壤底墒，还可改良土壤结构，减轻越冬病虫害，避免春灌降低地温。秋（冬）灌以土壤封冻前 10 ～ 15 d 开始至封冻结束为宜，灌水定额为 1 200 m³/hm²。

未进行秋（冬）灌或播前土壤墒情不足，可于耕地前 5 ～ 7 d 进行春灌，灌水量为 750 ～ 900 m³/hm²。根据土壤情况及灌溉时间，水量可适当增减。耕后注意耙耢保墒。

（四）种子准备

1. 选用良种

根据当地的气候、土壤及生产条件，因地制宜地选用产量高、纤维品质优良的品种。在黄河流域中熟棉区，要选择前期生长势较强、中期发育较稳健、中上部成铃潜力大、株型较紧凑、铃重稳定、衣分高、中熟的优质高产品种；夏套棉可选择高产、优质、抗病、株型紧凑的短季棉品种。北部特早熟棉区，要选用生育期短的中早熟或早熟品种。

目前，棉花枯、黄萎病蔓延迅速，危害日趋严重，成为影响棉花产量的一大障碍因素。所以，生产上一定要选择抗病（或耐病）性强的品种，以减轻枯、黄萎病的危害。北方地区主栽和主推优良棉花品种见表7-1。

表7-1　优良棉花品种

品种名称	特征特性
鲁H968	生育期129 d，单铃重6.4 g，籽指11 g，衣分41%；株型呈松散塔形，结铃集中，吐絮畅，霜前花率高；高抗棉铃虫，抗旱耐涝，高抗枯萎病、高耐黄萎病；生长迅速，疯杈少，赘芽少、弱，易管理；适于山东、河北、河南、安徽、江苏等省份种植
太空棉1号	生育期128 d，单铃重10～13 g，籽指11 g左右，衣分40.8%～42.1%；株型呈松散塔形，结铃性强，上中下分布均匀，吐絮畅，霜前花率高；高抗棉铃虫，抗枯萎病、耐黄萎病；赘芽少、弱，易管理；适于黄河流域和长江流域中上等地力棉田春套或春直播种植
大铃棉1268	早熟，单铃重8 g，衣分48%～41.8%；结铃均匀，蕾铃脱落少，后期不早衰；抗棉铃虫、红铃虫、盲椿象，抗枯萎病、耐黄萎病；适于黄淮、华北、长江流域和新疆棉区种植
中棉所60	生育期123 d，单铃重5.9 g，吐絮畅，霜前花率高；高抗棉铃虫、红铃虫等鳞翅目害虫，高抗枯萎病、耐黄萎病；适于河北省中南部等棉区春播种植
农大棉9号	生育期125 d左右，株高92 cm，第一果枝节位6.9节，铃重6.3 g，籽指10.3 g，衣分40.6%，霜前花率高；抗棉铃虫、红铃虫等鳞翅目害虫，高抗枯萎病、耐黄萎病；适于河北省中南部棉区春播种植
奥棉16	生育期120 d，株高108.4 cm，第一果枝节位6.3节，铃重6.3 g，籽指10.8 g，衣分43.6%；植株塔形，结铃性强，吐絮畅，易采摘，霜前花率高；高抗枯萎病、耐黄萎病；适于河南棉区春直播或麦棉套作种植

品种名称	特征特性
中棉所 84	生育期 107 d，株高 76.6 cm，第一果枝节位 6.1 节，铃重 5.5 g，籽指 10.9 g，衣分 40.2%；植株塔形，结铃性较强，吐絮畅，霜前花率高；高抗枯萎病、耐黄萎病；适于河南棉区夏播种植
新桑塔 6 号	生育期 139 d，株高 67.3 cm，Ⅱ式果枝，第一果枝节位 5.0 节，单株结铃 6.9 个，铃重 5.6 g，籽指 10.9g，衣分 41.30%；植株塔形，霜前花率高；抗棉铃虫，耐枯萎病，耐黄萎病；适于西北内陆早中熟棉区种植
新陆中 51 号	生育期 139 d，株高 67.0 cm，Ⅱ式果枝，第一果枝节位 5.2 节，单株结铃 6.4 个，铃重 6.1g，籽指 11.7 g，衣分 42.4%；植株塔形，霜前花率高；耐枯、黄萎病；适于西北内陆早中熟棉区种植
新陆早 51 号	生育期 128 d，株高 71.0 cm，Ⅰ式分枝，第一果枝节位 5.4 节，单株结铃 6.7 个，铃重 5.5 g，籽指 12.1 g，衣分 38.7%；植株塔形，霜前花率高；抗枯萎病、耐黄萎病；适于新疆早熟棉区种植

2. 种子精选、测定种子发芽率和晒种

（1）种子精选。充实饱满的种子是全苗、壮苗的先决条件。自己选留种子，要选留棉株中部且靠近主茎的、吐絮好、无病虫害的霜前花做种。轧花后进行粒选，去除破籽、虫籽、秕籽、异形籽、绿籽、光籽、稀毛籽、多毛大白籽等劣籽和退化籽，留下成熟饱满、符合本品种特性的正常棉籽做种。经过粒选的种子，品种纯度可达到 95% 以上，发芽率在 90% 以上。播种前结合浸种，再进行一次粒选，除去黄皮嫩籽。

（2）测定种子发芽率。棉籽发芽势和发芽率决定着出苗的多少、好坏、快慢和播种量的多少。测定棉籽发芽率的方法如下：取浸泡吸足水分（55 ～ 60℃的温水浸泡 0.5 h 或冷水浸泡 24 h）的棉籽 100 ～ 200 粒，轻轻插入装有湿沙的培养皿或碗碟内，盖一层细沙或湿布，置于热炕或温箱内，保持 25 ～ 30℃，第 3 天发芽的百分数为发芽势，第 9 天发芽的百分数为发芽率。发芽标准为棉花胚根的长度等于种子长度。也可将吸胀后完整的棉仁浸泡在 5% ～ 10% 红墨水（含苯胺）中 1 ～ 2 min 捞出洗净，观察染色程度。未染色的表示生命力强，有斑点的生活力差，全染色的说明已丧失生活力。

（3）晒种。晒种可促进种子后熟，加速水分和氧气的吸收，提高种子的发芽率，并有杀菌和减轻病害的作用。播前 15 d 左右，选择晴天连晒 4 ～ 5 d，晒到手摇种子发响时为止。晒种时，要薄摊、勤翻，使种子受热均匀，禁止在水泥地或石板上晒种，以免种子失水过多而形成硬籽。

3. 种子处理

（1）硫酸脱绒。硫酸脱绒可以杀灭种皮外的病菌，控制枯、黄萎病的传播，并有利于种子精选，提高发芽率；便于机械精量播种，节约用种和减少间、定苗用工；利于种子吸水，出苗早。以 100 kg 棉籽加 110 ～ 120℃的粗硫酸（比重 1.8 左右）15 kg 左右的比例，边倒边搅拌，至短绒全部溶解，种壳变黑、发亮为止，捞出后以清水反复冲洗，至水色不黄、无酸味，摊开晾干备用。

（2）浸种。毛籽应浸种和药剂拌种。

①温汤浸种。可杀死种子上的病菌，促使种子吸水，提早发芽。将棉籽倒入相当于种子重量 2.5 ～ 3 倍左右的温水中（3 份开水 1 份凉水），上下搅拌均匀，保持水温 55 ～ 60℃ 30 min，加入凉水降温至 40℃以下，继续浸种 8 ～ 12 h，待种皮软化子叶分层时，捞出摊晾至短绒发白时催芽。该方法除具有杀菌催芽作用外，对防治棉花炭疽病也有一定效果。也可在室温下用凉水浸种，浸种时间依浸种的水温而定。

②多菌灵浸种。多菌灵浸种可杀死种子上所带的病菌及播后种子周围土壤中的病菌。每 100 kg 种子，用 40% 多菌灵胶悬剂 1 kg，加水 200 kg，浸泡 24 h，捞出晾干备用。

③ DPC 浸种。对于地膜棉、麦套夏棉等苗，蕾期易旺长的棉花，用 DPC 溶液浸种，能促根壮苗，增强棉花的抗逆性。也可与药剂、硼、锰、钼微肥浸种相结合。

（3）药剂拌种。棉籽浸种后用 0.5% 的多菌灵、甲（乙）基托布津、呋喃丹等药剂拌种，可防治苗期病害、虫害。

（4）种子包衣处理。种衣剂是将杀虫剂、杀菌剂、复合肥料、微量元素、植物生长调节剂和缓释剂等，经过特殊加工工艺制成的药肥复合剂。

随着种子的萌发生长，包衣内的药、肥可被根系吸收，在一定生长期（45 ～ 60 d）内，能为棉株提供充足的养分和药物保护，起到防病、治虫、保苗的作用。据试验，种衣剂包衣比用呋喃丹拌种增产 8.9%。

包衣种子在使用时应注意几个问题：①播种前不能浸种，不能与其他农药和化肥混合，以免发生毒性和化学变化，造成药害。②包衣种子不耐储藏，应当年包衣，当年播种。③包衣种子有毒，不可榨油或做饲料。

二、播种

（一）播种时期

棉花适时播种是实现一播全苗，壮苗早发，提高产量与品质的重要措施。播种过早，温度低，出苗慢，种子容易感染病害，造成烂种、烂芽、病苗、死苗，出苗后遭遇晚霜冻害，影响全苗和壮苗。播种过晚，虽然出苗快，易全苗，但棉脚高迟发，结铃晚，缩短有效结铃期，晚熟减产、品质差。

"终霜前播种，终霜后出苗"是棉花播种原则，地膜覆盖棉田出苗快，应尤为注意。

棉花的适宜播种期，应根据当地的温度、终霜期、短期天气预报、墒情、土质等条件来确定。在土壤水分等条件适宜的情况下，一般以 5 cm 地温稳定通过 14℃或 20 cm 地温达到 15.5℃时播种为宜。

在同一地区，播种的先后顺序要根据具体情况而定，沙性土、向阳地先播；黏性地、低洼潮湿地后播；盐碱地适当晚播，一般在 5 cm 地温稳定在 16 ~ 17℃时播种。黄河流域棉区以 4 月 15 ~ 25 日播种为宜；新疆北疆棉区一般在 4 月 10 ~ 20 日，南疆棉区以 4 月 5 ~ 15 日播种为宜。

（二）合理密植及播种量

1. 合理密植

（1）种植密度。确定棉花的种植密度要综合考虑气候条件、土壤肥力、品种特性及栽培制度等因素。

①气候条件。棉花生长季节气温高、无霜期较长的地区，棉株生长较快，植株高大，宜适当稀植；气候温凉、无霜期较短的地区，宜适当密植。

②土壤肥力。土壤肥力高的棉田，棉株生长旺盛，植株高大，叶片大，果枝多，易造成棉田郁闭，加重中下部蕾铃脱落；土壤肥力低的棉田，棉株生长较矮小，田间郁闭的可能性小。因而，在同样的气候条件下，肥田应比瘦田密度小。

③品种特性。生育期长，植株高大，株型松散，果枝长，叶片大的品种密度宜小；植株矮小，叶片小，株型紧凑，果枝短的早熟品种密度宜大。

④栽培制度。粮棉或其他两熟制栽培的棉花，因受前茬作物的影响，一般播种期推迟，单株营养体较小，成熟期延迟，种植密度应较一熟棉田适当增加。

此外，棉田管理水平高，棉花早发稳长，密度可大些；反之应小些。

我国棉花种植密度，一般是北方大于南方，西部大于东部。综合多单位试验结果，黄河流域棉区春棉高产田的适宜密度为 4.5～6.0 万株/公顷，夏棉为 7.5～12.0 万株/公顷；西北内陆棉区种植密度为 15.0～21.0 万株/公顷。地膜棉在相应的基础上要降低 15%～20%。

棉花株高是综合条件的集中反映，因此根据上年棉花株高也可以确定密度。河北棉区经验，一般株高 100～120 cm，留苗 4.5～5.25 万株/公顷；株高 80～100 cm，留苗 5.25～6.0 万株/公顷；株高 70～80 cm，留苗 6.0～6.75 万株/公顷；株高 70 cm 以下，留苗 9.0 万株/公顷以上。

确定棉花种植密度，要坚持因时、因地制宜的原则，合理密植是相对的，要随生产条件的改变、品种的更新、管理技术的提高，不断加以调整，以便更好地发挥合理密植的增产作用。

（2）行株距的合理配置。合理配置行株距，能使棉株在田间分布合理，保持较好的通风透光条件，减小群体与个体的矛盾，便于田间管理。确定行株距一般以带大桃搭叶封行为标准。目前，普遍采用的配置方式主要有等行距和宽窄行两种。等行距有利于棉株平衡发育，结桃均匀，防倒能力强。行距大小因土壤肥力而异，高产田行距一般为 60～80 cm；中等肥力 50～60 cm；旱薄地 40 cm 左右。宽窄行，能推迟封垄时间，从而改善通风透光条件，有利于中下部结铃，减少脱落。一般高产田的宽行 80～90 cm，窄行 50 cm 左右；中等肥力棉田宽行为 60～80 cm，窄行 40 cm 左右。株距大小可按计划密度折算。

2. 播种量

播种量要根据播种方法、种子质量、留苗密度、土壤质地和气候等情况而定。

播量过少难以保证密度，影响产量；过多不但浪费棉种，还会造成棉苗拥挤，易形成高脚苗，增加间苗用工等。一般条播要求每米播种行内有棉籽 30～40 粒，用种 60～70 kg/hm²；点播每穴 3～4 粒，用种 30～40 kg/hm²。在种子发芽率低、土壤墒情差、土质黏或盐碱地、地下害虫严重时应酌情增加播种量。环境适宜的条件下，采用精量播种或人工点播，仅用种 15～22 kg/hm²。

播种量可按下式计算：

$$每公顷播种量（g）= \frac{每公顷计划密度×每穴粒数}{每千克棉籽粒数×发芽率}$$

（三）播种

1. 播种方式

播种方式分条播和点播两种。条播易控制深度，出苗较整齐，易保证计划密度，田间管理方便，但株距不易一致，且用种量较多，现生产中已很少应用。点播用种节约，株距一致，幼苗顶土力强，间苗方便，但对整地质量要求高，播种深度不易掌握，易因病、虫、旱、涝害而缺苗，难以保证密度。采用机械条播或精量点播机播种，能将开沟、下种、覆土、镇压等作业一次完成，保墒好、工效高、质量好，有利于一播全苗。

土壤墒情不好，可采用抗旱播种方法。

无论采用何种播种方法，都要在行间或地边播种部分预备苗，以备移苗补缺。

2. 施用种肥

在土壤贫瘠，施肥水平较低，基肥不足或腐熟程度较差的情况下，施用种肥有较显著的增产效果；盐碱地施用腐熟有机肥做种肥还有防盐、保苗作用。

种肥宜选用高度腐熟的有机肥和速效性化肥以及细菌肥料。氮肥以硫酸铵较为适宜，磷肥宜选用过磷酸钙。种肥用量不宜过大，一般施硫酸铵 37.5 ～ 75 kg/hm²，过磷酸钙 75 ～ 120 kg/hm²。集中条施或穴施于播种沟（穴）下或一侧，深度以 6 ～ 8 cm 为宜。

3. 播种深度及播后镇压

棉花有"头大脖子软，顶土费劲出土难"的特点，因此播深的掌握是确保全苗、壮苗的关键。

播种过深，温度低，氧气少，发芽、出苗慢，顶土困难，消耗养分多，幼苗瘦弱，甚至引起烂籽、烂芽；播种过浅，种子易落干，造成缺苗断垄，或戴壳出土，影响壮苗。一般播深以 3 ～ 4 cm 为宜。

播深要根据情况灵活掌握，墒情好，土质黏，盐碱地，可适当浅些；反之可适当深些。

播后要及时镇压，使种子与土壤密接，利于种子吸水和发芽、出苗。

（四）播后管理

播种后，常会遇到低温、阴雨、干旱和病虫等不良环境条件的影响而造成出苗不全。因此，要做好棉花播种后至出苗阶段的管理，确保一播全苗。

播种后，要及时检查有无漏播、漏盖和烂种等情况。如果有漏播、漏盖，应催芽补种和盖土；有落干危险时，底墒较好的可镇压提墒，底墒较差的可立即采用在播种沟旁开沟浇水，促使棉籽发芽出苗。有轻度烂种或烂芽的，应催芽补种，严重的要立即重种。

播种后遇雨，应顺播种行中耕松土，破除土壤板结，促进空气流通，增温保墒，使种子迅速发芽出苗，否则会烂种、烂芽，轻则缺苗断垄，重则造成毁种。

第三节 富硒棉花育苗移栽技术

育苗移栽是棉花增产和提高品质的一项实用先进技术，一般较直播棉花增产20%，可纺棉比例提高20个百分点，全国常年应用面积已达 3×10^6 hm²，约占全国面积的50%。

移栽棉花的生育特点：第一，移栽棉花早发，现蕾早、结铃早，前期铃多；第二，移栽时，棉苗主根受损伤，根系入土浅，侧根强大，大部分根系分布在肥沃的耕层；第三，移栽棉花生育前期生长旺盛，后期不耐旱，易脱肥、缺水早衰。

一、传统育苗技术

（一）建床、制钵

（1）育苗方式。棉花传统育苗方式分营养钵育苗和营养块育苗。营养钵育苗是先用打钵器制钵（一般直径 5.5～6.0 cm，高 7.0～8.0 cm），再在钵内播种育苗；此方式移栽不散钵，断根少，缓苗期短，成活率高，但较费工。营养块育苗则是在苗床划分方格，格内播种育苗，按格切块取苗移栽；此方式操作简便、费工少、易育壮苗，但起苗、运苗困难，易散块，缓苗期长，成活率低。

（2）苗床要求。选择避风向阳、无盐碱、排灌方便、离移栽大田近的地方建床。苗床与大田的比例为 1:（15～20）。床长 15～20 m，床宽 1.2 m 左右（依膜宽而定），床深 15～20 cm，要求底平壁直，周围挖排水沟。

（3）配制床土。就地取棉田表土，掺入腐熟过筛的厩肥做床土。肥土按（2～3）:（7～8）的比例拌匀，并加入少许过磷酸钙（100 g/m²）、氯化钾（50 g/m²）和硫酸锌（3～5g/m²）；加50%多菌灵可湿性粉剂（10 g/m²）或40%五气硝基苯（5 g/m²）进行床土消毒。盐离子含量超过 0.2% 的盐碱土不能做床土。

（4）制钵。制钵前1天将床土加适量水调匀（手紧握成团，齐胸落地散开），第二天制钵。钵面要高低一致，排列紧密，钵缝填好土，浇足水待播。若营养块育苗，则把制好的床土填入苗床，耙平砘实后浇水，打洞播种或划格待摇。

（二）播种

春棉育苗宜早且选用长势较强的中熟品种，在3月底育苗；麦套春棉，采用中早熟品种，4月初育苗；夏棉品种则在4月底5月初育苗。每钵1～2粒棉种，播种后覆土 1.0～1.5 cm，采用弓架覆膜或铺膜。

（三）苗床管理

棉花齐苗后要及时间苗、拔草，并逐步通风炼苗，通风口大小和通风时间根据苗床湿度和温度而定，维持苗床温度在 25～30℃，中午温度不超过 35℃。4 月中旬以后，白天揭膜，下午或傍晚盖膜，移栽前 5～6 d 要昼夜揭膜炼苗。出真叶前及移栽前 10 d 搬钵两次，散湿并拉断主根蹲苗。齐苗后选晴天用 1 000 倍多菌灵药液喷棉茎，每 10 d 一次，防治立枯病；用半量式波尔多液（0.5 kg 硫酸铜 +0.5 kg 生石灰 +100 kg 水）喷子叶，防治炭疽病。另外，注意防治棉苗蚜虫和棉蓟马的为害，棉苗过旺时，喷 10～15 mg/kg 的 DPC 或采用揭膜晒床等措施来调控。移栽前 5～7 d，施 0.5% 的尿素液。

（四）移　栽

温度条件是棉苗能否长出新根的主要因素。一般移栽期气温要在 15℃以上，5 cm 地温稳定在 17℃以上。移栽适宜苗龄为 2～3 片真叶，苗高 12～15 cm，叶色清秀，无病斑，茎粗子叶肥，苗茎红绿各半，健壮敦实。移栽时宜选择晴天。起苗时要轻起、轻运，尽量减少伤根、散钵损失。栽苗时要按计划密度留苗，开沟摆钵，体面低于地面 2 cm，覆土至钵体 2/3 处，然后顺沟浇水或穴浇，水量以土壤最大持水量 80% 为度，水下渗后再覆土埋平。中耕松土，由远至近，由浅入深，促进发根缓苗。

（五）移栽后田间管理

栽后要及时查苗补缺。长势弱的棉苗用1%尿素液加 4 000～6 000 倍的"802"液促根提苗。缓苗后遇旱要及时浇透发棵水，适时中耕松土，破除板结，轻施提苗肥（尿素 45～60 kg/hm²），保棉苗发棵稳长。花铃期的肥水管理要适当提早并加大，切忌受旱或脱肥，以防早衰。

二、无土育苗与移栽技术

传统育苗方式存在育苗时间长、移栽季节短、管理烦琐、劳动强度大、移栽成活率低等缺点。无土育苗由于采用富含营养的育苗基质，在育苗过程中加施促根剂和保叶剂，苗床无烂籽、烂芽，所育棉苗具有无苗病、原生根量大、新根出生快、取苗容易、运苗轻便、移栽简便、栽后缓苗快、移栽成活率高、棉株根系发达、中下部茎粗节密、抗倒伏、防早衰等优点，可以充分实现省种、省地、省时、省力和省工。

（一）建　床

床址选择同营养钵育苗，苗床与大田的比例为 1 :（40 ~ 80）。苗床长方形，深 15 cm，床宽依膜而定，床长依大田面积而定，底部铺塑料膜防渗，上铺 10 cm 厚无土育苗基质，浇足水（以手握成团不渗水为准）待播。

无土育苗基质由母体型基质与干净河沙（含水量不超过 5%）按 1 :（8 ~ 9）（重量比）或 1 : 1（体积比）均匀混合而成。

（二）播　种

播种时间同营养钵育苗。按行距 10 cm、株距 3 cm 的密度穴播，每穴一粒，播深 2 ~ 3 cm，用基质覆盖，轻镇压，抹平床面，覆盖农膜，并搭好弓棚。

（三）苗床管理

棉苗子叶平展至一叶一心时，在行间均匀浇灌（忌喷施）100 倍促根剂稀释液一次，用量为 1.5 ~ 2.0 L/m²。

其他如间苗、温度、水分及病、虫、草害等管理同营养钵育苗。

（四）移　栽

移栽前 2 ~ 4 d 喷适量"送苗水"，并叶面喷施 10 ~ 15 倍保叶剂，以减少叶面蒸腾造成棉苗萎蔫，提高成苗率。起苗后，将棉苗根部用 100 倍促根剂稀释液浸泡 10 ~ 15 min。按计划留苗密度，开沟或挖穴（深度 10 ~ 12 cm），放苗入穴（沟），深度为苗高一半，扶正后周围壅土覆土，并轻轻挤压。栽后浇足"安家水"，底墒不足浇 2 ~ 3 次。

（五）移栽后田间管理

栽后要及时查苗补缺。长出第一片新叶时施 75 kg/hm² 的尿素或叶面喷施 1% ~ 2% 的尿素 +0.1% 的磷酸二氢钾溶液提苗。未地膜覆盖棉田及时中耕除草，防止土壤板结，促进棉苗发根和生长。

（六）注意事项

（1）无土育苗基质不能添加土壤，要按规定适当补充肥料。

（2）如果苗龄超过四片真叶仍不能按时移栽，要进行"假植"，减慢生长。方法是在苗床一头用手拨开基质，起出苗，制好床，以 5 cm 株距复栽于棉床，补少量水肥。

（3）为了节省成本，将用过的基质晾干后装入袋中，或放入石砖砌置的小池中，翌年加入 1/3 的母体型基质，适当补充营养，充分混合继续使用。

此种育苗方式是近几年中国农科院棉花研究所研发的新技术，可结合工厂化育苗，机械化移栽，实现棉花栽培的"两无两化"。

第四节　富硒棉花田间管理技术

种好是基础，管好是关键。棉田管理的中心任务是：根据棉花各生育时期的生育特点，运用看苗诊断技术，实行因苗管理，促控结合，协调好棉花生长发育与外界环境条件、地下部与地上部、个体与群体等之间的关系，满足棉花正常生长发育所需的温、光、肥、水、气等条件，使棉花沿着早发稳长、早熟不早衰的生育进程发展，力争少脱落，多结铃，结大铃，达到高产、优质、低成本的目的。

一、查田补苗

棉花显行后及时逐行检查。缺苗较多，应立即催芽补种；缺苗较少，进行芽苗移栽。选择气温在 18 ～ 26℃的晴天，就地取苗后置于水盆（防风干）中，将棉苗放入深 6 cm、宽 3 cm 左右的土窝，用少量土把苗基部围住，浇少量水，待水下渗 1/3 左右时，轻轻覆土，覆土时勿按压，以防形成泥块影响成活。如果补苗时间较晚，或盐碱地棉苗移栽，应采用带土移栽的方法，尽量多带土，适量多浇水。

二、间苗、定苗

棉苗出齐后要及早间苗，以互不搭叶为标准，留壮苗，去除弱、病、杂苗。定苗一般在两叶一心、茎秆开始木质化时进行。定苗要根据留苗密度，死尺活定。

三、中耕松土

中耕可疏松土壤，破除板结，疏通空气，提高地温，调节土壤水分，消灭杂草，增强土壤微生物的活动，加速养分分解，从而促进根系发育，利于壮苗早发。

（一）苗期中耕

根据气候、土质、墒情等情况，棉花苗期一般中耕 2 ～ 3 次。中耕深度由浅至深，行间逐渐加深到 10 cm 左右，株间逐渐加深至 4 ～ 5 cm。天旱墒差时要适当浅锄。苗期地温低、苗病发生严重时，应及时在株间扒窝晾墒，防止病害蔓延，促使病苗恢复生长。盐碱地棉田苗期应深锄 10 cm 以上，促使根系深扎，下小雨后不易使土壤表层积聚的盐分淋溶到根部，可显著减轻小雨后死苗。

（二）蕾期中耕

蕾期是棉花根系发育的重要时期，勤中耕、深中耕可以促进根系下扎，增强棉株的吸收能力和抗旱、抗倒伏能力，保证棉花发棵稳长。对有徒长趋势的棉田，深中耕可切断部分侧根，起到控制徒长的作用。中耕要逐渐加深，在盛蕾阶段，行间中耕深度可达 10 cm 以上，株旁和株间达到 5 ～ 6 cm。对于旱薄地棉田，主要是勤、细中耕保墒，不要中耕太深。中耕次数，以保持土不板结、无杂草为标准。

盛蕾期至花期结束，应结合中耕分次进行培土，培土高度 13 ～ 14 cm。

（三）花铃期中耕

花铃期正值高温多雨季节，土壤水分过多，空气减少，影响根系的呼吸作用，降低根系吸收肥水能力，甚至会造成棉株生理干旱，引起蕾铃大量脱落。因此，花铃期一定要做好中耕松土工作。由于花铃期棉株在近地面处滋生大量毛根，并且再生能力减少，所以中耕宜浅，以不超过 6 cm 为宜，避免伤根过多，造成早衰。

四、生育期施肥

追肥应掌握"轻施苗肥，稳施蕾肥，重施花铃肥，补施盖顶肥"的原则。

（一）苗　肥

在基肥用量不足时，尤其是低、中产棉田，应重视苗肥的施用，以促根系发育、壮苗早发；一般施标准氮肥 45 ～ 75 kg/hm²，基肥未施磷、钾肥的，适量施用磷、钾肥。基肥用量足的高产棉田，一般不施苗肥。

（二）蕾　肥

棉花蕾期施肥讲究稳施、巧施，既可满足棉花发棵、搭丰产架子的需要，又可防止因施肥不当而造成棉株徒长。地力好、基肥足、长势偏旺的棉田，在初花期施肥；水肥充足，生长稳健的高产棉田，在盛蕾至初花期施用 75 ～ 120 kg/hm² 标准氮肥；地力差，基肥不足，棉苗长势弱的棉田，要在现蕾初期重施，一般施标准氮肥 180 ～ 225 kg/hm²。施肥深度掌握在 10 cm 以下，距苗 12 ～ 15 cm。

（三）花铃肥

花铃期是棉株生育旺盛时期，也是决定产量、品质的关键时期。该期大量开花形成优质有效棉铃，是棉株一生中需要养分最多的时期，因而要重施花铃肥。

施肥数量和时间，要根据天气、土壤肥力和棉株长势长相而定。长势强的棉田，应在盛花期棉株基部坐住 1～2 个成铃时施用；土壤肥力一般、天旱墒情差和长势弱的棉田，花铃肥要在初花期施用，做到"花施铃用"；移栽棉花、早熟品种、易早衰品种及密度大的棉田，也要适当早施，以防早衰减产。

一般情况下，花铃肥用量占总追肥量的 50%～60%，施标准氮肥 225～300 kg/hm²；高产田可增至 450 kg/hm²。施肥深度 6～9 cm 以下，距棉株 15 cm。

（四）盖顶肥

盖顶肥能防止棉株后期脱肥早衰，多结早秋桃，提高铃重和衣分。

地力充足、生长有后劲及盐碱地棉田，要少施或不施，以防贪青晚熟；地力差、有脱肥早衰趋势棉田，要早施、多施盖顶肥。盖顶肥的施用时间一般在立秋前后，标准氮肥用量为 75～120 kg/hm²。

（五）叶面肥

8 月中旬至 9 月上旬，对有早衰趋势的棉田可喷施 1%～2% 的尿素水溶液；长势一般、偏旺棉田，可根据长势喷 2%～3% 的过磷酸钙浸出液或 300～500 倍的磷酸二氢钾、磷酸二铵溶液 1～3 次，每次 900～1 000 kg/hm²，对提高结铃率，增加铃重有一定效果。

（六）科学施硒

将硒试剂用水稀释，均匀喷施在叶片的正反面。如果达到最佳效果，请在生育期喷施 2～3 次，每隔 15～20 d 喷施一次。

在苗期至旺长期，蕾期或始花期，或幼果膨大期喷施。或拌土杂肥有机肥基施在棉花植株四周。

五、生育期灌溉

棉花生育期间灌水要根据不同生育时期的长势长相，结合天气、土壤等情况综合考虑。

正常棉花苗期的红茎比约为 1/2，蕾期为 2/3，初花期为 70% 左右，盛花期后接近 90%，超出此标准，说明棉田缺水。苗期主茎平均日增长量以 0.3 ～ 0.5 cm 为宜，初蕾期为 0.5 ～ 1.0 cm，盛蕾期为 1.5 ～ 2.0 cm，初花期为 2.0 ～ 2.5 cm，盛花期以后降至 0.5 ～ 1.0 cm，低于上述指标即可进行灌溉。叶色深绿发暗，顶心随太阳转动能力减弱；顶部第二展叶在中午萎蔫，下午 3 ～ 4 时仍不能恢复以及棉花顶尖低于最上部棉蕾也是棉花缺水的标志。

一般棉田在苗期不需灌水，高产棉田尽可能推迟头水，以控制营养生长，促进根系发育和生殖生长，减少蕾铃脱落。

棉田的第一水和最后一水尤为重要。第一水一般在 6 月底；最后一水不宜超过 9 月上旬。除盐碱地棉田外，灌水量一般为 450 ～ 675 m³/hm²，多采用隔沟轻浇方法，以免水量过大，造成棉花徒长。浇水后要及时中耕松土，促根下扎，增强棉花后期的抗旱能力。棉田积水或湿度过大，会阻碍根系的吸收和呼吸作用，甚至造成烂根、烂株，增加蕾铃脱落和烂铃，降低产量和品质。因此，雨季应做好排水防涝工作。

六、棉田整枝

适时整枝对调节养分分配、减少蕾铃脱落、改善棉田通风透光条件、减少烂铃、促进早熟、提高产量和品质具有重要的作用。棉花整枝包括去叶枝、打顶尖、打边尖、抹赘芽、打老叶等。生产上主要进行去叶枝、打顶尖等作业。

（一）去叶枝（抹油条）

现蕾初期，将第一果枝以下的叶枝及主茎基部老叶去掉，保留肥健叶，可促进主茎及果枝发育。弱苗、缺苗处或田边地头棉株，可选留 1 ～ 2 个叶枝，充分利用空间，增结蕾铃。一般株型松散的中熟品种需要去叶枝，株型紧凑的早熟品种可不去叶枝。

（二）打顶尖

棉花打顶可控制棉株纵向生长，消除顶端优势，调节光合产物的分配方向，增加下部结实器官中养分分配比例，加强同化产物向根系运输，增强根系活力和吸收养分的能力，进而提高成铃率，减轻蕾铃脱落，增加铃重，促进早熟。

打顶时间，要根据棉花的长势、地力、密度和当地初霜期等灵活掌握。群众的经验是"以密定枝，枝够打顶""时到不等枝，枝够不等时"。例如，每公顷 6 万株左右的棉花，一般单株留 12 ～ 14 个果枝。适宜的打顶时间宜在当地初霜前

90 d 左右。黄河流域棉区多在 7 月中旬打顶；土质肥沃、棉株长势强、密度小、霜期晚，可推迟到 7 月下旬打顶；土壤瘠薄、棉株长势弱、密度大、霜期早，可提早到 7 月上旬打顶。新疆棉区由于棉花生长后期气温下降快，需靠增加密度、减少单株果枝数争取早熟高产，一般在 7 月 15 日前打顶。在高密度栽培条件下，打顶时间应适当提前，南疆在 7 月 10—15 日，北疆在 7 月 5—10 日。

打顶要打小顶，即摘去顶尖连带一片小叶。棉株生长整齐应一次打顶。反之，分次打。

（三）打边尖（打群尖、打旁心）

打边尖就是打去果枝的顶尖，可控制果枝横向生长，改善田间通风透光条件，调节棉株营养分配，控制无效花蕾，提高成铃率，增加铃重，促进早熟。

打边尖应根据棉株长势、密度和初霜期等情况，本着"节够不等时，时到不等节"的原则，自下而上分期进行。一般棉株的下部果枝可留 2 ～ 3 个果节，中部果枝可留 3 ～ 4 个果节，上部果枝视长势留果节。打边尖最晚应在当地初霜期前 70 d 左右打完。黄河流域棉区打边尖时间一般在 8 月 10—15 日前，南疆在 8 月 15 日前，北疆在 8 月 5 日前。

（四）抹赘芽（抹耳子）

主茎果枝旁和果枝叶腋里滋生出来的芽为赘芽，由先出叶的腋芽发育而来，徒耗养分且影响通风透光，应及时打掉。在多氮肥、墒足及打顶过早时，赘芽发生较多。抹赘芽要做到"芽不过指，枝不过寸，抹小抹了"。

（五）剪空枝、打老叶

"立秋"后的蕾及"白露"前后的花，所形成的铃均为无效铃。因此，"白露"后要及时摘除无效花蕾。对后期长势旺，荫蔽严重的棉田，进行打老叶、剪空枝、空梢及趁墒"推株并垄"等作业，可改善棉田通风透光条件，减少养分消耗，有利于增秋桃，增铃重，促早熟，防烂铃。

七、棉花的蕾铃脱落及防止措施

棉花的蕾铃脱落，是棉株适应外界环境条件调节自身代谢过程的生理现象，一般脱落率在 60% ～ 70%。明晓蕾铃脱落的规律与原因，有利于通过农业技术措施，使棉株在最佳部位多结铃少脱落，获得优质高产。

（一）蕾铃脱落的规律

蕾铃脱落包括开花前的落蕾和开花后的落铃。在蕾铃脱落中，落蕾与落铃的比例一般为 3：2。但不同年份、不同地区和栽培条件下，蕾铃脱落的比例有所变化。一般地力肥沃、密度偏低、生长健壮的棉株落铃率高于落蕾率；地力薄、密度较大、前期虫害或干旱严重时，落蕾率高于落铃率。

棉花从现蕾至吐絮均有脱落，其中以 11～20 d 幼蕾脱落最多，20 d 以上的大蕾较少；开花后 3～8 d 的幼铃易脱落，10 d 以上的大铃很少脱落。

下部果枝及靠近主茎的蕾铃脱落少，上部果枝、远离主茎的蕾铃脱落多；在密度过大，肥水过多，棉株徒长时，蕾铃脱落部位与上述相反。

初花期以前很少脱落，以后渐多，开花结铃盛期达到高峰。据研究，开花前脱落数仅占总脱落数的 2% 左右，开花结铃盛期脱落数约占总脱落数的 56% 左右。

（二）蕾铃脱落的原因

棉花的蕾铃脱落由多种因素造成，原因比较复杂，基本上可分为生理脱落、病虫为害和机械损伤。

1. 生理脱落

生理脱落是指在外界条件影响下，棉株内部果胶酶和纤维素酶的活动加剧，在蕾柄或铃柄处形成离层而导致的脱落。生理脱落是蕾铃脱落的基本原因，占总脱落率的 70% 左右。

（1）有机养料不足或分配不当。当外界环境条件不适合时，棉株生长瘦弱或徒长，引起棉株体内有机养料不足或分配不当，使蕾铃得不到充足的有机养料而脱落。

①肥料。在缺肥情况下，棉株吸收养分少，生长瘦弱，叶面积小，导致光合产物少，造成上部和外围蕾铃脱落多。肥沃棉田，施肥不当，特别是氮肥过多，不仅引起棉株徒长，田间荫蔽，削弱光合作用，制造的养分少，还使光合产物多用于合成蛋白质，供营养生长的多，输送到蕾铃中的少，这导致蕾铃大量脱落。磷素充足，能加快叶内糖分运往蕾铃的速度，可有效减少蕾铃脱落。

②水分。严重缺水时，棉株叶片萎蔫，蒸腾作用减弱，体温升高，呼吸作用加强，光合作用减弱，有机养料合成少，消耗多，蕾铃因营养不足而脱落。土壤水分过多，土壤通气不良，氧气不足，地温降低，影响根系的呼吸和吸收作用，也会造成蕾铃的大量脱落。

③光照。光照不足，棉花光合强度低，制造的有机养分少，合成的蛋白质多

于糖类，且减慢有机养分向蕾铃输送的速度，造成蕾铃有机养分不足而脱落。

④温度。温度超过35℃时，光合作用受到抑制，超过40℃时，光合作用就会停止。高温还会提高叶片蒸腾拉力，减少或中断输向蕾铃的营养液流，甚至会引起幼蕾、幼铃内的养分倒流而导致蕾铃脱落。

（2）没有受精。未受精的幼铃，生长代谢强度弱，主动吸取养分的能力差，不能满足生长发育需要，必然导致脱落。开花时，降雨、高温、干旱等不良环境条件均会破坏花粉和授粉受精过程，造成子房不能受精。据石家庄农业气象站调查，棉花开放时，株间温度35℃以上，约有1/5的花药不能开裂，1/3的花粉不能发芽；上午或全天降雨，脱落可达80%～90%，下午或夜间降雨脱落为40%～70%，而晴天仅为20%～40%。

（3）植物激素平衡失调。棉株体内激素类物质的含量发生改变后，破坏激素平衡状态，引起蕾铃脱落。

2. 病虫为害

病虫为害可直接或间接地引起蕾铃脱落。直接为害蕾铃的虫害有盲椿象、棉铃虫、金刚钻等，为害时间长而严重；间接为害的主要为蚜虫，造成卷叶，减少叶面积和光合产物而引起蕾铃脱落。造成蕾铃大量脱落病害主要有枯黄萎病和红叶茎枯病。

3. 机械损伤

田间作业不慎，或者遭到冰雹、暴风雨等的袭击，会损伤枝叶或蕾铃，直接或间接引起蕾铃脱落。

（三）保蕾保铃的途径

棉花蕾铃脱落的原因是多方面的，必须采取综合栽培措施，处理好棉花生育过程中的营养生长与生殖生长、个体与群体、棉花正常生长与自然灾害之间的矛盾，解决好有机营养的合成、运输与分配，以满足蕾铃发育的需要，减少蕾铃脱落。

（1）改善肥水条件。肥水供应不足的瘠薄棉田，植株生长受抑制，容易早衰。增肥、增水可显著减少蕾铃脱落。

（2）调节好营养生长与生殖生长的关系。对棉株容易徒长的肥沃棉田，通过肥水、中耕、整枝和使用生长调剂等综合栽培措施，协调好营养生长与生殖生长的关系，使有机养分分配合理，减少蕾铃脱落。

（3）合理密植，改善棉田光照条件。通过建立合理的群体结构，减少荫蔽，改善田间光照条件，提高光能利用率，从而减少蕾铃脱落。

（4）加强病虫害的综合防治，减少病虫害所引起的蕾铃脱落。

八、病、虫、草害及其防治

病、虫、草害是导致棉花死苗、蕾铃脱落的重要原因，直接影响棉花的产量和品质。棉花生育期间，要加强病情、虫情及草情测报，抓住战机，彻底防治。

（一）病害及其防治

1. 苗期主要病害

棉花苗期的病害主要有红腐病、立枯病、炭疽病、褐斑病和纹斑病等。

早播或低温多雨适于发病，温度越低病情越重。连作棉田、种子质量差、氮肥多发病严重，有机肥多病轻。死苗多发生在出苗后半个月，真叶出现后死苗少。

通过精细选种、与禾本科作物轮作、适时播种、温汤浸种及药剂（灵福合剂、多菌灵等）拌种可达到一定防治效果。

苗病发生后可用1∶1∶200的波尔多液或25%的多菌灵胶悬剂200～300倍液喷治。每7 d喷一次，喷2～3次。

2. 棉花枯萎病和黄萎病

枯、黄萎病是棉花生产上最严重的两种病害，至今尚缺乏有效防治药剂。

引种抗病品种是对枯、黄萎病较好的防治措施。与禾谷类作物轮作，加强管理，合理施用足量的氮、磷、钾肥。播种前撒施多菌灵、甲基托布津，生育期间滴施"枯黄一滴净"，也能取得一定的防治效果。

3. 棉铃病害

棉铃病害主要有疫病、炭疽病、角斑病、红腐病、红粉病、软腐病和黑果病。

烂铃的发生与结铃期气候条件、棉花生育状况、虫害程度和栽培管理密切相关。一般7月下旬开始发生，8月中下旬为发病盛期。棉铃增大期抗病性强，一般不发病；棉铃停止增大后，降雨量大，烂铃大量发生，开裂前10～15 d发病率最高。烂铃主要发生在棉株下部果枝内围节位上。

对于棉铃病害可通过下列农业措施防治：合理密植；喷施生长调节剂，防止徒长；适时整枝，改善棉田通风透光条件；加强中耕松土及雨后排水等。

在铃病发生初期，用甲基托布津、多菌灵、回生灵、乙膦铝、代森锰锌等对棉铃喷雾，防效可达85%以上。

对于零星病铃要及时摘收，在田外晒干或晾干，剥壳收花。

（二）虫害及其防治

棉田害虫主要有棉蚜、棉铃虫（钻心虫）和棉花叶螨（棉红蜘蛛）等。

选用抗蚜品种，采取棉麦间作，均对棉蚜有一定防控作用。冬春深耕、灌水、中耕除草既可改善田间小气候，又可消灭棉铃虫部分卵、蛹与幼虫。棉田种植玉米带，清晨拍打玉米心叶可消灭棉铃虫幼虫。产卵期喷施 2% 的过磷酸钙浸出液驱蛾，用树枝把或黑光灯诱捕成虫等都有不错的防虫效果。

利用害虫天敌进行防治。棉田内蚜虫天敌有七星瓢虫、食蚜蝇、蚜茧蜂、小花椿等；棉铃虫天敌有草蛉、赤眼蜂、瓢虫及苏云金杆菌、核多角体病毒；棉叶螨天敌有小花蝽、草蛉等。

防治棉田害虫化学药剂较多。例如，呋喃丹、3911 乳油拌种或浸种，久效磷、辛硫磷、吡虫啉、灭多威等喷雾，40% 氧化乐果、久效磷等涂茎（红绿交界处），敌敌畏熏杀等都对棉蚜有很好的防除作用。有机磷类、菊酯类、氯基甲酸酯类等药剂对棉铃虫效果很好。三氯杀螨砜、双甲脒乳剂既能杀螨又能杀卵。

（三）草害及其防治

棉田杂草以荠菜、苦荬菜、小旋花、马唐、马齿苋、刺儿菜、苍耳、狗尾草等为主，一般 3～4 月间多种杂草发芽，夏后二年生春性杂草衰老，多数一年生杂草进入最盛时期，7 月最重。

通过深耕翻、中耕及轮作倒茬可减轻杂草危害。

地膜棉覆膜前以氟乐灵喷洒土壤表面，对杂草有很好的封杀作用。

对非地膜棉，在播后、移栽前，以果尔乳油处理土壤；4 叶后用阔乐乳油加高效盖草能乳油或精禾草克乳油定向喷雾；蕾后株高 30 cm 以上，用甘草膦水剂、农达水剂或克芜踪水剂在行间低位定向喷雾，都能取得很好的除草效果。

棉田除草剂类型较多，可根据当地杂草类型及实际生产情况而定。

第五节　富硒棉花收获技术

棉株自下而上，由内向外陆续裂铃吐絮，故富硒棉花采摘应分期进行。据研究，棉纤维一般在吐絮 3 d 后才能完全成熟，纤维强度以裂铃 7 d 为最高，因此，富硒棉花采收在棉铃开裂吐絮 5～7 d 为最佳。收花过早，摘收裂口桃，不但收花费工，而且纤维和种子未充分成熟，纤维强度低，降低纤维品质和种子发芽率；

收花过晚，籽棉日晒过久，会导致纤维氧化变脆，降低纤维强度。收花时，要做到晴天快收，雨前抢收，阴雨天和露水不干不收；做到精收细拾，达到棵净、壳净、地净，确保丰产丰收。

控制有害杂质，做好棉花"四分"。在棉花收获过程中，要将好花和坏花分开收，霜前花和霜后花分开存，严格实行分摘、分晒、分存、分售，严禁混收混售。收摘时戴白棉布帽，用白棉布袋采摘、装运棉花，在采摘、晾晒、存储、销售全过程随时挑拣化纤丝、毛发丝和色织物丝等有害杂质，确保原棉质量、信誉和市场竞争力，提高种植棉花的经济效益。

新型棉花联合收获机可将采棉和打包一次完成，实现连续不间断的田间采棉作业，速度快，效率高，缺点是苞叶、铃壳等杂质较多。

第八章　富硒甜菜生产关键技术

甜菜的历史，可追溯到远古的希腊时代。古人视甜菜为神圣之物，每逢祭拜时，便将甜菜根呈献给阿波罗神，因此甜菜根被称为"阿波罗的礼物"。长久以来，甜菜在欧洲民间与药草疗理师的心目中，一直保持着极高的地位，就好比中国的灵芝。

甜菜古称忝菜，属二年生草本植物，包括 14 个野生种和 1 个栽培种。栽培种有 5 个变种：食用甜菜、叶用甜菜、糖用甜菜、饲用甜菜、观赏甜菜。叶用甜菜，俗称厚皮菜，叶片肥厚，可食用。叶用甜菜大约在公元 5 世纪从阿拉伯引入我国，主要在长江流域及黄河流域种植。火焰菜，俗称红甜菜，根和叶为紫红色，块根可食用，因此也称食用甜菜。饲料甜菜，专门作为牲畜饲料，其块根产量较高。糖用甜菜俗称糖萝卜，块根的含糖率较高，是制糖工业的主要原料。

第一节　富硒甜菜栽培基础

一、甜菜的一生

甜菜是二年生作物，播种后第一年进行营养生长，形成繁茂的叶丛和块根，在块根中积累糖分。第一年收获的块根主要用于制糖，称为原料根；留作采种的块根，则称为母根，经历一定的条件，第二年移植到地里，重新长根长叶，形成新的叶丛，然后抽薹、开花、结实。因此，富硒甜菜从播种到种子成熟要经历两年的时间。

（一）植物学特征

甜菜为藜科、甜菜属，二年生草本植物，第一年进行营养生长，第二年进行生殖生长。

1.根

根系属直根系，为变态肉质直根。根由主根、侧根和支根组成。根很发达，成熟时主根深达 2 m 以下，侧根向四周扩展 1 m 左右，属深根作物，因此吸收能力强，抗旱。其特点是主根生长很快，发育良好，并由主根发出大量侧根，同时侧根上长出支根。主根、侧根和支根统称为根系。主根由胚根发育而来，并且通常在土壤中呈垂直状态，向土壤下层扎入很深。由主根直接发生的根为侧根，也称一级侧根；由一级侧根发生的根为支根，也称二级侧根；由二级侧根发生的根为三级侧根。所有侧根统称须根。甜菜的根系分布及甜菜与其他作物根系的比较分别如图 8-1、图 8-2 所示。

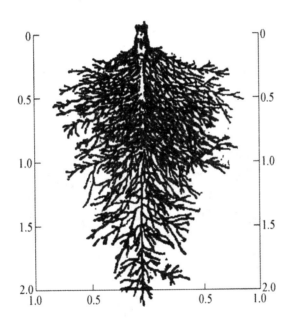

图 8-1　甜菜的根系分布（单位：m）

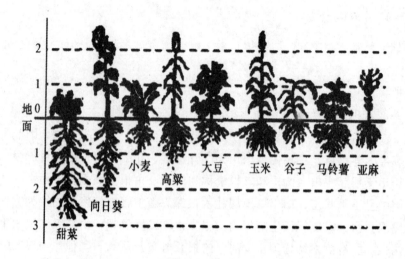

图 8-2　甜菜其他作物根系的比较（单位：m）

　　当 5～6 片叶形成时，甜菜主根上部开始膨大，逐步形成肉质直根。甜菜根的形状很多，有楔形、圆锥形、纺锤形和锤形等，不良的条件下会形成畸形根。根形与产量和品质有密切的关系。甜菜块根的大小以 1.5～2 kg 为宜。甜菜的块根形状如图 8-3 所示。

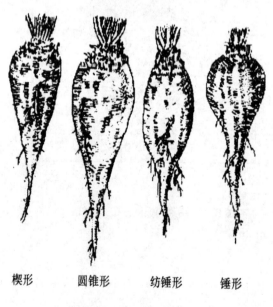

楔形　　　　圆锥形　　　　纺锤形　　　　锤形

图 8-3　甜菜块根形状

甜菜块根自上而下可分为根头、根颈、根体和根尾四部分。根头又称青头，是缩短的茎，其上丛生叶片。根颈由子叶下胚轴形成，位于根头与根体之间，上部以叶痕为界限，下部以腹沟的顶端为界。根颈既不生叶，不长根。根体由胚根形成，根颈下端至主根直径 1 cm 处为根体，根体两侧各生有一条根沟，生长大量须根。根沟的方向与子叶展开的方向一致。直径 1 cm 以下细根称为根尾。一般根头和根颈的长度分别占根总长度的 20%、30%，而根体占 70% ～ 80%。甜菜的块根构成如图 8-4 所示。

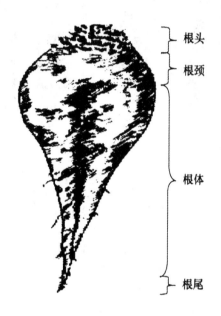

图 8-4　甜菜块根构造

甜菜块根中糖分的分布：从纵剖面观察，根头含糖分最低，根颈含糖分较高，根体中糖分最高，根尾糖分较少。从块根横剖面观察，中心部和根皮含糖最少，中心起 3/4 部分含糖最多，内层次之，外层最少。

2. 叶

甜菜属于双子叶植物。甜菜叶是单叶，由根头顶端的叶芽长出，以螺旋式排列丛生于根头上。叶有子叶和真叶两种。子叶寿命为 30 d 左右，真叶由叶片、叶柄组成。

叶形有团扇形、心脏形、柳叶形、舌形、铲形等。叶柄呈肋骨状，断面一般呈三角形。叶片表面光滑且有皱褶。多数叶柄与地面成 70° 角，称直立状叶丛；多数叶柄与地面成 30° 以下角，称匍匐状叶丛；居于二者间的称斜立状叶丛。以直立状为最好，适合密植。甜菜的叶片形状如图 8-5 所示。

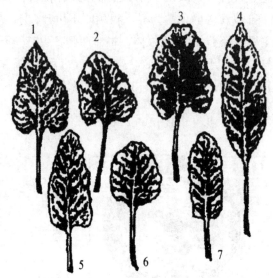

1—犁铧形；2—心脏形；3—盾形；4—柳叶形；

5—舌形；6—团扇形；7—矩形

图 8-5　甜菜的叶片形状

甜菜子叶展开后 8 ～ 10 d 生出对生的第 1 片和第 2 片真叶，经过 6 ～ 7 d 先后长出第 3 片和第 4 片真叶，从第 5 片叶以后各叶以互生形式，单个长出，5 ～ 10 叶平均 3 d 长出 1 片，11 ～ 20 叶平均 2 d 长出 1 片，21 ～ 30 叶平均 1 d 长出 1 片，一生可长 50 ～ 70 片叶，并且老叶逐渐枯黄死亡。叶丛形成期平均每 5 d 枯死 1 片叶，块根增长期平均每 2.3 d 枯萎 1 片叶，糖分积累期平均每 1.5 d 枯死 1 片叶，至生育末期，一株甜菜将枯死 40 片叶左右。11 ～ 30 叶寿命长，一般为 85 ～ 105 d，叫基本功能叶，31 ～ 50 叶寿命约 45 d，以后各叶寿命更短，大约 20 d。

3. 种　子

农业生产上所谓的种子是甜菜的果实，按数量可分为单果型种子和复果型种子，分别属于瘦果与聚花果（复果）。复果型种子是由 3 ～ 5 个（多者达 7 个）果实合生的聚花果，呈不规则的球状，称为种球。一粒复果种子播种后可发出几个芽，形成几棵苗，不仅花费间苗劳力，还给机械化栽培带来了困难。单果型种子略呈盘状，内含一个真正种子，只发一个芽，是机械化栽培的理想种子。

种球由果皮和种子组成，果皮分为果盖和果壳，由厚壁死细胞组成，木质化，质地坚硬。种子很小，形似扁豆，不超过 5 mg，相当于种球重的 26% ～ 36%。种皮红褐色有光泽，内有白色外胚乳环状胚，胚由胚根、胚芽和两片子叶组成。种子萌发后子叶出土，先胚根突破果壳伸入土中，发育成主根，子叶、下胚轴的上部不断伸长，向上移动，把子叶顶出地面，即出苗。

二倍体的普通种子千粒重最低为 13 g，最高为 30 g。多倍体种子千粒重为 18 ～ 37 g。人工单果种子为 11 ～ 13 g，遗传单果品种的二倍体为 9 g，而三倍体为 9.1 g。

种球的大小与发芽速度及其以后生育紧密相关，即大种球的发芽率、幼苗干物质重、根重和产糖量均较高。甜菜种子构造如图 8-6 所示。

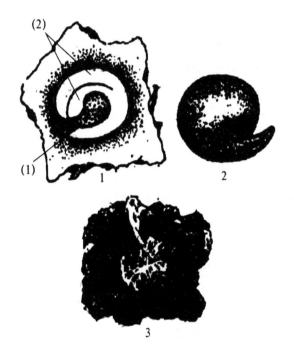

1—种子的断面：（1）胚根 （2）子叶；2—种子；3—种球

图8-6　甜菜的种子构造

（二）生育时期

甜菜的营养生长年中，主要进行营养生长，建造繁茂的叶丛与肥大的块根，并在根中积累大量糖分。以根、叶增长和糖分积累变化规律为基础，物质代谢的变化和生长中心的转移为主要特征，一般可以划分为 4 个时期。

1. 幼苗期

此期自子叶露出地面起至根的初生表皮脱落时结束，一般生长到第 7 ~ 8 片真叶。这一时期持续 30 ~ 35 d。此期的生长特点：甜菜生长中心为根，根形成和伸长速度快，主根可深达 60 cm，下胚轴和胚根分化形成块根，根的三生结构形成，以后生长中心逐步由根转向叶丛；根、叶氮磷代谢均旺盛，但以氮代谢为主；根系向纵、横方向伸长，这个时期甜菜器官和组织逐渐形成和分化，根中含糖很低。幼苗期甜菜对环境条件很敏感，如气温过低，土壤过于干旱或板结，都会影响根的发育，形成生长缓慢的"小老苗"；主根碰到石块或接触未腐熟的厩肥、高浓度化肥或农药，就会形成岔根或畸形根。

此时期应及时中耕并除草，促进根系的下扎，培育壮苗。

2. 叶丛快速形成期

此期自根初生表皮脱落至叶丛日增长量达到高峰为止，外自根初生皮层脱落至封垄，这一时期持续 40 d。其生育特点：植株的生长中心为叶丛，叶丛增长速度大于块根增长速度；新叶出生速度远远大于老叶衰亡速度，基本叶片寿命可达 70 ~ 80 d；植株吸收的无机养分及光合产物 60% 以上供给叶丛，叶丛的干重、叶面积的日增长量增大，物质代谢以氮代谢为主。甜菜块根纵向每昼夜伸长 2 ~ 4 mm，横径每昼夜增大 1.6 ~ 2.2 mm。此期为地上部急剧生长阶段，光合产物主要用于建造同化器官。叶的发生期间短，扩展速度快，根中糖分开始积累一定数量。此时，田间出现封垄，即达繁茂期。

此期，生产上应采取相应的栽培措施，促进植株早发，加速叶丛生长，使田间早封垄，为块根的膨大和糖分的积累奠定基础。

3. 块根糖分增长期

此期自叶丛增长量达到高峰后至块根基本停止增大时结束，外观自封垄至开垄，这一时期持续 40 d。其生育特点：地上部新叶形成减弱，植株的生长中心由地上部分转移到地下部分，50% 以上的净同化产物运输到块根中；块根的日增长量大于叶丛的增长量，块根增重速度加快，块根增重占整个营养生长阶段块根重量的 50% 以上，物质代谢由氮代谢为主转移至以碳代谢为主，此期是夺取甜菜丰产高糖的关键时期。

此期栽培上应采取相应的措施，控制叶丛生长，延长叶片的寿命，提高光合强度，保持一定的叶面积，夺取丰产高糖。

4. 块根糖分积累期

此期自块根基本停止生长至收获时止，外观为自开垄至收获，约持续 50 d。其生育特点：此期由于气温降低，外叶逐渐枯死，根、叶生长接近停止，干物质由地上部向根部转移，以糖分积累为主，地上部和地下部均逐步出现生物成熟状态；光合产物 65% 以上分配到地下部，并以蔗糖的形式储存于块根中。这个时期积累的糖分占整个营养生长阶段总产糖量的 50%，此期是加速块根糖分积累、提高含糖率、改善工艺制糖品质、增加产糖量的关键时期。

此期在生产上应防止功能叶早衰和新生叶片的大量发生而造成糖分积累的转移，最大限度地促进光合产物以蔗糖形式储藏于块根中。

甜菜第二年的生长以生殖生长为中心，根据其第二年生长中种株各器官的出现，可以划分为叶丛形成期、抽薹期、开花期和种子形成期 4 个时期。

二、富硒甜菜生长发育需要的环境条件

（一）光　照

富硒甜菜是长日照作物，任何一个生长发育阶段都需要充足的光照。适于富硒甜菜生长的日照时数是年日照时数 2 500 h。在每日 10 ～ 14 h 长日照的条件下，富硒甜菜生长迅速，块根肥大。在叶丛快速增长期，日照减少，富硒甜菜易发生褐斑病，破坏叶的光合作用正常进行，从而影响块根增长和糖分积累。在弱光条件下，光合强度降低，块根生长缓慢。日照时数不足会使块根中的全氮、有害氮及灰分含量增加，降低富硒甜菜的纯度和含糖率。富硒甜菜生育期间，块根生长与光照强度呈正相关。在富硒甜菜生育的中、后期，日照时数多，昼夜温差大，则块根产量高、含糖多。日照时数明显地影响富硒甜菜的生育，同时影响富硒甜菜的形态变化。一般光照充足，抑制其伸长生长，细胞变小，细胞壁加厚，茎叶的机械组织发达，提高了抗病能力。光对富硒甜菜根系吸收磷和钾有非常明显的作用，对氮的吸收有特别的作用，在多数情况下，硝酸根的还原必须有光的存在。在富硒甜菜生产上，实行深耕、深松、深中耕以改善土壤透气、透光条件，有利于根系吸收营养。

（二）温　度

富硒甜菜为喜温作物，但耐寒性较强。全生育期要求基础温度 10℃以上的积温达 2 800 ～ 3 200℃。富硒甜菜种子萌发最适宜的温度为 25℃左右。富硒甜菜种子具有在低温下，甚至 1℃下也能发芽的特征。当 10 cm 土层温度稳定在 6 ～ 7℃时，是富硒甜菜适宜的播种期。富硒甜菜幼苗具有较强的抗寒性，苗期遇 –3 ～ –4℃时，不至冻死。1 对真叶展开时耐寒力增强，可忍耐短期 –8℃的低温。富硒甜菜生长要求 20 ～ 23℃的气温。块根生育期的适宜平均温度为 19℃以上。当土壤

5～10 cm 深处温度达到 15℃以上时，块根增长最快，4℃以下时近乎停止增长。昼夜温差与块根增大和糖分积累有直接关系，昼温 15～20℃，夜温 5～7℃时，有利于提高光合效率和降低夜间呼吸强度，增加糖分积累。收获时的含糖率也受气温的影响。在低于 -4～-5℃的气温初次出现之后，尽管叶子正常存在，但糖分积累往往停止。-8℃的低温，常常使成龄叶子冻死。

（三）水 分

富硒甜菜是比较耐旱的作物。富硒甜菜总的需水规律是 5 月份苗期需水少，每日每株富硒甜菜蒸腾水分仅有几克；6 月份单株日蒸腾量为 100～250 g；7～8 月份富硒甜菜处于叶丛形成和块根增长期，生长旺盛，干物质积累多，是富硒甜菜一生中蒸腾水分最多的时期，特别是 7 月中旬至 8 月中旬，蒸腾量达到最大，单株日蒸腾量达 540～650 g。此期富硒甜菜对缺水反应敏感，是需水临界期。9～10 月份为糖分积累期，富硒甜菜单株日蒸腾量在 100～150 g。

富硒甜菜植株在生育期不同阶段的耗水量是不同的，幼苗期耗水量最少，占生育期总耗水量的 11.8%～19%；叶丛快速生长期和块根糖分增长期耗水量最多，占生育期总量的 51.9%～58%；糖分积累期耗水量占生育期总量的 27.1%～36.2%。如果水分供应不足，尤其是叶丛快速生长期和块根糖分增长期田间缺水，将会造成严重减产。

第二节 富硒甜菜播前准备

一、选地与选茬

（一）选 地

甜菜收获的产品是地下部的块根，土壤的理化状况与富硒甜菜的根系发育、块根的膨大增长和糖分的积累关系极为密切。因此，选择适宜的土壤种植富硒甜菜是获得富硒甜菜高产高糖的基础。

富硒甜菜对土壤要求不严，适应性较强。富硒甜菜在中性和微碱性土壤中生长良好。一般 pH 值为 6.5～8.0 时均可种植富硒甜菜，pH 值为 7.0～7.5 时最适于种植。它对酸性敏感，随土壤酸度加大，减产显著。pH < 5 时，富硒甜菜叉根增多。但土壤 pH 过高也不利于富硒甜菜的生长，PH > 8 时，减产 25%。富硒甜菜生长在地势平坦，排水良好，耕层深厚，松紧度适宜，通透性良好，养分含量丰富的土壤上。一般要求 0～20 cm 土层有机质 1% 以上，全氮 0.09% 左右，水解氮 50 mg/kg，速效磷 20 mg/kg，速效钾 80 mg/kg 左右的壤土类或轻黏土类种植为好，其中"黑油沙土"是栽培富硒甜菜最理想的土壤。低洼地区的黏土，排水不良，土壤过湿，甚至内涝积水造成有水无气；沙质土壤，含沙砾过多，瘠薄，保水、保肥差，均不宜种植富硒甜菜。

（二）选 茬

正确轮作倒茬是合理用地与养地的重要措施，它对减少富硒甜菜病虫害、合理调节土壤肥水状况、保证甜菜正常生长、提高甜菜的单产及含糖率，都有极其重要的意义。甜菜忌重茬与迎茬。研究表明，甜菜连作 2 年，块根减产 36%，含糖率降低 2 度；连作 3 年，块根减产 40%，含糖率降低 3 度。甜菜迎茬，块根减产 20% 左右，含糖率也明显下降，因而甜菜必须实行 4 年以上轮作。凡是收获较早，能及时秋耕、促进土壤熟化或能增进土壤肥力的作物，均是甜菜良好的前茬。麦类、油菜、瓜菜、豆类、棉花等是良好的前茬；玉米、马铃薯次之；苜蓿、麻类、糜黍、高粱、多年生牧草、向日葵等作物不宜作为甜菜的前茬。

富硒甜菜不宜与其他作物进行间作、套种，会对块根产量和含糖率产生不利影响，故是一种不科学的富硒甜菜种植方式。据调查，间作、套种的富硒甜菜，块根产量降低 30% 左右，含糖率只有 12.5%。

二、整地与施肥

（一）整 地

1. 深 翻

甜菜是深根作物，要求土壤疏松透气、透水良好，水肥供应适宜，杂草少。为达到以上要求，深翻整地是必不可少的。一般深翻地 0～30 cm 时，增产 10%～20%。据国外报道，在 0～60 cm 范围，随深耕而增产，最多可增产 50%。机翻适宜的耕深为 20～24 cm。甜菜耕地的时间可分为伏耕、秋耕和春耕三个时期，以伏耕最好，秋耕次之，春耕较差。如果来不及伏耕或秋耕，也可进行春耕。春耕宜早不宜迟，并要做到耕整地连续作业，结合镇压保墒。翻地时应做到耕翻及时，深度一致，行向直，不漏耕，不重耕。甜菜深耕的后效可达 3～4 年。因此，适当的深耕是甜菜丰产高糖的重要技术措施。

2. 耙 地

耕翻后应及时耙地。耙地主要是使土块松散,地表平整,耕层形成上虚下实的状态,有利于保持土壤水分,促进种子发芽及幼苗生长,同时对过深表土有镇压的作用。耙地方式有顺耙、横耙和对角耙。顺耙的碎土作用小,横耙的碎土和平土作用大,对角耙碎土的作用介于上面二者之间。一般这几种方法可以混合使用。

3. 耢 地

耢地又称盖地、探地、耢地,主要用于平土,也有碎土和紧土的作用。秋天耢地以平地、保墒为主,春天前期耢地以碎土平地为主,后期以保墒为主。耢地深浅一般3 cm左右。

4. 镇 压

镇压有压实土壤、压碎土块和平整地面的作用。一般作业深度可达3～4 cm,若用重型镇压器,则可达9～10 cm。当耕层土壤过于疏松时,镇压可使耕层紧密,减少水分的散失。播前镇压,可消除大块,防止播种后土壤下陷,保证播种深度一致,出苗整齐健壮。甜菜种子播深了不易出苗,播浅了生产中常因芽干使甜菜出苗不齐,幼苗长势不强,抵抗不住早期的病虫害、干旱和风沙。

(二)需肥规律与施肥

1. 甜菜的需肥规律

甜菜是对肥料反应敏感的作物,一般情况下施肥对甜菜的影响仅次于灌水。每生产1 000 kg甜菜,需要吸收N 4.5 kg、P_2O_5 1.5 kg、K_2O 5.5 kg。对氮、磷、钾的需要量一般比谷类作物分别多1.6倍、2倍和3倍。甜菜从幼苗至糖分积累期几乎都需要充足的养分。幼苗期甜菜生长缓慢,苗小,此期植株氮、磷、钾的吸收量分别占总吸收量的3%、1.5%、2%;叶丛快速生长期吸收氮、磷、钾分别为全生育期的46%、42%、28%;块根糖分增长期对氮、磷、钾的吸收量分别占总吸收量的35%、40%、51%;糖分积累期地上部和块根的增长都比较缓慢,对氮的需要量相应减少,而由于糖分形成和向块根输送,需要大量的磷、钾,这个时期吸收的磷占一生吸收总量的45%,钾占37.5%。在糖分积累期根外追施磷、钾肥,对提高含糖率有良好的作用。

2. 施肥技术

(1)基肥。甜菜需肥量大、吸肥力强、需肥时间长,必须有足够的养分满足其繁茂叶丛和块根生长的需求。基肥既能为甜菜提供生长所需要的养分,又能改善和提高土壤肥力。因此,施足基肥是提高甜菜产量和质量的关键之一。基肥的施用应以有机肥为主，配合施用无机肥。一般施优质腐熟有机肥 30 ～ 45 t/hm²，碳酸氢铵 450 ～ 750 kg/hm² 或尿素 150 kg/hm² 左右，过磷酸钙 750 kg/hm² 左右。基肥可全层撒施或集中条施。撒施最好结合秋翻施入。当肥料不足时，可将肥料条施以充分发挥肥效。在垄作地区可将肥料条施于原垄沟中，再破茬起垄。甜菜的基肥施用量一般为所有的有机肥和化肥总施肥量的 70% ～ 80%。

（2）种肥。甜菜苗期生长缓慢，苗较弱，同时由于气温低，基肥尚未发挥作用。此时，可施用一定数量的速效肥料。种肥可促进幼苗苗壮生长，增强抵抗病虫害的能力。种肥以磷为主，氮磷配合施用效果最好。磷肥能促进幼苗的发根、壮苗，增产效果显著。生产用含 P_2O_5 46% 的磷二铵复合肥，施用 150 kg/hm² 左右，过磷酸钙施用 112.5 ～ 150 kg/hm²。

种肥要深施，并与种子严格分开，防烧芽，影响全苗、壮苗。甜菜对种肥的要求比较严格，用量不能过大。过量的氮、钾会抑制苗期根系的发育，尤其是过量的铵盐对发芽和出苗更为有害。

（3）追肥。科学地实施追肥，是防止茎叶徒长、获得甜菜高产高糖的重要措施。甜菜定苗后不久，即进入叶丛形成期，根也开始膨大生长，对营养物质的需要量激增。此时常常因为种肥和基肥满足不了甜菜生长发育的需求，植株生长受到影响，应及时追肥。追肥在甜菜生育前期，即封垄前，在叶片 10 ～ 15 片时，可分两次施用或一次集中施用。第一次追肥应以氮、磷、钾配合为好，或氮、磷配合，以磷增氮。第二次追肥氮比磷要相对减少。而当土壤含氮较多时，甚至可以不施氮肥，否则容易造成叶丛徒长而影响根重，并增加根中有害氮含量。

在叶丛繁茂期，也可用叶面追肥的方法喷施 2% 的尿素溶液。

三、优良品种的选用

（一）优良品种的标准

（1）必须具有优良的经济性状和工艺品质。优良品种必须具有较高的块根产量和含糖率，同时要求块根中影响制糖的有害非糖物质含量要低。

（2）具有较强的适应性和抗性。适应性要广，同时应具有遗传的稳定性。多年种植，在外部形态和主要性状上不发生劣变。抗性主要指抗病性，如抗褐斑病、根腐病、黄化病等，同时包括抗旱性、抗寒性、耐湿性、耐盐碱性和抗抽薹性。针对各地区的特点，可选择当地需要的品种。

（3）适于机械栽培。随着甜菜机械化栽培和纸筒育苗移栽面积的扩大，对单胚型品种需要量逐渐增加，为了便于机械起收甜菜，可选有根头略大、根体较短的良种。

（二）甜菜优良品种选用的依据

优良品种都有一定的适应范围，应根据当地的自然条件和栽培水平，注意各种类型的搭配。水肥条件好、栽培水平高、无霜期长的地区，应选择多倍体品种或丰产型品种；无霜期短的地区，应选早熟品种；高产而糖分低的地区，宜选用标准偏高糖型的品种；低产区尽量安排多倍体品种或丰产型品种。一个地区不宜选择一个类型的品种或同一品种，以便发挥自然条件和品种互效作用，同时避免病虫害大发生而造成大面积的减产。北方地区主栽和主推优良甜菜品种如表 8-1 所示。

表8-1　优良富硒甜菜品种

品种名称	特征特性
甜研 2 号	生育期 170 d 左右，抗褐斑病、耐根腐病。适合黑龙江绥化、佳木斯、北安、齐齐哈尔，内蒙古东部、辽宁、吉林、新疆等富硒甜菜产区
甜研 309	生育期 150～170 d。抗、耐丛根病和根腐病的特性较强，兼抗褐斑病和白粉病。适宜黑龙江省明水、依安、阿城、佳木斯、呼兰、齐齐哈尔等地及内蒙古西部、甘肃西部、宁夏银川等地区种植
内甜抗 201	生育期 170 d 左右。块根呈圆锥形，较强的抗丛根病及抗褐斑病。适宜内蒙古自治区中、西部，西北及华北丛根病感病地区种植
吉甜 304	生育期 150～170 d，抗病性强，抗逆性强，根形成能力强，产量稳定，含糖率高。叶丛斜立，株高 55 cm 左右，根体圆锥形。适于东北地区和西北地区旱区肥力中等地块种植
瑞马	生育期 150 d 左右，叶丛直立，株高 54.4 cm，根型为圆锥形。抗褐斑病，耐根腐病。适宜在黑龙江省黑河、齐齐哈尔、哈尔滨、佳木斯、牡丹江等地区种植
ZM202	生育期 150 d 左右，抗根腐病、丛根病、褐斑病。适宜在黑龙江省的齐齐哈尔、大庆、黑河、哈尔滨等地种植
甜研 203	生育期 150～170 d。抗丛根病、褐斑病及耐根腐病。适宜在黑龙江、内蒙古、吉林、辽宁、新疆、甘肃、宁夏等省区种植
中甜 207	生育期 150～170 d，叶丛斜立，根圆锥形。抗褐斑病，耐根腐病。适宜在黑龙江、吉林、内蒙古乌兰浩特、甘肃、新疆等地区种植
阿迈斯（AMOS）	生育期 170 d 左右，叶丛直立型，块根圆锥形。抗立枯病、褐斑病、耐根腐病、丛根病。适宜黑龙江、内蒙古等地区种植
甜研 7 号	生育期 150～155 d。叶丛斜立，株高 55～65 cm，块根为圆锥形。抗褐斑病、耐根腐病

四、种子处理

（一）种子精选及发芽试验

选用种球直径大于 2.5 mm，种子纯度、净度在 97% 以上，多粒型二倍体种子千粒重 15 g 以上，多粒型多倍体种子千粒重 18 g 以上，单粒型种子千粒重 9 g 以上；种子含水率要求 15% 以下。对多倍体种子来说，要求三倍体种子（杂交种）的比率应达 60% 以上。此外，种子发芽率要高，多粒种应在 70% 以上，单粒种应在 80% 以上。

在种子精选前进行一次发芽试验，确定种子是否有选用的价值，如果没有种用价值就应更换，有种用价值的再进行精选。种子精选后再进行一次发芽试验，发芽率达到 75% 以上才能播种。

选种有机械选种和人工粒选两种方法。机械选种是通过筛选或空气浮力选种，清除杂质，选出粒大、饱满、完整的种子。人工选种是通过逐粒选择，清除病虫粒、破碎粒、小粒、瘪粒和其他杂质。

（二）药剂处理种子

为了防止富硒甜菜苗期病虫危害，补充营养元素和水分，促进种子萌发，富硒甜菜播前可进行浸种处理。常用的方法：每 100 kg 研磨过的种子，用甲基硫环磷 2 kg 或甲基异柳磷 1 kg，敌可松 0.8 kg，稀土微肥 0.3 kg，硼砂 0.3 kg，磷酸二氢钾 0.3 kg，对水 70 ~ 80 kg。药肥溶于水后，放入种子，将种子、药液混匀，浸种 24 h，稍阴干后即可播种。用"3911"乳剂或甲基硫环磷乳剂，防治富硒甜菜象甲和地老虎、蛴螬等地下害虫；用 0.8% 的敌克松药液拌种或甲基托布津或福美双粉剂拌种，防治富硒甜菜苗期立枯病。加入适量的水，浸种后再闷种 12 ~ 24 h。生产上，也可以用用种量 0.3% 的适乐时悬浮种衣剂包衣，便于集中作业，提高功效。

第三节　富硒甜菜播种技术

一、播种时期

富硒甜菜喜冷凉气候，较耐寒。一般富硒甜菜出苗时可以忍耐 –2 ~ 4℃低温；1 对真叶展开时，耐寒能力加强，可以耐短期 –8℃的低温；收获时块根可以耐 –5℃的低温。富硒甜菜最适宜的生长温度为 20～23℃。适期早播，延长生育期，是获得富硒甜菜高产高糖的有效措施。东北春播区适宜播种期为 4 月下旬，华北春播区及西北春播区为 4 月上旬。播种过早，幼苗生长缓慢，或种苗出土困难养分消耗得多，形成的幼苗瘦小细弱，抗病能力差；有些品种因苗期处于低温时间较长而产生抽薹现象。播种过晚，易产生 "高青顶"，含糖率及产量均较低。因此，应在播种适期内尽量早播，一般春季麦播后 5 cm 土温连续 5 d 稳定通过 5～6℃即可播种。由于我国各富硒甜菜产区的自然条件和耕作制度不同，播种期也有一定的差异，要根据当地的气候条件、土壤状况及病虫害发生规律，因地制宜确定适宜的播种期。

二、种植密度及播种量

（一）种植密度

确定密度主要考虑品种、肥水条件、种植方式及气候条件等因素。

一般叶数较多，叶片大，植株生长繁茂，块根产量高的丰产型品种，种植密度应小些，反之，高糖型品种密度应大些。无霜期短，年平均温度低、降水少的地区，单株生长量相对小些，应增加种植密度，以便充分发挥群体的生产力。土壤肥力高、施肥多，或有灌溉条件的地块，由于肥力充足，植株生长繁茂，需占据较大空间，故种植密度应小（稀）些；相反，土壤贫瘠、肥力少，或较干旱而又无灌溉条件的地块，富硒甜菜植株生长受限制，个体占据空间小，故种植密度应大（密）些。

东北垄作地区定苗密度一般为 6～9 万株 / 公顷，华北、西北和夏播产区，大部分采用畦作，行距较窄，密度一般为 7.5～10.5 万株 / 公顷。

（二）播种量

播种量的多少，因各地的情况不同而不同。应根据土地情况、播种方法、土壤墒情、种子质量等情况来决定。穴播比条播用种子少；土壤墒情差、有盐碱的土地，用种子量要大于整地细致、墒情好或土壤疏松的土地；种子发芽率低时要加大播量。机械条播时播种量不少于 18 kg/hm²，可适量减少播量。例如，穴播行距 70 cm、株距 20 cm，种子千粒重 20 g，则播量为 12 kg/hm²。

按公顷保苗数要求，根据种子净度、发芽率、千粒重及田间损失率计算播种量。

播种量（kg/hm²）= 公顷保苗数 × 千粒重 /[发芽率 × 净度 ×10⁶×（1- 田间损失率）]

田间损失率一般按 10% 计算。要求各排种口流量均匀，误差不超过 ±4%；播种量误差不超过 ±3%。

三、播种方法

（一）播种方法

在秋季整地的基础上，以播种机等行距条播效果为好，行距 40 cm 或 50 cm，株距 20 cm。采用宽窄行种植法，宽行 50 cm，窄行 40 cm。东部区行距 45 cm，株距 25 cm。此外，还可以采用人工点播或播种机点播。因为富硒甜菜种子小，吸水困难，幼苗顶土能力弱，播种时最好将种子播在湿土上，然后镇压，确保种子萌发对水分的需求。播后覆土深浅要适宜。覆土不可过厚，否则由于种子小，难以出苗。播种深度主要取决于土壤墒情的好坏，墒情好可播浅些，不好可播深些。一般 3～4 cm 为宜，最深不能超过 5 cm。

（二）播种质量检查

检查播种质量包括行距、株距、播种深度、播种量四项内容。检查时按对角线方向随机选取 10 个以上测定点取平均值。

（1）检查行距。拨开相邻两行的覆土，直至发现种子，用直尺测量其种子幅宽中心距离是否符合规定的行距，要求行距误差不应超过 5 cm。

（2）检查株距。每个测点顺播种行走向拨开 1 m 行长覆土，直至露出种子，数出 1 m 行长内的种子数，用 1 m 除以种子粒数，看其结果是否符合规定的行距，要求误差不超过 2.5 cm。

（3）检查播种深度。每个测定点拨开覆土直至发现种子，顺播种方向贴地表水平放置直尺，再用另一根带刻度的直尺测量出种子至地表的垂直距离。平均播深与规定播深的偏差不应大于 0.5～1.0 cm。

（4）检查播种量。在选定的测定点，顺播种行的走向拨开 1 m 行长覆土，直至露出种子，查种子粒数，即得 1 m 行长的播种行内实播种子数，与根据播种量计算出来的每米长度内应播种粒数比较。穴播还要检查各测点每穴播种粒数并测量穴距。每行应选 3～5 个测点，每个测点长度不应小于规定穴距的 6 倍，每穴种子粒数与规定粒数误差 ±2 粒为合格；穴距与规定穴距 ±（4～6）cm 为合格。精密播种机播种，粒距 ±0.2 cm 为合格。

第四节　富硒甜菜田间管理技术

一、查田补苗

（一）补　种

富硒甜菜播后缺苗现象经常发生。因此，当富硒甜菜出苗后，如发现有缺苗断垄的现象，要立即进行补种。补种应及早进行，补种过晚，由于早晚苗大小不一，田间管理工作难以进行，补种后出的苗常常长不起来，效果不好。通常，当幼苗刚出土，缺苗率在40%以下时，可以早期补种。如果缺苗率在40%以上，应及时进行毁种。为争取时间早出苗，可在补种前把种子用20℃水浸泡一昼夜，然后在室内晾干至种子表面无水即可。有条件的地方可进行催芽播种，即将浸好的种子放在湿麻袋片上，放在暖处或热炕上催芽，当种子刚刚露白时进行播种。催芽的种子一定要播在湿土上或雨后播种，如果土壤过干或者播后无雨容易造成芽干。

（二）移　栽

在补种来不及的地块，可采用移栽的办法，可在幼苗长到4～6片真叶时进行。带土移栽，幼根不受损伤。应于每日上午10时前和下午3时后进行补栽，做到随挖坑、随取苗。

二、间苗、定苗

（一）间　苗

富硒甜菜出苗后应及早间苗。如果不及时间苗，会产生争光、争水、争肥的现象，将大大影响幼苗生长。出现一对真叶时为间苗适期，最晚不应晚于二对真叶展开后。

（二）定　苗

一般在富硒甜菜2～4片真叶时定苗，利于壮苗早发。定苗实行留大去小、留壮去弱、留匀苗去大小苗、留健苗去病苗，禁止留双苗，尽量留子叶与行向垂直的苗。

三、中耕松土

富硒甜菜是中耕作物，又是深根作物。中耕具有抗旱保墒、疏松土壤、提高地温、除草、促进幼苗生长的作用。因此，富硒甜菜应该早中耕、深中耕。直播富硒甜菜出苗显行时即可中耕。移栽富硒甜菜，定根水浇后及早中耕松土，促进富硒甜菜缓苗。一般中耕 3 ～ 4 次。

四、科学灌水

（一）灌水原则

据苗情定灌水：当中午大部分叶片呈现萎蔫下垂时就应浇水。

灌溉质量要求：灌水均匀，不干不涝，土壤含水量保持在田间最大含水量的 60% ～ 70%。

据墒情定灌水：当土壤含水量低于最适含水量时，要及时灌水；地表有明水时，要及时排水。

据雨情定灌、排水：久晴无雨，或气温高，蒸发量大，土壤水分不足时，要及早灌水；降雨偏多的年份，加强排涝。

据地形和土质定灌水：沙壤土勤灌轻灌，土质黏重加大灌水量、减少灌水次数。

（二）灌水时期与定额

苗期植株需水量小，只要土壤水分能满足幼苗生长需求，一般不必灌水。

叶丛快速生长期是富硒甜菜需水量最大的时期。定苗后，结合追肥，蹲苗 1 周。如果无降雨，则应立即灌第 1 次水，水量为 300 ～ 450 m^3/hm^2。

块根糖分增长期富硒甜菜已封垄，需水量剧增，要求土壤含水量达到最大持水量的 70% ～ 80%。此时，我国东北及华北东部已进入雨季，降水一般可满足富硒甜菜生长的需要，但干旱年份及西北栽培区仍需灌溉。一般灌水两次，每次灌水 600 ～ 900 m^3/hm^2。

糖分积累期即收获前的 30 ～ 40 d，富硒甜菜需水减少，要求土壤含水量为土壤最大持水量的 60% ～ 70%。如果水分含量低于这个水平，也要灌水。一般可灌 1 次，干旱时期长时，也可灌 2 次，每次灌水 450 ～ 600 m^3/hm^2。在富硒甜菜收获前 10 ～ 15 d 应停止灌溉，以避免促进新叶生长消耗体内已积累的蔗糖并降低富硒甜菜块根品质。富硒甜菜灌溉时期、灌溉次数是和灌水量相配合的。要根据各地的具体情况，做到看天、看地、看富硒甜菜进行适时、适量灌溉。一般灌溉4～5次，总灌水量为 2 250～7 500 m³/hm²。

（三）灌水方法

灌溉方法因各地气候条件、栽培方式、水利设施等情况而定。目前，除少数有条件的种植面积大的地区采用喷灌等机械灌溉外，大部分地区的灌溉仍主要采用畦灌和沟灌两种形式。

五、富硒技术

用含硒 44.7% 的亚硒酸钠 20 g 或硒含量相等的补硒产品，加卜内特 5 mL 或好湿 1.25 mL，先用少量水调匀，再加水 15 kg 充分搅拌均匀，然后均匀地喷施在富硒甜菜叶片的正反面，以不滴水为度。在现蕾期、开花期、结子期分别施硒 1次，每公顷每次分别喷硒溶液 600～900 kg，间隔期 20 d。采收前 20 d 要求停止施硒。

六、病虫草害防治

（一）富硒甜菜主要病害的防治

1. 富硒甜菜苗腐病

苗腐病又称苗枯病，主要为害苗的茎基部和叶片。茎基染病初现水浸状近圆形或不定形斑块，后迅速变为灰褐色至黑色腐烂，致植株从病部倒折。土壤或株间湿度大时，病部及周围土面长出白色全灰白色丝状菌丝。叶片染病初现暗绿色近圆形或不定形水浸状斑，干燥条件下呈灰白色或灰褐色，病部似薄纸，易穿孔破碎。湿度大时，病部长出白色棉絮状物，即病菌菌丝体。病菌以菌丝体和卵孢子在土壤中越冬，条件适宜时萌发。发病后病菌主要通过病健株的接触和菌丝攀缘扩大为害，借雨水和灌溉水传播。该病在温暖多湿的年份和季节易发病，尤其是大雨过后发病较重；生产田地势低洼、积水、湿气滞留、栽植过密、偏施过施氮肥发病重。移苗栽植较直播的易发病。防治措施如下：①选用耐高温多雨品种；②施用充分腐熟的有机肥，避免肥料带菌传播病害；③选留种子要充分成熟，以利苗壮；④实行分次间苗和晚定苗，以保证定留壮苗；⑤及时发现并拔除病株，集中田外深埋或烧毁，病穴应马上撒生石灰灭菌；⑥适时适量浇水，浇水安排在上午进行，严防大水漫灌，雨后及时排水，以降低土壤和株间湿度；⑦发病初期及时喷洒 70% 乙膦铝锰锌可湿性粉剂 500 倍液或 60% 琥·乙膦铝可湿性粉剂 500

倍液、64% 杀毒矾可湿性粉剂 500 倍液、18% 甲霜胺锰锌可湿性粉剂 600 倍液、58% 甲霜灵·锰锌可湿性粉剂 500 倍液、72% 霜脲·锰锌及 72% 杜邦克露可湿性粉剂 800 倍液，隔 7～10 d 一次，连续防治 2～3 次。

2. 富硒甜菜蛇眼病

蛇眼病又称黑脚病，主要为害幼苗茎基部、叶、茎及根。茎基染病发芽后不久即显症，严重的未出土即病死。一般出土后 3～4 d 显症，病株幼苗胚茎变褐，尤其接近地面处很明显，后茎基部缢缩，引致猝倒。叶片染病初生褐色小斑，后扩大成黄褐色圆形小斑和大斑，块根染病从根头向下腐烂，致根部变黑，表面呈干燥云纹状，后出现灰黑色小粒点，排列不规则。病原菌随病残体留在土壤中或附着在种子上越冬，翌年先侵入幼苗形成黑脚，潮湿条件下借风雨或灌溉水传播，进行再侵染。苗期田间幼苗黑脚病发生适温 19℃，土壤干燥易发病。此外，施肥不当、生长衰弱、土壤偏碱等发病重。成株期湿度大易发生蛇眼病。防治措施如下：①选用无病种子，必要时进行种子消毒，适当增加播种量；②选用无病母根；③加强栽培管理；④发病初期喷洒 30% 氧氯化铜悬浮剂 800 倍液或 30% 碱式硫酸铜悬浮剂 400 倍液、47% 加瑞农可湿性粉剂 800 倍液、12% 绿乳铜乳油 600 倍液、40% 多硫悬浮剂 500 倍液、70% 甲基硫菌灵可湿性粉剂 1 000 倍液、75% 百菌清可湿性粉剂 1 000 倍液，喷对好的药液 750 L/hm²，连续防治 2～3 次。

3. 富硒甜菜褐斑病

主要为害成叶和叶柄，也为害茎和花，新叶很少发病。叶上初生圆形小斑，褐色，后病斑扩大呈圆形，中央呈黑褐色或灰色，边缘呈紫褐色或红褐色；病斑变薄变脆，容易破裂或穿孔，雨后或有露水时，病斑上可产生灰白色霉状物。在富硒甜菜生长后期，受害老叶陆续枯死脱落，新叶不断成长被害，使整个植株的根冠部变得粗壮肥大，青头很长。病菌以菌丝团在种球或病残体上越冬，成为翌年初侵染源。防治措施如下：①选用抗病品种，如甜研 201、甜研 301、甜研 302、甜研 303 等；②收获后及时清除病残体，集中烧毁或沤肥，减少越冬菌源；③实行 4 年以上轮作；④发病初期喷洒 50% 多霉灵可湿性粉剂 800 倍液或 70% 甲基硫菌灵可湿性粉剂 1 000 倍液、50% 多菌灵可湿性粉剂 800 倍液、40% 灭病威胶悬剂 700 倍液、40% 百霜净胶悬剂 600～700 倍液，隔 10～15 d 一次，连续防治 2～3 次。

（二）富硒甜菜主要虫害的防治

1. 富硒甜菜象甲

富硒甜菜象甲广泛分布于我国东北、华北、西北富硒甜菜产区。富硒甜菜象甲寄主很多，主要为害富硒甜菜和其他藜科植物，也为害向日葵、玉米、烟草及野苋菜等野生植物。富硒甜菜象甲以成虫、幼虫为害，富硒甜菜苗期受害最重，主要以成虫咬食刚出土的幼苗，食掉子叶，咬断生长点，重则缺苗断垄。幼虫于地下为害幼根和根部，阻碍养分和水分运输，致使叶片萎蔫、枯死。富硒甜菜象甲不善飞翔，主要靠爬行觅食，性喜温暖，但畏强光，多在土块下或枯枝落叶下潜伏，耐饥力极强。防治措施如下：①实行轮作，平整土地；②适时早播，增大播种量，晚定苗；③用 40% 的甲基异柳磷或 35% 的甲基硫环磷按种子量 0.3% ～ 0.4% 拌种，闷种 12 h，播种；④成虫大量迁入时，可用 50% 的对硫磷、50% 的久效磷或 20% 的灭扫利、5% 的来福灵、2.5% 的功夫常量喷雾，有较好防效；⑤富硒甜菜播种后，立即在地四周挖除虫沟，沟宽 23 ～ 33 cm，深 33 ～ 45 cm，沟壁要光，沟中放药毒杀，防止外来象甲掉入后爬出。

2. 富硒甜菜藜夜蛾

分布于东北、华北、西北等地，寄主有甜菜、菠菜、甘蓝、白菜、大豆、胡麻等作物。以幼虫取食寄主叶片，1 代幼虫发生时，严重危害富硒甜菜幼苗心叶、嫩叶，大龄时把叶肉吃光，仅留较粗叶脉及叶柄，咬断生长点，富硒甜菜生长受阻，含糖量降低，甚至全株死亡。成虫白天潜伏，晚间 10 时左右活动最盛，有趋光性和趋化性；卵多散产于富硒甜菜、灰菜叶正面或背面，也产于白菜、甘蓝叶片上，卵期 5 ～ 16 d；幼虫有吐丝假死性，白天潜伏，夜晚为害，幼虫 4 龄，幼虫期 17 ～ 32 d，老熟后入土化蛹。防治措施如下：①适时秋翻春耕破坏越冬场所。春季 3 ～ 4 月除草，消灭杂草上的初龄幼虫。②结合田间操作摘除卵块，捕杀低龄幼虫。③ 3 龄前喷洒 90% 晶体敌百虫 1 000 倍液或 20% 杀灭菊酯乳油 2 000 倍液、5% 抑太保乳油 3 500 倍液、20% 灭幼脲 1 号胶悬剂 1000 倍液、44% 速凯乳油 1 500 倍液、2.5% 保得乳油 2 000 倍液、50% 辛硫磷乳油 1 500 倍液。④提倡采用生物防治法，喷用含孢子 100 亿 / 克以上的杀螟杆菌或青虫菌粉 500 ～ 700 倍液。⑤施用甜菜夜蛾性外激素。⑥选用抗虫品种。

（三）富硒甜菜化学除草

1. 播前土壤处理

富硒甜菜田播种前土壤处理多采用混土处理方法，其优点是可防止挥发性和易光解除草剂的损失，在干旱年份也可达到较理想的防效，并能防治深层土中的一年生大粒种子的阔叶杂草。操作时混土要均匀，混土深度要一致，土壤干旱时应适当增加施药量。可选用的除草剂如下。

（1）乐利（环草特）。主要用于防除禾本科杂草和一部分小粒种子的阔叶杂草，74% 的乐利（环草特）4.5 ～ 6.5 L/hm²。一般在播前 5 ～ 7 d 用药，也可在前一年的秋天用药。

（2）金都尔。主要用于防除一年生禾本科杂草和部分阔叶杂草，90% 金都尔 1500 ～ 1800 mL/hm²，混土 5 ～ 7 cm。

（3）地乐胺。主要用于防除禾本科杂草和部分阔叶杂草，48% 地乐胺乳油用量为沙质土 2.25 L/hm²、壤质土 3.45 L/hm²、黏土 4.5 ～ 5.6 L/hm²，混土 5 ～ 7 cm。

2. 苗后处理

（1）防除禾本科杂草。常用的除草剂有：12.5% 拿捕净 1.5 L/hm²；15% 精稳杀得乳油 0.75 ～ 1.2 L/hm²；5% 精禾草克乳油 0.75 ～ 1.5 L/hm²；6.9% 威霸浓乳剂 0.75 ～ 1.05 L/hm²；12% 收乐通乳油 0.45 ～ 0.525 L/hm² 以及 10.8% 高效益草能乳油 0.45 ～ 0.525 L/hm²。上述药剂均于杂草 3 ～ 5 叶期喷施。

（2）防除阔叶杂草。常用的除草剂有：16% 甜菜宁水剂 6 ～ 9 L/hm²；25% 田安宁水剂 6 ～ 9 L/hm²。上述药剂均需在杂草 2 ～ 4 叶期用药。

第五节　富硒甜菜收获储藏技术

一、收获时期

富硒甜菜块根应掌握在工艺成熟期收获。收获过早会使块根减产，含糖率降低；收获过迟，富硒甜菜易遭受冻害，含糖率下降。气温降至 5℃，含糖率稳定在 16% 以上时为富硒甜菜适宜收获期。原料富硒甜菜工艺成熟的标志是块根重和含糖率均达到制糖标准要求，块根中非糖成分含量低，纯度达到 80% 以上。其外部形态是大部分叶由深绿色变成浅绿色，老叶变黄、少部分枯萎；叶姿态大多斜立，部分匍匐，叶片上出现明亮的光泽。

东北种植区富硒甜菜适宜收获期为 9 月下旬至 10 月上中旬；华北地区为 10 月中旬；西北地区为 10 月中下旬。当然，各地具体的收获时间还应根据当年富硒甜菜生长的实际情况来确定。

二、收获方法

目前，除种植面积大的地区采用机械挖掘外，一般都采用畜力收获或人工挖掘收获，即用畜力牵引的铲镗犁或翻地犁将富硒甜菜垄行镗 15 ～ 18 cm。

机械收获富硒甜菜，主要采用拖拉机牵引摘掉犁壁的四铧犁或五铧犁进行挖掘。犁铲入土深度 20 ～ 22 cm。每次挖松富硒甜菜两垄，尾根被切断，块根原位松动，不失水，可防止富硒甜菜块根受冻。

三、切削及储藏

根头切削采取一刀平削和多刀切削相结合，除净块根上的泥土、较大的须根、顶芽、侧芽，并将直径 1 cm 以下的根尾去掉。

富硒甜菜切削后，如果不能及时拉运到糖厂加工，应在田间妥善储藏。一般每堆 1 吨左右，覆盖富硒甜菜叶或 7 ～ 10 cm 湿土。如果田间储藏时间长，堆中间应竖 1 ～ 2 个通风草把，上细下粗，直径为 15 ～ 20 cm，然后在堆上覆一定厚度的湿土。封堆前再加土一次，封堆后的富硒甜菜要及时检查，堆内温度不要超过 6 ～ 8℃，防止堆中富硒甜菜发热霉烂。

第六节　富硒甜菜纸筒育苗栽培技术

富硒甜菜纸筒育苗移植栽培技术是提高富硒甜菜单位面积产量的方法之一，此项技术增产增糖幅度较大，尤其在内蒙古及西北、东北等地区应用较多。

一、富硒甜菜纸筒育苗栽培增产原理

（1）延长营养生长期。甜菜块根产量和含糖率与其生育期长短密切相关。一般甜菜产区有效积温变化在 1 900 ～ 3 200℃，有些地区不能满足富硒甜菜生育期间对温度的要求。采用纸筒育苗栽培可增加积温 400 ～ 600℃，延长富硒甜菜生育期 35 ～ 45 d。在一定的地区，纸筒育苗富硒甜菜可提前 20 d 左右进入叶丛生长期，块根膨大增长期提前，延长了块根膨大增长期和糖分积累期，有利于大幅度提高块根产量和含糖率。

（2）光合势大，光能利用率高。由于生育期延长，总光合势特别是中后期的光合势明显高于直播富硒甜菜，比直播甜菜提高光能利用率 0.12% 以上。干物质的生产时间长，分配到块根中的多，利于块根的膨大和糖分积累。

（3）利于保证全苗，建立合理的群体结构。纸筒育苗可在人为控制的温度、水分、养分条件下培育壮苗，根系不受损伤，移栽成活率可达 95% 以上，还可通过补栽使富硒甜菜保苗率达到 98% 以上，保证了单位面积上的株数，为建立合理的群体结构奠定了基础。这在干旱多风、不易获得全苗的地区对夺取富硒甜菜高产具有更明显的作用。

（4）增强富硒甜菜抗病虫能力。纸筒育苗土通过消毒和配入适宜的养分，可培育壮苗，避免立枯病的发生。到移栽时植株已长出2对真叶，躲过苗期害虫的为害。生产实践证明，纸筒育苗富硒甜菜比直播富硒甜菜增产30%左右，增加含糖率0.2%～0.5%。纸筒育苗栽培富硒甜菜是实现高产高糖的经济有效的种植方式。

二、富硒甜菜纸筒育苗栽培技术

（一）育苗前的准备

适宜的育苗期为移栽前35～45 d，在当地夜间温度能稳定在 -5 ℃时进行育苗比较适宜。

育苗场地要选择背风向阳、地势平坦、排水良好、不受畜禽危害和便于管理的地方。甜菜本田需育苗床37.5 m^2/hm^2。

育苗塑料棚的式样有以下几种，可根据条件选用。

1. 单拱棚

一般东西朝向，南北延伸。棚架用3 m长竹片，按0.5 m的间距插入两侧土埂，两端各入土15～20 cm，使竹片形成的拱高均为0.8～1 m，宽均为1.5 m，长度根据育苗数量确定。

2. 土坯或砖棚

用土坯或砖修筑围墙，坐北朝南，南墙高30 cm，北墙高50 cm，两侧东西墙长1.8 m，长度根据育苗数量确定。东西墙顶部预先留出可开闭的通风口。棚顶每隔50 cm横1根木杆，用泥抹牢。四面围墙的顶部都应抹成光滑的圆拱形，以便将来覆盖塑料膜时不损坏薄膜。

3. 大棚

分为竹木结构和无立柱钢筋结构两种。一般为东西朝向，南北延伸。用钢筋、竹竿、木杆等做骨架。竹木结构大棚高2～2.5 m，宽6 m，骨架间距0.5～0.8 m，长度根据育苗数量确定。为增强保温效果，可采用多层覆盖技术。

为了防风保暖，应在距离育苗棚1.5 m的周围用秫秸、树枝等夹好防风障，高度1.5～1.8 m即可。

育苗纸筒有两种类型：一种是直径1.9 cm，长13 cm，适于平畦移栽；另一种是直径1.9 cm，长15 cm，适于垄作。每册纸筒1 400个，60册供1 hm^2地使用。

（二）育苗土的配制

育苗营养土必须选择富含腐殖质、通透性强、持肥水性好、无病菌感染、6

年以上未种过甜菜的玉米地、麦地或园田地表土，严禁取 4 年以内施用过普施特，3 年内施用过豆磺隆，2 年内施用过绿磺隆、阔草清、金豆、阿特拉津等长残效期除草剂地块的土壤，避免用碱土、沙性土、草籽多的土或酸性过强的土。用量 3 600 kg/hm²，配制比例：用腐熟好的羊粪或其他腐熟的有机肥，分别与育苗土按体积 1∶5 或 1∶3 充分混合，并过 6～8 mm 的筛子，同时加入磷酸二铵、硫酸钾或甜菜育苗专用肥、杀菌剂混合。床土 pH 酸碱度应调整在 6.5～7.0 为宜。

（三）育 苗

1. 纸筒装土

先把纸筒固定在蹾土板上，将配制好的床土用工具分 2～3 次装入纸筒，边装边蹾，装满蹾实为止。纸筒上端留 1 cm 高的空隙，以便播种用，然后将纸筒移到苗床上，1 册挨 1 册地摆平放正。纸筒的四周用土培好，培土宽 15 cm，高度与纸筒上口保持一致，培严，踩实，防止边行纸筒干燥，影响发芽和幼苗发育。

2. 播 种

用一根粗细适宜的小棍在每一个纸筒中心扎一个小孔，深度为 1 cm 左右，点放一粒种子（适宜用遗传单粒籽），种子发芽率在 90% 以上。为减少空筒的发生，每穴点 1～2 粒种子。播后用装土剩余的育苗土立即覆土，并扫去多余的土，露出纸筒边缘。

3. 浇水及扣棚

播完后立即用喷壶洒透水，水温在 20～30℃，水量为每册 10～15 kg，浇匀浇透，特别是要注意浇透边缘的纸筒，以保证纸筒内种子能够充分吸水发芽。浇水应在下午进行，浇后当日扣棚。播完一床后，按拱棚规格，用竹条构筑拱棚。与此同时，将湿润的床面覆盖一层塑料薄膜，用以增湿保温。床膜四周用土封压，随后用塑料薄膜覆盖拱棚，四周薄膜延出 30～40 cm，先行绷紧，四周用土压实。

（四）苗床管理

1. 温度管理

（1）播种—出苗（5～7 d）。棚内平均适宜温度 15～20℃，最高 25℃，最低 10℃。白天揭去草帘等，接受光照，提高棚内温度。夜晚加盖草帘等保温。如遇寒流或阴天，白天仍保留覆盖物。扣棚 3 d 后可在晴天中午揭开覆膜两端通风 1～2 次。

（2）子叶期（出苗—子叶展开）。棚内适宜温度 15～20℃，平均 10℃以上，最低 0℃以上。白天棚内温度 20℃以上时，即揭膜通风降温，防止苗徒长。先揭开一端（东或西）小通风，而后再揭开另一端，使棚内温度趋于一致。下午 4 时起关严通风孔，气温逐渐下降后，加盖保温物保温。

（3）1 对真叶期。播后 20 ～ 30 d，白天棚内温度 15 ～ 20℃，夜间 0℃以上，白天 9 ～ 16 时之间可整天揭膜通风，夜间加盖保温物，注意防冻。

（4）2 对真叶期。播后 31 ～ 40 d，是炼苗期，即低温锻炼幼苗，使之适应外界气温。当没有寒流、夜间最低气温 0℃以上时，可昼夜不覆膜。此时，苗床应保持干燥，幼苗不萎蔫即可。若遇低温或雨雪，幼苗受到轻微冻害时，可在苗上盖一层报纸等，防止阳光直射，温度骤升，应使受冻幼苗缓慢恢复为好。

为随时掌握棚内温度，应每天 8 时、14 时、20 时观测棚内悬挂的温度计度数。棚内最低温度应在凌晨 3 ～ 4 时观测，以便根据温度采取相应措施。

2. 水分管理

播后浇完水，在幼苗出土后，直至第一对真叶展开前，不宜浇水过多，保持土壤湿润，土壤含水量在 18% 即可，否则易发生立枯病。到移栽前 1 周，水分状况以控制到床面不过分干燥为宜。定植前 1 d 进行一次充分浇水，直到水渗到纸筒基部，每册浇水 4 ～ 5 kg，达到纸筒末端土壤湿润为准。出床时，筒内土壤含水量以 20% 左右为宜，以利栽后幼苗成活。

3. 间苗与补苗

幼苗全部出齐后，及时间苗，必须在子叶期间完成，每个筒内保留 1 株壮苗，同时清除杂草。

4. 促壮苗

子叶后期，开始每天炼苗。在上午 10 时后，用软扫帚轻轻扫动幼苗，每天 3 次，每次向同一方向扫，下次向相反方向扫。第一对真叶展开后，要逐渐增加扫压次数，扫压程度也要逐渐加大，同时扫苗可以往返进行。每天数次，持续到移栽为止，培育壮苗。

5. 追　肥

一般可不必追肥，但秧苗表现脱肥时，适当追液肥，按 100 kg 水中加入尿素 0.2 kg、过磷酸钙 2 kg、硫酸钾 0.1 kg，搅拌均匀，每 4 册纸筒用液肥量为 1 kg，喷施液肥后，用清水冲洗幼苗。另外，在移栽前 2 ～ 3 d 进行一次追肥，有利于返青和生长。

（五）移栽技术

当日平均气温稳定在 5℃、地表最低温度稳定在 0℃以上，即可移栽。移栽幼苗为 4 ～ 6 片真叶，最好 4 片真叶。苗龄一般为 30 ～ 35 d。

移栽方式一般分为机械移栽和人工移栽。移栽前1 d育苗纸筒必须浇透水，便于纸筒分离。

移栽时0～15 cm土壤含水量应达20%以上，否则应坐水移栽。移栽深度应使纸筒口不露出地面，深浅一致，株距均匀，纸筒栽直。移栽后及时浇水，以利移栽苗成活。

第七节　富硒甜菜地膜覆盖栽培技术

一、富硒甜菜地膜覆盖效应

（一）提高富硒甜菜生育前期地温

地膜覆盖栽培明显增加地温。增加地温的规律：气温低时比气温高时增温效果明显，越是气温急剧下降，保温效果越显著；晴天比阴雨天增温高；覆膜作物叶面积指数不同，增温作用有明显的区别。富硒甜菜覆膜的增温效果主要在生育前期。4月28日至6月16日，覆膜富硒甜菜0～5 cm耕层地温每天增加3℃以上的时期长达50 d。由于覆膜富硒甜菜前期生长旺盛，封垄期提前，因此进入7月份后，当叶丛进一步生长繁茂，地面覆盖面加大，遮蔽阳光，其增温效果就不显著，与不覆膜的富硒甜菜趋于平衡。覆膜富硒甜菜由于提高了前期土壤温度，相应地也提高了前期的积温，从而为富硒甜菜种子萌发和幼苗的生长创造了有利条件。这对春季因积温低延缓出苗的北方地区来说，显得尤为重要。

（二）改善土壤水分状况

甜菜覆膜栽培，可有效地抑制土壤水分蒸发，并使水分通过土壤毛细管作用上升到耕作层，提高耕作层土壤含水量。同时，蒸发的水汽在薄膜上凝成水珠后，又返落土壤中，从而大大提高表层土壤含水量，有利于富硒甜菜种子的萌发和幼苗的生长。据测定，地膜富硒甜菜比裸地富硒甜菜5 cm耕作层土壤含水量增加32.3%，10 cm耕作层增加4.87%。

（三）改善土壤理化性状，促进养分转化

覆膜栽培随着土壤水分和温度的改善，有利于土壤耕作层微生物的活动。同时，由于地膜覆盖，避免了雨水的冲刷，保持了土壤的疏松状态，有效地防止了

土壤板结，从而改善了土壤的理化性状，土壤容重减少，孔隙度提高。在覆膜条件下，耕层土壤容重比裸地直播减少 0.07 g/cm³，孔隙度提高 2.34%，土壤空气增加 1.81%。覆膜可提高土壤有效氮、磷的含量。据测定，地膜富硒甜菜 0 ~ 20 cm 耕层土壤有机质含量较裸播富硒甜菜减少 0.2% ~ 0.49%，全氮增加 0.059%，速效氮增加 23% ~ 50%，速效磷增加 12% ~ 18.8%，速效钾增加 25% ~ 27.9%。

盖膜既阻止土壤养分挥发损失，又避免了由于雨水、灌水冲刷而淋溶损失，从而提高了土壤养分的利用率。

（四）促进根系发育，提高光合能力

覆膜后，由于改善了土壤的理化性状，增加了可给态养分，从而为根系的良好发育提供了有利条件。覆膜促进了富硒甜菜生育前期叶片的生长，有利于提高光能利用率，较早、较多地积累物质，从而加速富硒甜菜苗期的形态建成，为后期块根增长和糖分积累奠定物质基础。

（五）抑制返盐

地膜覆盖栽培，减少了土壤水分蒸发，抑制了土壤盐碱随水上移，降低了耕层土壤盐碱含量。土壤盐渍化程度越高，抑盐作用越显著。不同土壤耕层抑盐作用不同，0 ~ 20 cm 抑盐效果最好，降低 41.7%，20 ~ 40 cm 降低 28.3%，40 ~ 60 cm 降低 10.4%。因此，轻盐碱地采用地膜栽培有利于保全苗。

（六）抑制杂草，减轻草害

膜内温度高、湿度大，促使杂草早萌发、早出苗。当膜内温度上升到 40℃以上时，杂草在密闭条件下，逐渐变黄、枯萎、死亡，温度越高枯死越快，特别是对一年生杂草杀灭作用更佳。

（七）减轻富硒甜菜白粉病及象甲为害

据试验，地膜富硒甜菜白粉病发生较裸地富硒甜菜轻。地膜富硒甜菜白粉病发病率 17.7%，病情指数 1.45；裸地富硒甜菜发病率 34.84%，病情指数 3.01。分别减轻 17.14% 和 1.56。

地膜栽培对防治富硒甜菜象甲有非常明显的效果。据试验，覆膜后，由于改变了富硒甜菜象甲喜温热干燥的生活环境，使象甲体表蜡质在高温影响下受到破坏，导致象甲体内外渗透压失去平衡而死亡。当膜内湿度接近饱和状态，温度在 40℃以下时，象甲生存最长时间 4 ~ 7 d；温度升到 40 ~ 44.6℃时，可生存 1 ~ 2

d；膜内温度持续在44.6℃以上时，象甲只能生存4～8 h。此外，地膜栽培富硒甜菜出苗时，前期生长发育快，避开了象甲成虫盛发期的为害。即使为害，由于富硒甜菜苗较大，只会啃食部分叶片，不会造成整株毁灭。

二、地膜栽培对富硒甜菜生长发育的影响

（一）促进甜菜生长发育

据试验，4月上中旬播种，地膜甜菜7 d出苗，提早出苗4 d，地膜甜菜出苗率70.9%～87.5%，裸地甜菜出苗率48%～67.4%，提高20.1%～32%，而且整齐一致。

由于地膜覆盖的综合效应，促进了甜菜的生长，特别是苗期和叶丛快速生长期尤为显著。5月上旬测定地膜甜菜株高、百株鲜重都明显增加，幼苗生长量是裸地甜菜的2.8倍，干物质增长是裸地甜菜的2.7倍。6月上旬至7月中旬是地膜甜菜增长速度最快的时期，单株绿叶数比裸地甜菜多3.1～4.8片，叶面积指数（单位面积上的叶面积）是裸地甜菜的1.45～2.77倍，6月中旬地膜甜菜达到封行时，光能利用率提高0.75%，比裸地甜菜高出0.69～1倍，大大加速了生长发育和干物质积累。叶丛快速生长期，地膜甜菜干物质积累比裸地甜菜高2.1倍。7月中旬以后，地膜甜菜生长中心逐渐向地下部转移，但仍维持较高的叶面积指数。8月中旬地膜甜菜单株绿叶数达到30片，叶面积指数4.4～5.9，比裸地甜菜高1.3～2.8倍。这对提高地膜甜菜中、后期光合作用，增加块根产量和含糖率都是十分有利的。

（二）加速甜菜块根糖分增加

地膜覆盖促进了甜菜前期生长发育，提高了光能利用率，加速了干物质的积累，整个生育期块根增长速度均高于裸地甜菜。据测定，6月份块根干物质重比裸地甜菜高75.5%，7月中旬块根增长提高137.6%，8月上中旬高127.3%，8月下旬以后逐渐减弱，9月上旬地膜甜菜块根重达到87%。地膜甜菜加速了甜菜块根增长进程，因而可大幅度增产。

地膜覆盖促进了甜菜生长发育，形成强大的同化器官，生产大量光合产物，除一部分用于植株形态建成外，将比裸地甜菜多得多的光合产物输送到地下，以蔗糖形式储藏于块根中。因此，在整个生育过程中，地膜甜菜块根含糖率均比裸地甜菜高，收获期含糖可高0.4～1.3度。

三、甜菜地膜覆盖栽培技术要点

（一）选地

由于甜菜具有强大的根系，对土壤质地的要求不太严格，一般大田作物能生长的土地，均可种植甜菜。但低洼地通透性不良，在地膜覆盖条件下，膜下土壤持水量过高，土壤毛管水分充塞，氧气缺乏，二氧化碳浓度过高，使甜菜呼吸受阻，造成早衰或死亡，或者导致块根腐烂，严重影响产量和含糖量，甚至造成绝产。所以，这类土壤不宜覆膜种植甜菜。

因覆膜甜菜吸肥量较大，应选择土壤肥力中等、土层深厚、结构良好、有机质丰富、盐碱轻、芦苇等杂草少、总盐量 0.5% 以下、具有便利灌溉条件的地块为宜。前作以麦类、豆类、绿肥等为宜。

（二）合理轮作

地膜覆盖栽培对轮作不会产生重大的改变，所以在安排甜菜覆膜时，应遵循各地原来形成的合理轮作序列，切忌重茬和迎茬。根腐病严重地区轮作周期不应少于 7 年。

（三）深松整地，施足底肥

甜菜是深根作物，深松能保持原耕作层，同时使甜菜根系下扎，根体易于膨大。要求秋深松 25 ～ 30 cm，并做到耙平耙细。地膜甜菜生长势强，需要的养分比不覆膜的多，因此要施足底肥。产甜菜 30 000 ～ 45 000 kg/hm²，一般用优质农家肥 30 000 ～ 45 000 kg/hm²、标准氮肥 375 kg/hm²、过磷酸钙 450 ～ 750 kg/hm²。精细整地是铺好膜的基础。

因为甜菜播种早，所以地膜甜菜必须秋耕秋灌，灌后平好地。早春精细整地要达到墒足、地平、地净、土细等标准，为地膜甜菜创造良好的条件。

（四）播种与覆膜

先播种后覆膜，可使整个种床处于覆膜封闭状态，加速地温升高和土壤水分向上运行，促进种子萌发。可是，这种方式放苗和围土比较费工，放苗不及时容易烫苗。

先覆膜后播种，在早春返浆期覆膜，适期播种。一般来说，其缺点是播种后种子所处部位的水热条件较差。

地膜甜菜播种期比不覆膜的早，一般来说，在 5 cm 地温稳定通过 5℃时即可播种。播种过早保苗困难，播种过晚易造成高青顶，含糖率也受影响。由于地膜改变了土壤水、热、气状况，提高了土壤温度，可以比当地直播甜菜提早播种 5 ~ 10 d。春播东北地区一般在 4 月上旬，华北地区在 3 月下旬为宜。

地膜栽培甜菜的播种方法，一般应采取穴播法。先覆膜后播种时，放苗不易掌握，放苗后封孔困难，先覆膜后播种就无法条播。所以，应按照密度及株距配置，采取穴播点种。一般株距 27 ~ 30 cm，行距膜上 40 cm，膜间距 50 ~ 60 cm，种植密度为保苗 6.7 万株 / 公顷。

覆膜比露地栽培应浅一些，以 3 cm 左右为宜，但也要根据土壤水分情况而定。土壤水分少时，则可适当加深一些。如果土壤含水量过低，则应坐水种。点籽均匀，不要成死簇，覆土 3 cm，然后覆膜。这样有利于增温、保水、防冻，可有效地提高保苗率。

在早春干旱、低温的地区，以采用先播种后覆膜方法为好。

覆膜规格：使垄顶裸露膜宽度在 25 cm 左右，以利采光。垄体两侧用土压膜宽度各 10 cm 左右，覆土厚度不少于 5 ~ 6 cm。两侧覆土时要将地膜绷紧，使薄膜与地面贴合。

机械覆膜时，要求走向直，速度不要过快，将地膜展匀，不出皱褶，膜边压土严密，留出足够的采光面，其宽度不应少于 25 cm。

（五）管理

1. 及时开孔放苗

采用先播种后覆膜播种的方法，由于增温、保墒效果好，种子萌发快，大约播种后 10 d 左右即可出苗。应及时开孔放苗，这是非常重要的技术环节。因地膜透光性很强，膜下空间增温很快，中午时膜下气温可达 40℃，最高达 50℃左右。因此，出苗后如不及时放苗，幼苗会因高温烘烤而遭热害，直至烤死幼苗。适时放苗还可以防止冻害。出苗后，如出现 -3℃以下低温，因膜下空气处于饱和状态，致使地膜下表面凝结的水珠结成冰霜，膜下温度低于外界温度。在这种情况下，使接触地膜的甜菜子叶也呈冻状而受害。因此，适时开孔放苗，除防止地膜烫苗外，在出现 -3℃以下低温时，能避免冻害。具体放苗时间因覆膜情况而异。如果按照技术要求播种、覆膜，使地膜距种穴地面间有 3 cm 左右的空间，在这种情况下幼苗距地膜 1 cm 开孔放苗。当地膜紧贴种穴地面时，两片子叶出土后立即放苗。对于采用先覆膜后播种和使用覆膜点播机进行播种，如果出苗前降雨，则势必形成板结，严重影响出苗，最好是人工破除板结。

穴播放苗将苗穴处地膜割成直径 5 ～ 6 cm 的孔洞，使大部分苗露出即可。放苗后立即用土将洞周围的地膜埋严，保持地膜处于封闭状态，以充分发挥覆膜的生态效应。开孔放苗要抓住"早"字和"严"字，即出苗后提早放苗，苗穴覆土严密。

2. 查田补种

覆膜栽培也难免出现缺苗现象。造成缺苗的原因很多，如种子质量差，发芽率低；播种过深、过浅，种子落在干土上；种子接触化肥；受到甜菜立枯病、象甲和金龟子等病虫为害。将种子用温水浸种和催芽，当胚根伸出 2 cm 左右，进行坐水补种。

3. 间苗、定苗与补栽

及时间苗、定苗与甜菜生育和产量有密切关系。甜菜间苗应以间早、间小、间好为原则。出现 2 对真叶时为间苗的适期，不应晚于 2 对真叶。间苗时每穴保留 2 ～ 3 株幼苗。间苗后 1 周左右为定苗适期，每穴只留 1 株健壮苗。间苗和定苗期间风大、病虫害严重时，可酌情适当晚一些，并应在边行留些备用苗，以便移苗补栽。移苗时，根据墒情确定移苗措施。原则是栽小不栽大，一般长出 2 ～ 3 片真叶时栽苗适宜，大苗挖苗时容易伤根，缓苗慢，成活率低。

移苗补栽时不要损伤地膜，要做到随挖苗、随浇水、随培土的连续作业，勿使挖下的苗放置过久，以免萎蔫不易成活。移苗造成苗穴周围地膜透风时，要立即用土埋好。

4. 追肥灌水，中耕培土

6 月上中旬，真叶 12 ～ 15 片时进行追肥灌头水。追肥以氮肥为主，配合磷钾肥。追肥要深施，其方法可选择：用中耕施肥机一次性深施；机械开沟人工深条施；用点播器打孔穴施。追肥时离苗 5 ～ 10 cm 远，深度控制在 10 cm 左右。施肥后及时覆土浇水，以充分发挥肥效，提高化肥利用率。追肥灌水后，待地表略干时在两膜之间深中耕，培土起垄。培土以不埋心叶为原则，达到平播后起垄，以缩小青头，促进块根增长，实现增产增收、提高品质的目的。

5. 适时揭膜

由于甜菜封垄后，田间郁蔽度增加，增温效应逐渐减弱，到 6 月底 7 月初时，地温往往低于裸地甜菜，地膜已不起作用，并且因其阻隔水分渗入，影响灌水质量。在生育中后期，由于膜内温度过高，膜下土壤耕层水、热、气不协调，使根系生活力减弱，吸收养分减少。加上地膜甜菜由于土壤温度过高，往往疯长，相互遮阴，日光被繁茂的叶冠层截取，下部叶常处于缺光状态，消耗养分，使地膜甜菜含糖率出现下降趋势。

地膜甜菜中后期土壤湿度过大，根系生活力下降，有利于根腐病发生。据试验，地膜甜菜中后期根腐病发病率 17.5%，病情指数 13.1，裸地甜菜中后期发病率 8.7%，病情指数 5.5。根腐病发病率比裸地甜菜高 8.8%，病情指数比裸地甜菜高 7.6。褐斑病也较重。

因此，地膜甜菜揭膜十分必要，揭膜期在覆膜后 70～80 d 为宜。据试验，揭膜比全生育期覆膜增产 9.4%，含糖提高 0.6 度，产糖量增加 13%。同时，揭膜可以减少污染；废膜经过加工可再利用。揭膜后，要及时进行中耕、培土、灌水等田间作业，以免土壤失水过快，影响甜菜正常生长。

6. 病虫害防治

覆膜甜菜生长繁茂，要加强中、后期的病虫害防治，重点防治甜菜根腐病、褐斑病和草地螟。

7. 适时收获

收获期以 10 月上中旬为宜，收获时严格按"国标"进行修削，起收做到"四随"（随挖、随削、随堆、随运）。运回院内的甜菜要苫盖好，防止块根因风吹、日晒、干耗、受冻变质造成损失。

第九章 富硒甘薯生产关键技术

甘薯又称红薯、番薯、山芋、地瓜、金薯、红苕、甜薯等，为双子叶植物，是旋花科甘薯属的一种具有蔓生习性的草本植物。在热带或亚热带地区能终年常绿生长，为多年生植物；在温带，遇霜易受冻害死亡，为一年生植物。原产于美洲中部的墨西哥、哥伦比亚一带，耐旱、耐瘠、稳产高产、适应性强、易栽培。

甘薯品种颇多，形状有纺锤、圆筒、椭圆、球形之分；皮色有白、淡黄、黄、红、紫红色之别；肉色有黄、杏黄、紫红色诸种。甘薯营养丰富，既是香甜可口的美味蔬菜，又有较高的药用价值。甘薯含有膳食纤维、胡萝卜素、维生素A、维生素B、维生素C、维生素E及钾、铁、铜、硒、钙等，营养价值很高，是世界卫生组织评选出来的"十大最佳蔬菜"的冠军。甘薯含热量非常低，是一种理想的减肥食品。它还有保健的作用，能够抗癌、抗衰老、抑制胆固醇、降血脂及增强免疫力等。此外，甘薯还作为工业原料，广泛运用于食品、医药、化工、印染、造纸等行业。

富硒甘薯是一个现代名词，因为这种甘薯中的微量元素含量较高，尤其是硒的含量较高，与其他甘薯相比，富硒甘薯硒的含量高出百倍，所以叫作富硒甘薯。今后在富硒甘薯的种植中应注意以下方面：首先，通过大田实验培育多品种富硒甘薯，确定最佳品种；其次，通过多梯度施硒来确定甘薯中的最佳硒含量；最后，针对富硒甘薯研制开发不同的富硒甘薯制品，以满足市场需求。

第一节　富硒甘薯栽培基础

一、甘薯的一生

（一）植物学特征

1. 根

甘薯的根因繁殖方法不同，分为以下两种。

（1）种子繁殖。采用种子繁殖时，种子萌发，胚根最先突破种皮，向下生长形成主根，主根上再长侧根，主根和部分侧根发育成块根。

（2）营养器官繁殖。由甘薯的块根、茎、叶柄等长出的根都是不定根，不定根可以分化发育成纤维根、牛蒡根和块根三种形态的根。

甘薯块根由皮层、内皮层、维管束环、原生木质部、后生木质部组成。

甘薯的形状、皮色因品种、气候、土质而不同。块根的形态变异很大，形状有纺锤形、圆筒形、椭圆形、球形、块状等。薯块表面有的光滑，有的粗糙，也有的带深浅不一的小沟。块根皮色有白、淡黄、黄、红、褐、紫等多种。块根肉色有白、黄白、橘黄、橘红或带有紫晕等。肉色深浅和胡萝卜素含量高低有密切关系，含量高的肉色较深。块根的皮色、肉色是鉴别品种的重要特征。

2. 茎

甘薯的茎是输导养料和水分的器官，也是繁殖器官。甘薯的茎细长蔓生，主蔓生出多条分枝，粗 0.4～0.8 cm。品种和栽培条件不同，茎的长度、颜色、粗细、节间长短、分枝等也不同。甘薯的茎短的不足 1 m，长的能超过 7 m。肥水充足，茎较长；反之较短。茎色分为绿色、紫色、褐色、绿中带紫色。甘薯的茎分为匍匐型、半直立型。大部分品种的茎匍匐在地面生长，称为匍匐型或重叠型；少数品种茎叶半直立生长，比较疏散，这类品种的株型称为半直立型或疏散型。长蔓品种一般匍匐性强，分枝少；短蔓品种半直立性强，分枝多。茎上有节，节间长短与蔓的长度有关，一般长蔓品种节间长，短蔓品种节间短。茎的皮层部分有乳管，能分泌白色的乳汁，乳汁多的茎粗壮。茎的节间处有腋芽，腋芽伸长长成分枝。茎节内根原基发育不定根，生产上就是利用这种再生能力进行繁殖的。

3. 叶

甘薯的叶为单叶互生，只有叶片和叶柄，而无托叶。品种不同，叶片的形状也不同，有心脏形、肾形、三角形、掌状等。叶缘有全缘、带齿、深复缺刻、浅复缺刻、深单缺刻和浅单缺刻。有些品种在一株上有两种或两种以上的叶形。叶色有深浅不等的绿色、褐色和紫色，顶叶颜色有浅绿、绿、褐、紫色等。叶脉呈掌状，颜色有绿、浅绿、紫、红色等。叶柄基部的颜色有绿、紫、褐色等。顶叶色、叶脉色、叶柄基色等是鉴别品种的重要特征之一。

4. 花、果实、种子

甘薯是异花授粉作物，花单生或若干朵集成聚伞花序，生于叶腋和叶顶。花型呈漏斗状，颜色有淡红色或紫红色，形状似牵牛花。有雄蕊 5 个，花丝长短不一，花粉囊分为两室。雌蕊 1 个，柱头球状分二裂。我国北纬 23° 以南，一般品种能自然开花，在我国北方则很少自然开花。

果为圆形或扁圆形蒴果，每个果有种子 1 ～ 4 粒。种子为褐色或黑色，种皮角质，坚硬不易透水。

（二）生育期

甘薯的生育期是指从栽插到收获的天数，称为当地的甘薯生长时期或自然生育期。我国华北地区春薯生育期一般为 150 ～ 190 d，夏薯一般为 110 ～ 120 d；长江流域夏薯生育期为 140 ～ 170 d；南方秋薯生育期为 120 ～ 140 d。

（三）生育时期

根据甘薯品种特性、生长发育的特征及栽培管理的特点，将甘薯的生长发育划分为生长前期、生长中期、生长后期三个生育时期。

1. 生长前期

指从栽插到封垄阶段，亦称为发根分枝结薯期。此阶段在北方产薯区春薯经历 60 ～ 70 d，南方的春薯和北方的夏薯约经历 40 ～ 50 d，南方的夏薯约 35 d。

根系是此时期的生长中心。薯苗栽插后，地下部发根，地上部新生叶展开，植株开始独立生长时，称缓苗。随后主蔓腋芽生新叶，形成分枝，主茎由直立转匍匐，迅速生长、甩蔓，到封垄期，即茎叶覆盖全田时，地下形成块根雏形，单株有效薯块数基本稳定。甘薯在缓苗后相当长的时期内，茎叶生长较慢，以纤维根为主的根系生长较快；其后，茎叶生长转快，叶面积逐步扩大，同化产物增多，块根膨大，并开始积累养分，是决定块根数的重要阶段。此期末薯块的数量已基本确定，根数达到总根数的 70% ～ 90%，分枝数达到总数的 80% ～ 90%。

2. 生长中期

从茎叶封垄到茎叶生长衰退前的阶段，也叫薯蔓并长期。春薯历时 45 d，一般为栽后 70 ~ 120 d，即 7 月上旬至 8 月下旬；夏薯历时约 30 d，一般为栽后 40 ~ 70 d，即 8 月上旬至 9 月上旬。

此时期以茎叶生长为主，生长速度达到最高峰，地上干重达到最大，生长量约占整个生长期重量的 60% ~ 70%，而块根生长较慢。此时期气候条件一般高温、多雨、光照少，同化产物多分配于地上部分，故茎叶生长较快，而块根膨大较慢。本期末，叶面积系数达 3 ~ 5，是茎叶与块根并长、养分制造与积累并进阶段。

3. 生长后期

从茎叶生长开始衰退到收获阶段，也称薯块盛长期。春薯历时 60 d 左右，一般在 8 月下旬以后；夏薯历时约 30 d，一般在 9 月上旬以后。

此时期以块根生长为主，是决定产量的关键时期。此期甘薯茎叶生长变慢，叶色转淡，黄叶、落叶增多，茎叶重量降低，大量同化产物向地下部输送，块根膨大进入盛期，增重量相当于总薯重的 40% ~ 50%，高的可达 70%，薯块里干物质的积蓄量明显增多，品质显著提高，薯块大小及单薯重量最终确定。到 10 月上旬后，随着气温的下降，块根膨大也变慢。

由于植株的地上部与地下部是处于不同部位的统一体，上部茎叶的生长繁茂程度取决于根系吸收养料的供应。地下部薯块产量的高低又依赖地上部茎叶光合产物的输送和积累程度。总之，各阶段相互交替，很难截然分开。每个阶段时间长短各薯区不尽相同，故上述三个阶段的划分不是绝对的。

二、富硒甘薯生长发育需要的环境条件

（一）温　度

甘薯喜温，而对低温和霜冻敏感，适宜栽培于夏季平均气温 22℃以上、年平均气温 10℃以上、全生育期有效积温 3 000℃以上、无霜期不短于 120 d 的地区。薯苗发根的最低温度为 15℃，适温为 17 ~ 18℃；茎叶生长最适温度为 25 ~ 28℃，15℃停止生长，20℃生长缓慢，30℃生长迅速，超过 35℃生长缓慢；块根形成和膨大的适宜土温为 20 ~ 25℃。

在适宜的范围内，温度越高生长越快。尤其在地温 22 ~ 24℃时，初生形成层活动较强，中柱细胞木质化程度小，有利于块根形成和膨大，有利于提高产量，并且含糖量有增加的趋势。低于 10℃时，块根易受冷害。另外，在块根膨大的适宜温度范围内，昼夜温差大能加速光合产物的运转，利于块根积累养分和加速膨大，温差 12 ~ 14℃时，块根膨大最快，同时温差有利于提高块根质量，生产上起垄的目的就在于扩大温差。

（二）光　照

甘薯属于喜光短日照作物。充足光照能提高光合作用强度，增加光合产物积累。同时，充足的光照还能提高土温，扩大昼夜温差，有利于块根的形成和膨大。光照不足，光合强度下降，块根产量和出干率下降。

除光照强度外，光照长短对甘薯的生长发育也有影响，延长光照时间，有利于茎叶生长，薯蔓变长，分枝增长，也有利于块根的生长。最适宜于块根形成和膨大的日照长度为12.4～13.0 h，能促进块根形成和加速光合产物的运转；短于8 h则促进甘薯现蕾开花，而不利于块根的膨大。

甘薯不耐荫蔽，如与高秆作物间套种，易减产，所以不宜在甘薯地间套种高秆作物。

（三）水　分

甘薯是耐旱作物，其根系发达，吸水力强。蒸腾系数在300～500，低于一般旱田作物。在整个生长过程中，土壤水分以田间最大持水量的60%～80%适宜于茎叶生长和块根形成与膨大。

生长前期，即发根分枝结薯期，虽然薯苗小，但蒸发量大，薯苗易失去水分平衡，如土壤干旱，薯苗发根迟缓，茎叶生长差，根体木质化程度高，不利于块根的形成，易形成柴根。此期土壤水分以土壤最大持水量的60%～70%为宜。

生长中期，即蔓薯并长期，茎叶生长迅速，叶面积大量增加，气温升高，蒸腾旺盛，是甘薯耗水量最多的时期，也是供水状况影响茎叶生长与块根养分积累的协调时期。供水不足，容易早衰，产量低；水分过多，茎叶徒长，根体形成层活动弱，影响块根形成和膨大。故这一时期土壤持水量应保持土壤最大持水量的70%～80%为宜。

生长后期，即薯块盛长期，气温逐渐降低，耗水减少，土壤持水量一般为土壤最大持水量的60%左右为宜，有利于块根快速膨大。

生长期降水量以400～450 mm为宜。收获前两个月内雨量宜少，此期若遭受涝害，产量、品质都受影响。

（四）土　壤

甘薯的适应能力很强，对土壤的要求不甚严格。但若要获得高产、稳产，栽培时应选择沟渠配套、排灌方便、地下水位较低、耕层深厚、土壤结构疏松、通气性好、无病虫害、无污染的中性或微酸性沙壤土或壤土为宜。对于不符合上述要求的土壤要积极创造条件改良土壤，要进行培肥地力、保墒防渍、深耕垄作等。

甘薯对土壤的酸碱度要求不严格，pH 值 4.2 ～ 8.5 范围内均可生长，而以 pH 值 5 ～ 7 最为适宜。

（五）养　分

富硒甘薯虽有耐瘠的特性，但其生长期长，吸肥能力强，消耗土壤中的养分也多。甘薯对肥料的要求，以钾肥最多，其次为氮肥，磷肥最少。据研究，每产 1 000 kg 鲜薯，需氮（N）3.72 kg、磷（P_2O_5）1.72 kg、钾（K_2O）7.48 kg，氮、磷、钾之比约为 2∶1∶4。

钾肥可以促进块根形成层的发育，提高茎叶的光合效能，加快光合产物的运转，增加块根产量。氮肥促进茎叶生长，增大叶面积，增加茎叶重量，但施用过多，会促使根部中柱细胞木质化，不结或少结块根。磷肥促进根系生长，加速细胞分裂，并有改善块根品质的功能。

甘薯喜钾，增施钾肥对产量和品质均有明显作用。甘薯苗期吸收养分少，从生长前期到中期，吸收养分速度加快，吸收数量增多，接近后期逐渐减少，至生长后期，氮、磷的吸收量下降，而钾的吸收量保持较高水平。

甘薯对氮素的吸收在生长的前、中期速度快，需量大，茎叶生长盛期吸收达到高峰，后期茎叶衰退，薯块迅速膨大，对氮素吸收速度变慢，需量减少。

甘薯对磷素的吸收随着茎叶的生长逐渐增加，到薯块膨大期吸收量达到高峰。

甘薯对钾素的吸收随着茎叶的生长逐渐增加，薯块盛长期达到最高峰，从开始生长到收获，比氮、磷都多。

甘薯忌氯，施用含氯化肥超过一定量时，会降低薯块淀粉含量，且薯块不耐储藏。

第二节　富硒甘薯育苗与扦插技术

一、甘薯的繁殖特点与块根的发芽习性

（一）甘薯的繁殖特点

甘薯为异花授粉作物，自交不孕，用种子繁殖的后代，性状高度分离，群体变异极大，大多不能保持原种特性，故在大田生产上很难直接应用。所以，甘薯在生产上一般不采用有性繁殖，有性繁殖一般只用于选育新品种。在生产上多采

取块根育苗和茎蔓栽插等营养器官育苗的无性繁殖方式，这些营养器官的再生能力强，遗传性状比较稳定，一般能保持原有品种的特性。甘薯育苗扦插还能够节约用种，降低成本，能有效防治黑斑病，对提高甘薯的产量具有十分重要的意义。

（二）块根的发芽习性

1.块根的萌芽与长苗

甘薯块根没有明显的休眠期。收获时，薯块在根眼处已分化形成不定芽原基，在适当的外界条件下，不定芽即能发芽。根眼在薯块上排列成 5～6 个纵列，每个根眼一般有两个以上的不定芽。发芽时不定芽从根眼穿透薯皮向外伸出。甘薯发芽出苗受品种和薯块质量的影响。

（1）品种。不同品种的薯皮厚薄与块根的根眼数目多少有差别。薯皮是木栓组织，不易透进水分与空气，薯皮薄的品种易透进水分与空气，发芽出苗快。根眼多的品种，出苗快而多；反之则出苗慢而少。

（2）薯块不同部位。薯块顶部具有顶端生长优势，萌芽时，薯块内部的养分多向顶部运转，所以薯块顶部发芽多而快，占发芽总数的 65% 左右；中部较慢而少，占 26%；尾部最慢最少，占 9% 左右。薯块的阳面（向上的一面）发芽出苗的数量比阴面（向下的一面）多，因阳面接近地表，空气和温度等条件比阴面好，不定芽分化发育较多而好。

（3）薯块的来源。脱毒甘薯比不脱毒甘薯发芽多而好。经高温处理储藏的种薯出苗快而多，在常温下储藏的种薯出苗慢而少。夏甘薯的生命力强，感染病害较轻，而春甘薯则相反。

（4）种薯大小。同一品种，薯块大薯苗生长粗壮，薯块小薯苗生长细弱。薯块大小与出苗数量有关，大薯单块出苗数少，小薯出苗数多。所以，在生产上一般以 0.15～0.25 kg 的薯块做种薯较适宜。

2.薯块萌芽、长苗所需的外界环境条件

（1）温度。薯块在 16～35℃ 的范围内，温度越高，发芽出苗就越快而多。16℃ 为薯块萌芽的最低温度，最适宜温度范围为 29～32℃。薯块长期在 35℃ 以上时，由于薯块的呼吸强度大，消耗的养分多，容易发生"糠心"。温度达到40℃ 以上时，容易发生伤热烂薯。

（2）水分。水是甘薯育苗的重要条件之一。床土的水分和苗床空气的湿度与薯块发根、萌芽、长苗的关系密切。水分的多少还影响苗床的温度和土壤通气性。在薯块萌芽期以保持床土相对湿度和空气相对湿度均在 80% 左右，使薯皮始终保持湿润为宜。在幼苗生长期间以保持床土相对湿度 70%～80% 为宜。为使薯苗生长健壮，后期炼苗时必须减少水分，相对湿度降到 60% 以下，以利于薯苗苗壮生长。

（3）氧气。育苗时薯块发根、萌芽、长苗过程中的一切生命活动都需要通过呼吸作用获得能量。在育苗过程中，必须注意通风换气。氧气不足，呼吸作用受到阻碍，严重缺氧则被迫进行缺氧呼吸而产生酒精，由于酒精积累会引起自身中毒，导致薯块腐烂。因此，氧气供应充足，才能保证薯苗正常生长，达到苗壮、苗多的要求。

（4）光照。在薯块萌芽阶段，光照强弱会影响苗床温度。强光能使苗床增温快、温度高，可促使发根、萌芽。出苗后光照强度对薯苗的生长速度和素质有明显的影响。光照不足，光合作用减弱，薯苗叶色黄绿，组织嫩弱，发生徒长，栽后不易成活。因此，在育苗过程中要充分利用光照，以提高床温，促进光合作用。

（5）养分。养分是薯块萌芽和薯苗生长的物质基础。育苗前期所需的养分主要由薯块本身供给，随着幼苗生长，逐渐转为靠根系吸收床土中养分生长。采苗 2～3 茬后，薯块里的养分逐渐减少，根系吸收的养分则相应增多。薯苗需要较多的氮素肥料，氮肥不足，薯苗生长缓慢，叶片小，叶色淡黄，植株矮小瘦弱，根系发育不良。因此，在育苗时应采用肥沃的床土并施足有机肥，育苗中、后期适量追施速效性氮肥，以补充养分的不足。

二、甘薯育苗技术

（一）育苗方式

我国甘薯种植遍及南北，自然条件不同，育苗方式多种多样，主要有回龙火炕育苗、酿热温床育苗、电热温床育苗、冷床覆盖塑料薄膜育苗、地膜覆盖育苗、露地育苗、采苗圃等。一定要根据当地的气候条件、耕作制度、栽培水平等综合因素选择合适的育苗方式，适宜的育苗方式是育足苗壮苗、保证适时早栽和高产的重要基础。

1. 回龙火炕育苗

此种苗床根据当地条件就地取材，采用煤炭或柴草等为燃料加温，提高苗床温度，温度均匀，保温性能好，适用于早春气温低的北方地区，具有出苗早、匀、多和省燃料的优点。回龙火炕设有三条烟道，中间为去烟道，两边是回烟道（图9-1、图9-2）。

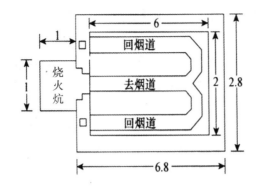

图9-1 回龙火炕平面图（单位：m）

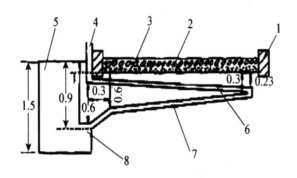

1.墙 2.床土 3.种薯 4.烟囱 5.烧火炕 6.回烟道 7.去烟道 8.炉子

图9-2 回龙火炕侧面图（单位：m）

2. 酿热温床育苗

此方法是利用作物秸秆、杂草和牲畜粪等酿热材料，经过堆积发酵产生热量，结合利用太阳能，提高苗床温度进行育苗的方法。这种方法做法简单、省工、不需要燃料、适应性广，只要有条件和需要，各地都较适用，是目前甘薯育苗中比较广泛采用的一种方法。

（1）建造苗床。苗床一般选择背风向阳、地势平坦稍高、靠近水源地块，为东西走向，其长度可根据育苗需要和地形来确定，一般挖长 5～7 m、宽 1.3～1.7 m（实际宽度应当与薄膜宽度协调）、坑深 0.5 m 的苗床。床底中间深度为 0.5 m，北侧 0.6 m，南侧 0.7 m，即坑底中间略高，两边略低，呈鱼背形，以便苗床南北两边多装些酿热物，不使苗床四周温度与苗床中间温度相差过多。床底顺东西向挖两条边长为 15 cm 左右的通气沟，为酿热物发酵提供氧气。全床挖好后，在通气沟上铺盖秸秆或树枝，上面直接填酿热材料，苗床即告建成。

（2）选择铺垫酿热物。酿热物各地不尽相同，骡粪、马粪等发热量大而快，称为高热酿热物；麦秸、稻草、落叶等发热量小而慢，称为低热酿热物。为了使床温持久而均匀，应当就地取材，一般用谷类作物茎叶或杂草加骡粪、马粪、牛粪配制而成，配合使用。

酿热物的发酵与分解是在潮湿的条件下进行的。因此，调制酿热材料要加入适量的水。具体的方法：秸秆铡碎，用水浸渍；牲畜粪晒干、捣碎，与秸秆料混合，加人粪尿泼水拌匀。酿热物湿度以手紧握时，指间见水而不下滴为宜。酿热物配好后，填入床内，摊平稍压，厚度 0.27 ～ 0.28 m，然后盖薄膜封闭，上加草苫，日揭夜盖，提温保湿，以满足分解纤维素微生物生长繁殖需要的养分、水分、氧气和温度等条件。建床后 2 ～ 3 d，酿热物温度升至 35℃时，揭去薄膜，踩实酿热物，填入 8 ～ 10 cm 厚的床土即可排种，排种后上面撒 3 cm 左右的细沙，浇透水，随即覆膜压实（图 9-3）。该方法成本低、出苗快、苗量多，防治黑斑病效果较好。

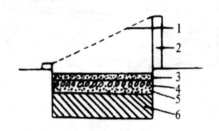

1.薄膜 2.墙 3.盖沙 4.种薯 5.床土 6.酿热物

图 9-3　酿热温床纵剖面图

3.电热温床育苗

即在酿热温床床土部分加装电热线加热育苗的方法。选背风向阳、地势平坦、靠近电源的地方建床。一般床长 5 m，宽 1.5 m，深 0.2 m。床墙高 0.4 m，厚 0.25 m。床底填 0.1 m 厚碎草，草上铺一层厩肥，或把碎草和厩肥等酿热材料加水拌匀填在苗床底层，在酿热层上铺 0.07 m 厚筛过的肥床土，踩实整平。苗床两端钉上两边稍密、中间稍稀的固定电热线用的木桩，然后沿木桩布线，线间距平均为 0.05 m。布线力求平直，松紧一致，接通电源检查合格后，线上盖 0.07 m 厚床土，随即浇水，覆盖薄膜或草帘，通电加温达到所需要温度后就可排种。

此方法不受天气影响，出苗快、出苗多，温度可控，能够准确调控温度，管理方便。但要注意防止触电，在进行苗床管理，如浇水、施肥、除草或测量温度时，要切断电源，以免发生意外。遇有电热线外皮有破损，立即修补，防止漏电。育苗结束后，及时清理苗床，取出电热线，洗净、包好，存放备用。

4. 冷床覆盖塑料薄膜育苗

在气温较高的地区，一般于3月底或4月初，选好地块，施足底肥，深翻0.16～0.2 m，碎土平整做畦，四周开排水沟，畦长不限，宽0.013～0.015 m，排薯后撒盖一层细土，再覆盖薄膜，并用土把薄膜四周压好封严。

在使用露地育苗的地方，可采用此方法。先平整苗床，开好排水沟，排种前浇一次透水，及时排种覆盖，压实地膜四周，齐苗后及时去除地膜。

5. 露地育苗

露地育苗适用于夏、秋薯栽培地区，是利用太阳辐射热在露地直接培育甘薯苗的方法，有平畦和高畦两种形式。

平畦的做法是选择避风、向阳、地势平坦、土质疏松肥沃的地方建床。在春季土温稳定在10℃以上时整地施肥，做成宽1.3～1.5 m、长10 m左右的畦。畦与畦之间筑成畦埂。在畦面上开沟，浇足底水，然后排种在沟中，上盖一指多厚的土，除遇干旱，一般在幼苗出土前不需要灌水，以免表土板结影响发芽。苗出齐以后适当灌水、追肥，促苗生长。

也可以做成行距0.4～0.5 m、高0.2～0.25 m的东西向高垄，在垄的南面向阳坡上开沟排种薯，然后盖土，恢复高垄原状，这就是高畦。高畦比平畦受光面好、吸热快、温度高、出苗早而多。

6. 采苗圃

不用种薯而用薯苗繁殖薯苗的育苗地称为采苗圃，适于我国中南部夏、秋薯种植面积大的地区采用。采苗圃做法简单，便于集中管理，苗床面积根据需要可大可小，不受限制，也不需要增温、保温等设备，育成的薯苗由于在自然条件下生长，比温床苗壮，成活率高，有利于培育无病壮苗，防止品种混杂、变劣，提高良种繁育速度，对良种推广有重要作用。

具体做法是把火炕、温床育出的早茬苗剪下栽在苗圃里，加强肥水管理，促苗早长早发棵。

（二）种薯上床

1. 选用优良品种

在富硒甘薯生产中，选用优良品种投资少、收益大，是保证富硒甘薯高产、稳产的一项重要措施。不同甘薯品种，其特征、特性也各不相同，在选择品种时，应根据当地的自然条件、栽培条件及生产目的等选择适合本地区种植的优良品种。适合北方地区种植的部分优良甘薯品种如表9-1所示。

表9-1　优良甘薯品种

品种名称	特征特性
济薯15	由山东省农业科学院作物研究所育成。顶叶淡绿色，叶心脏形，叶脉绿色，脉基紫色，叶片较小，蔓绿色。薯块纺锤形，薯皮紫色，薯肉淡黄色。结薯整齐，耐储性、萌芽性好，出苗多。高抗甘薯根腐病、黑斑病，抗茎线虫病。适宜北方春夏薯区非茎线虫病地种植
济徐23	由山东省农业科学院作物研究所与江苏徐州甘薯研究中心合作育成。叶片心形，顶叶、叶、叶脉、蔓色均为绿色。薯块纺锤形，薯皮红色，薯肉白色。结薯集中整齐，大中薯率高。适应性强，耐肥，耐湿性好。高抗甘薯根腐病，中抗茎线虫病。具有淀粉产量高、萌芽性好、适应性广、增产潜力大等特点。适宜在以淀粉加工为主的甘薯产区推广种植
徐薯25	江苏徐州甘薯研究中心育成。顶叶为绿色，薯蔓短，分枝多。薯块长纺锤形，红皮白肉，少有紫晕。结薯早，整齐而集中，单株结薯数中等，大中薯率高。高抗甘薯根腐病，中抗茎线虫病和黑斑病。适于黄淮薯区和北方薯区作春、夏薯栽培
冀薯6-8	河北省农林科学院粮油作物研究所选育。叶片心脏形，叶脉绿色，脉基紫色。薯块纺锤形至长纺锤形，薯皮红色，薯肉橘红色。薯块萌芽性较差，分枝较多。产量高，耐储藏。高抗甘薯黑斑病，中抗茎线虫病。适宜河北省甘薯产区种植
豫薯13号	河南省农业科学院粮食作物研究所育成。顶叶深绿色，叶脉绿带紫色，叶脉基部紫色，叶柄绿色，茎绿色。叶片较大，掌状深复缺刻。薯块纺锤形，薯皮紫红色，薯肉洁白色，薯块有明显浅条沟，薯块较大。结薯整齐集中，萌芽性好。高抗甘薯根腐病，抗茎线虫病。适宜河南、河北、山东、江苏、安徽等省春、夏薯区种植
烟薯27	山东省烟台市农业科学院育成的食用、加工用甘薯品种。顶叶、叶片均为绿色，叶形为心脏形，叶脉紫色，蔓绿色。薯块纺锤形，薯皮红色，肉为橘红色。出苗稍晚、较多，田间长势较旺，结薯集中，薯块大而整齐，耐储藏。较抗甘薯根腐病。适宜丘陵沙土地种植，可在黄淮流域春、夏薯区种植
济黑1号	山东省农科院作物研究所育成。顶叶绿色，叶长形略带褐边，蔓中长，粗细中等。薯皮黑色，薯形下膨纺锤，薯肉黑紫色。早熟，结薯整齐，较耐储存。抗根腐病、黑斑病。适宜通透性良好的丘陵、平原旱地栽培

2. 确定种薯用量

种薯用量与品种的出苗特性、种薯的大小、育苗方法、栽插期、栽插密度等有关，如品种萌发特性好（萌发快、萌芽多）的少些，栽插早的多些，应根据实际情况确定种薯的用量。

3. 种薯处理

（1）选种。为防止品种混杂和病虫害蔓延，必须进行育苗前的选种工作。种薯必须做到"三选"，即出窖时选、消毒浸种时选、上床排种时选，尽量剔除伤、病和不合标准的薯块。要做到品种纯，具有本品种的皮色、肉色、形状等特征，薯块大小适中（0.15～0.25 kg）、整齐均匀，薯皮鲜亮光滑，颜色鲜明，无病无伤。

（2）种薯消毒。种薯消毒的方式主要有温汤浸种和药剂浸种两种：①温汤浸种。为预防甘薯黑斑病，一般用温汤浸种法对种薯进行消毒，即用筐装种薯，置入 56～58℃的温水中，上提下落，左右转动（不提出水面），2 min 内使水温降到 51～54℃，保持 10 min 后，将筐提出降温。温汤浸种要严格掌握水温和浸种时间，并注意受热均匀。水温太高或浸种时间过长，会烫伤薯块；反之，则降低杀菌效果。②药剂浸种。采用露地育苗种薯或用已受轻微冻害的种薯，可用25%多菌灵粉剂 200 倍液或 50% 甲基托布津可湿性粉剂 200 倍液浸种 10 min，可杀菌防病。

4. 确定排种时期

甘薯排种时间应根据当地的气候、栽培制度、栽插时期和育苗方法而定。育成薯苗的时间要与大田栽插时间相衔接，过早过晚都不好。排种过早，因天气寒冷，保温困难，育苗期拖长，徒耗人力，浪费燃料，而且薯苗育成后，因气温低不能栽到田间，形成"苗等地"现象，不仅延长苗龄，还会降低薯苗素质。已育成的苗不能及时采，必然影响下茬苗的生长。如果排种过晚，出苗迟，育成的苗赶不上适时栽插的需要，会造成"地等苗"的局面，会造成晚栽减产。

一般情况下，露地育苗气温必须要达到15℃才能下种，用火炕或温床育苗的地方，一般在当地栽插适期前25～30 d排种。北方春薯育苗时间以3月中下旬为宜，夏薯以4月上旬为宜，南方应适当提前。

5. 选择排种方法

薯块的萌芽数，顶部最多，中部次之，尾部最少。排种时要注意分清头尾，切忌倒排。经过冬季储藏的薯块，有的品种头尾形状不容易识别清楚，但用肉眼观察其他性状，基本能分清头尾。一般顶（头）部皮色较深，浆汁多，细根少；尾部皮色浅，细根多，细根基部伸展的方向朝下。

薯块大小差别较大，排种时最好大小分开。为了保证出苗整齐，应当保持上平下不平的排种方法，即大块的入土深些，小块的浅些，使薯块上面都处在一个水平上，这样出苗整齐。

排放种薯有平排、直排和斜排三种，以斜排居多。平排多用在露地育苗，排种时头尾先后相接，左右留些空隙，能使薯苗生长壮实，出苗也均匀一致。平排用薯少，排种稀，薯苗分布均匀而不密集，出苗较少、较壮，但苗床面积大，费工费料。直排种薯虽能经济利用苗床，但因单位面积上种薯排放过密，薯苗纤细较弱，栽后成活率不高。斜排时，先从苗床一端开始，顺床宽由北向南排，种薯头朝上，阳面向上，以头压尾，即后薯头压前薯尾1/3。这样，薯块中上部发芽多，且易出土，薯苗健壮，既不影响薯块的出苗量，也充分利用了苗床面积，但不可压得过多，以免排种量过大，出苗数虽增加，却使薯苗过密，生长细弱，影响苗的质量。

排种后，撒细土填充薯块间隙，再用水（北方产区宜用40℃温水）浇透床土。水渗下后，撒3 cm左右沙土，用来固定种薯、保温、通气。随即床面覆盖薄膜封闭，夜间加盖草苫保温。

（三）甘薯苗床管理

苗床管理的基本原则是"以催为主，以炼为辅，先催后炼，催炼结合"。苗床的控温分为三个阶段：前期高温催芽、中期平温长苗、后期低温炼苗。

1. 苗床前期高温催芽

即排种到出苗阶段，以催芽为主，做到提温保温相结合。出苗以前，要高温催芽，有充足的水分和空气，促使种薯尽快萌芽，防止病害。种薯排放前，床温应提高到30℃左右。火炕育苗在排薯后床温应每天提高1℃左右，经过4～5 d，床土温度升到34～35℃，最高不能超过38℃，8～9 d秧芽出土。此后，适当降低温度，降到32～35℃范围内，最低不能低于28℃，平温长苗。酿热温床在出苗以前也应保持30～32℃，以催芽出土。在出苗前，一般不再浇水，如出现床土干燥有碍出苗时，可泼水润床，待秧芽拱土时，再浇水助苗，防止幼苗枯萎。要注意挖除烂薯病苗，防止病害蔓延。没有加温设备的苗床也要采取有效措施，提高床内温度。出苗前，既要晒床提温和盖床保温，又要注意通风降温，以免床温升得过高。

2. 苗床中期平温长苗

即薯苗出齐到采苗前3～4 d。前阶段的温度不低于30℃，以后逐渐降低到25℃左右，这期间的床土温度应保持在25～28℃，以利于长苗，掌握有催有炼、催炼结合的原则。床土适宜含水量为其最大持水量的 70% ～ 80%。要注意通风晾苗，尤其酿热温床，应由少到多、由短而长地揭膜通风，防止烈日高温灼苗。中期末可浇水 1 次。

3. 苗床后期低温炼苗

从采苗前 5 ～ 6 d 到采苗这段时间，以炼苗为主。采苗前 3 ～ 5 d，床土含水量降低为最大持水量的 60%，床温下降到 20℃，接近当时的气温。昼夜不盖草苫，到揭去薄膜，逐渐炼苗，使薯苗在自然气温条件下提高适应自然的能力，使薯苗老健。若遇大风、降温等恶劣天气，仍要盖膜加苫，保温护苗。

使用露地育苗和采苗圃的地方只要做好水肥管理，不使生长过旺就能育成壮苗。

4. 采　苗

（1）采苗时间。薯苗高 20 ～ 23 cm 时（苗龄 30 d 左右），应及时采苗栽到大田（或苗圃），采后不能及时栽插的可临时"假植"。若长度够而不采，容易造成薯苗拥挤，影响下面小苗的正常生长，会减少下一茬的出苗数。

（2）采苗方法。采苗方法有剪苗和拔苗两种。

剪苗的好处是种薯上没有伤口，减少病害感染传播，不会拔松种薯损伤须根，利于薯苗生长，还能促进剪苗后的基部生出芽，增加苗量。因此，酿热温床、冷床和露地苗床都应使用剪苗的方法。剪苗一般提倡采用"高剪"，即在离床土 3 cm 左右处剪苗，能有效地防止黑斑病。

火炕床的薯苗密度大，苗也不高，剪苗比较困难，多采用拔苗的方法。拔苗使种薯伤口增多，可造成病菌入侵伤口，且人为传染病菌，要注意苗床防病。

一般在采苗后第 2 天应及时施肥浇水。追肥以氮素化肥为主，配合磷肥、钾肥。追肥量一般用硫酸铵 800 ～ 1 000 kg/hm²。肥可撒施或浇肥水，注意撒匀、浇匀，用清水冲洗，先施肥后浇水。

5. 苗床烂床的原因及其防治

（1）烂床的原因。甘薯在育苗期间，种薯腐烂、死苗通称烂床。按其原因，大致分为病烂、热烂和缺氧烂三种类型。①病烂。由于种薯、土壤、肥料带黑斑病菌、软腐病菌、茎线虫病菌，或在种薯受冷害、涝害及有伤口的情况下，病菌乘机侵染造成烂床。②热烂。床土温度长时间在 40℃以上，或浸种时水温太高、浸种时间过长，种薯受高温危害导致软烂。③缺氧烂。床土浇水过多、湿度过大、床土坚实不透气或覆土太厚通气不良等原因造成薯块缺氧而腐烂。

（2）烂床的预防措施。针对烂床原因，要采取有效的措施防止甘薯烂床的发生。针对病烂，应精选无病、未受冻害、无破损的健康种薯，选择未种过甘薯的土壤或对土壤进行严格消毒；针对热烂，应控制浸种温度和苗床温度，正确调控温度；针对缺氧烂，排种后覆土勿太深、太紧，浇水勿过多，要做好肥水及通气管理等。

三、甘薯扦插技术

（一）耕地与作垄

土壤深耕、起垄栽培是提高甘薯产量的重要措施，也是为甘薯扦插创造条件。深耕能够加深活土层，疏松熟化土壤，改善土壤的透气性，增强土壤养分的分解，促进土壤肥力的提高，增加土壤蓄水能力，有利于茎叶生长和根系向深层发展，从而提高甘薯产量。但如果过度深翻，会打乱土层，跑墒严重或排水不好，引起雨季涝渍，还会招致减产。垄作栽培加深了土层疏松肥沃的土壤，通气性好，利于薯块的形成和肥大；通风透光，排灌方便，有利于有机物质的积累和转运；垄作昼夜温差大，适合薯块膨大。

1. 整　地

春薯地在冬前或早春翻耕，有条件的可结合进行冬灌或春灌。夏薯地要在前茬作物收获后，尽早耕地作垄。

耕地深度一般为 22～30 cm，应根据季节、土质和耕层深浅等具体情况而定。

2. 作　垄

甘薯垄作是生产中普遍采用的栽培方式。作垄要在土壤干湿适宜、犁耙细碎后进行。作垄分小垄和大垄，应因地制宜，视品种、生长期等具体情况而定。起垄要做到：垄形肥胖，垄沟窄深；垄面平，垄距匀；垄土踏实，无大垡，无硬心。要垄沟、腰沟、田头沟配套，以利排水流畅。垄的走向以南北向为宜。坡地的垄向要与斜坡方向垂直。

常用的作垄方式有以下三种。

（1）小垄单行。多在地势高、沙质土、土层厚、易干旱、水肥条件较差的地方应用。垄距 60～80 cm，垄高 20～30 cm，每垄栽种 1 行。这样，植株分布比较均匀，茎叶封垄较早，有利于抗旱保墒。

（2）大垄双行。一般垄距 80～100 cm，垄高 30～40 cm，每垄交错栽苗 2 行，株距 25～30 cm。在水肥条件较好、土质较疏松的地方有一定的优越性。

（3）大垄单行。垄距 100～120 cm，株距 20～25 cm，多雨年份或灌水次数较多的地方采用此法比较合适。

（二）施足基肥

甘薯具有耐瘠特性，但其生长期长，吸肥力强，消耗土壤中养料多，因此必须施足基肥。施足基肥既能补充各种营养元素，又能改良土壤，培肥地力，同时满足甘薯生长发育的需要。

基肥的种类很多，一般在氮肥充足的地块宜使用土杂肥、炕洞土、草木灰、过磷酸钙等含氮较少的肥料，有利于控制茎叶徒长。而缺氮严重的沙土，茎叶生长不良，要增施猪圈粪、塘泥或人粪尿等含氮较多的肥料为基肥，有条件的地方施用绿肥效果更好，施用大量腐熟的秸秆或杂草沤制的土杂肥为基肥也很不错。这些肥料养分全、肥效长、肥劲稳，而且含氮少，含钾、磷多，施入土中与土壤充分混合后可创造土壤团粒结构，使土壤疏松，增加土壤通气性，协调甘薯地上部与地下部生长的矛盾而取得高产。

由于甘薯根系多，集中分布在 25～30 cm 土层，所以基肥要施在 25～30 cm 深的土层才有利于根的吸收，尤其磷肥要深施。

基肥数量大的可分两次施用，深耕时多施、撒施，起垄时采用条施方式施剩余部分。基肥中的磷肥、钾肥和少量氮素化肥应在作垄时施用。

施肥要坚持以基肥为主、追肥为辅，以农家肥料为主、化学肥料为辅的原则，做到因地施肥，平衡用肥，经济施肥，配方用肥，适当增施钾肥。通过施肥，达到前期肥效快，促进秧苗早发；中期肥效稳，地下部与地上部生长协调，壮而不旺；后期肥效较长，茎叶不脱肥、不贪青，着块大，产量高。

（三）确定扦插密度

甘薯合理密植是为了调整群体与个体的关系，协调地上部生长与地下部生长的矛盾，合理利用光能和地能。栽秧密度要因地制宜，一般应遵循肥地宜稀，薄地宜密，长蔓品种宜稀，短蔓品种宜密，春薯宜稀，夏薯、秋薯宜密的原则，正确确定甘薯的合理密度。一般华北地区春薯 52 500～67 500 株/公顷，夏薯 6 000～75 000 株/公顷为宜。春薯的行距一般为 70～80 cm，夏薯为 60～70 cm。行距过小，费工、管理不便，而且垄沟太浅，不易排水。株距一般以 20～25 cm 为宜。

（四）扦插时期及方法

甘薯扦插时期的主要依据是温度、雨水和耕作制度等。春薯一般气温稳定在 15℃以上，5～8 cm 地温稳定在 17～18℃，晚霜已过为适宜栽插期。北方一般在 4 月中下旬，南方较早一些。夏薯在前茬作物收获后抢时早栽，力争在 7 月上旬栽完。

甘薯适时早栽是增产的关键。在适宜的条件下，栽秧越早，生育期越长，结薯早而多，块根膨大时间长，产量高，品质好；栽秧越晚则与之相反。但栽插过早，易受低温危害；太晚，随着时间的推移产量递减。

薯苗栽插方法有直插、斜插、船底插和水平插等。

薯苗短时多采用直插法，即将薯苗下部 2 ～ 3 节垂直插入土中，深 10 cm 左右，入土较深，只有少数节位分布在适合结薯的表土层中，一般成活率高，但单株结薯较少，多集中于上部节位，但膨大快，大薯多。在山坡干旱、瘠薄及沙土地使用此种方法。

斜插薯苗埋土 10 ～ 13 cm，斜插角度为 45° 左右，是当前大田生产上普遍采用的扦插方法。此法薯苗成活率较高，单株结薯少而集中，结薯大小不均匀，上层节位结薯较大，下层节位结薯较小。斜插法简单，适合在山区丘陵或缺少水源的旱地采用。若加强水肥管理，即使单株结薯不多，但因薯块大仍能获得较高产量。

船底插一般选用 20 ～ 25 cm 的薯苗，将头尾翘起如船底形，埋入土中 5 ～ 7 cm 深。因入土节位较多且多数节位接近土表，利于结薯且薯块多。此法适于土壤肥沃、土层深厚、无干旱威胁的地块使用，可充分发挥其结薯多的优势获得高产。缺点是薯苗中部入土较深的节位往往结薯少而小，甚至空节不结薯。

水平插则薯苗埋土节数较多，覆土较浅，各节位大都能生根结薯，结薯较多且均匀，产量较高，适合水肥条件较好的地块。但其抗旱性较差，如遇高温干旱、土壤贫瘠等不良条件，保苗较困难。

甘薯除了育苗移栽外，在有些地方还采用直播技术，也称为"下蛋栽培"，即选择重量 0.1 kg 左右、长度 8 ～ 12 cm 的薯块，于 4 月 20 日前后起垄直栽。垄顶宽 30 cm，栽时坐窝浇水，薯块直立入土 5 cm，覆土埋严薯块，用手压实。出苗后，扒开覆盖薯块的土。

栽插时最好选择阴天土壤不干不湿时进行，晴天气温高时宜于午后栽插。大雨天气栽插易形成柴根，应在雨过天晴土壤水分适宜时再栽。如果是久旱缺雨天气，应考虑抗旱栽插。

第三节 富硒甘薯田间管理技术

田间管理应根据甘薯不同生长时期的生长特点及其对环境条件的要求，结合栽插期、品种与水肥条件，因地、因时、因苗，正确运用管理措施，协调地上部与地下部的生长，以获得高产、稳产。

富硒甘薯田间管理分为三个时期：生长前期、生长中期和生长后期。

一、前期田间管理

主要指从甘薯扦插到封垄这一段时间。高产春薯要求在6月底封垄，夏薯要求在7月底8月初封垄。

前期管理主要是在保证全苗的前提下达到根系、茎叶和群体的均衡生长。春薯在生长前期，气温较低，雨水较少，茎叶生长较慢。管理应以促为主，但不能肥水猛促，否则造成中期茎叶徒长而影响块根膨大。夏薯由于生育期短，也是以促为主。具体管理措施如下：

1. 查苗、补苗

甘薯栽插后3～5 d，要随时查看是否有缺苗、死苗，发现缺苗断垄的田块，要及时补栽壮苗，补缺后浇透水，促进晚苗快发，保证全苗。最好在田边栽一些备用苗，补苗时带土补栽，保证成活率。补苗最好在下午或傍晚进行，以便避开烈日暴晒。

2. 中耕培垄

在秧苗返青后即可开始中耕，以利茎叶早发、早结薯，中耕次数约2～3次。雨后或灌水后及时中耕，可增强表土透气性，防止土壤板结。为预防垄背塌陷，暴露薯块，结合中耕要进行培土扶垄。

用乙草胺封闭杂草，于晴天上午露水干后喷洒垄面，喷时尽量勿使药液与甘薯茎叶接触，以防产生药害，或等杂草2～3片叶以后，用高效盖草能进行防治。

3. 追肥

本次追肥包括追提苗肥和壮秧催薯肥。在土壤贫瘠或施肥不足的田地，结合查苗补栽，及早追施提苗肥。这次追肥量应适量，以速效肥为主，并遵循"肥地不追，弱苗偏追"的原则，即不必普施，以追小苗、弱苗为主，这是确保苗匀苗壮和提高产量的有效措施。在小苗、弱苗侧下方6～10 cm处开小穴施入一小撮速效氮肥，随后浇水盖土，促使苗齐苗壮。肥料主要是速效氮肥，施用量为硫酸铵 45 ～ 75 kg/hm²。

栽后 30 ～ 40 d，即团棵期前后追施壮秧催薯肥。在垄基部开沟深施，每公顷追施硫酸铵 112.5 ～ 150 kg、硫酸钾 150 kg 或草木灰 1 500 kg，随即浇水中耕。瘠薄地宜早施、多施，肥沃地晚施、少施或只施用钾肥即可。

4. 浇促秧水

甘薯生长前期土壤湿度以田间持水量 70% 为宜，当持水量在 60% 以下时，需及时浇水。浇水应采取隔沟顺垄细水漫灌，灌水量不过半沟。浇水后，要及时中耕松土，以利于通风、保墒、提温。

5. 适时打顶

分枝多、旺长的品种，当主蔓长 50 ～ 60 cm 时，打去未展开嫩芽，待分枝长 50 cm 时打群顶。

6. 防治害虫

生长前期常有地下害虫，如地老虎、蛴螬、蝼蛄、金针虫等为害，要做好这些地下害虫的防治工作，以防造成缺苗。可用 5% 辛硫磷颗粒剂 30 kg/hm²，在起垄时撒施。也可用毒草诱杀，取鲜草 25 ～ 40 kg，铡成 1.7 cm 长，与 90% 敌百虫 0.05 kg，清水适量拌均匀后，于傍晚撒在薯苗根附近地面上诱杀。

此外，清除杂草、诱杀成虫、冬前耕地等措施也可减少害虫发生量。

7. 及早化控

水肥地为预防后期旺长，应及早采取化控，封垄时用 15% 多效唑 1 kg/hm²，加水 750 ～ 900 kg/hm²，喷洒一次后，隔 10 ～ 15 d 再喷洒一遍，控制茎叶后期旺长。

二、中期田间管理

主要指茎叶封垄到茎叶生长旺盛期。甘薯生长中期处于高温多雨、日照少的时期，根系和地上部光合器官基本形成，生长旺盛，叶面积达到最大值，地下结的薯块已经确定，持续膨大生长，需要较多的水肥供应。在肥水条件高的地块，长势好的品种遇到持续阴雨天气容易出现旺长。这一时期，田间管理应控制茎叶平稳生长，促使块根膨大，要根据甘薯田的情况有针对性地进行管理。

1. 灌溉抗旱与排水防涝

此时期，甘薯生长旺盛，需水较多，如土壤干旱时应及时隔沟浇水，水量不应超过垄沟深的一半。

富硒甘薯抗旱不耐涝，积水就会形成涝灾，影响品质。土壤含水量过高，造成内涝，易引起甘薯徒长。垄沟内积水，又很容易造成块根腐烂。所以，在雨季以前应提前修通排水渠道，遇到大雨及时排除积水，使土壤保持适宜的水分，保证甘薯正常生长。

2. 保护茎叶，切忌翻蔓

翻蔓使光合作用的主要器官叶片受损伤。翻蔓后由于叶片翻转、重叠、稀密不均，改变了原有叶片自然排列状况，严重影响叶片的光合作用。翻蔓还会使茎蔓折断，促使腋芽大量萌发，与薯块争夺养分，减少了养料向块根转移。研究表明，甘薯翻蔓一般减产 10% ～ 20%。

所以，甘薯封垄后最好不要翻蔓，但对长势壮、生长过旺的地块可采用提蔓断根的方法防止跑根过多，具体做法：将甘薯茎枝提起，等不定根断开后轻放回原位，不可翻乱茎叶的原有正常分布。

硒以亚硒酸盐、硒酸盐或有机硒的形式被甘薯吸收。除了甘薯根系可以吸收硒以外，甘薯叶也具有一定吸收硒的能力。其中，甘薯对亚硒酸盐为被动吸收的过程，不需要能量；硒酸盐为主动吸收的过程，需要能量。此外，随着甘薯的生长，硒从甘薯的地上部分向地下部分转移，硒在甘薯中更倾向在块根中累积。

3. 追　肥

甘薯追肥应遵循"前轻、中重、后补"的原则。甘薯苗期吸收养分少，中期吸收养分速度加快、数量增多，接近后期逐渐减少。甘薯生长中期需钾肥较多，应注意追施钾肥，可施硫酸钾 300 ～ 375 kg/hm²。

在低硒条件下，硒对甘薯的促进作用表现为促进产量的增加、叶绿素和蛋白质的合成，提高甘薯的抗氧化性。廖青等人的研究表明，通过施加外源硒可提高甘薯产量 0.15% ～ 27.68%，并且比较了叶面施硒、土壤施硒、土壤与叶面施硒三种种植方式下甘薯的硒含量：土壤与叶面施硒＞叶面施硒＞土壤施硒。

4. 防治害虫

为害的害虫主要有卷叶虫、造桥虫、黏虫、斜纹夜蛾、天蛾，注意保护和利用天敌防治甘薯虫害，利用害虫的趋光、趋味性进行诱杀或人工捕杀。当害虫进入盛发期或食叶害虫幼虫在 3 龄前，提倡利用生物药剂喷雾或喷粉防治害虫。

三、后期田间管理

从茎叶生长开始衰退到收获阶段，也称薯块盛长期。该期的甘薯茎叶生长逐渐衰退，而块根增重加快。后期管理主要是保护茎叶，延长叶片功能期，防止早衰或贪青，促进块根膨大增重，土壤干旱的要及时早浇水，秋涝年份要注意排水，保持土壤含水量的 60% ～ 70%。对生长正常的地块，可用磷钾肥根外追肥，有脱肥早衰现象的则用标准氮肥兑水逐棵绕施。

1. 追 肥

甘薯茎叶进入回秧期，为防止早衰，延长和增加叶片光合作用，促进块根膨大，可适量追少量氮肥。可施尿素 75 ～ 120 kg/hm²，以防止茎叶早衰，促进块根膨大，但要注意追施氮肥不宜过多，以防贪青。甘薯在收获前 45 ～ 50 d，根系吸收养分的能力转弱，可以喷洒 0.2% 磷酸二氢钾或 2% 硫酸钾溶液，有增产效果。

2. 灌溉和排水

甘薯回秧后，生长量小，需水少。但生长后期雨水较少，常有旱情，当土壤湿度小于田间持水量的 55% 时，应及时浇小水防止茎叶早衰，但收获前 20 d 内最好不要浇水。若遇秋涝，会影响块根膨大，出干率降低，不耐储藏，此时应及时排水。

第四节　富硒甘薯收获储藏技术

一、甘薯适期收获

（一）收获时间

富硒甘薯收获的迟早和作业质量与薯块产量、干率、安全储藏和加工等都有密切关系。甘薯块根是无性营养体，没有明显的成熟期，收获机动灵活。可以根据作物布局、耕作制度、初霜的早晚以及气候变化来确定收获适期。通常根据当地气温和具体需要而定，其中气温变化最重要，一般应在当地平均气温降到 12 ～ 15℃时收获最佳。富硒甘薯收获期应安排在后茬作物适时播种之前，要根据具体情况，分轻重缓急安排收获次序。

收获应选晴天土壤湿度较低时进行，收前 1 ～ 2 d 割掉茎叶和清除田间残留的枝叶，以免病菌侵染块茎。当富硒甘薯植株大部分茎叶枯黄、块茎易与匍匐茎分离、周皮变厚、块茎干物质含量达到最大值为食用和加工用块茎的最适收获期。留种用甘薯应在霜降前 5 ～ 7 d 收获为宜，以避免低温霜冻危害，提高种性，便于安全储存。在收获过程中，要尽量减少机械损伤，并避免块茎在烈日下长时间暴晒而降低种用和食用品质。另外，加工、储存、晾晒等准备工作应同时进行。

（二）收获方法及注意事项

富硒甘薯收获方法主要有人工收获和机械收获两种。人工收获时，可先将茎蔓割掉，再刨收薯块，此法收获费工、费时、费力、破碎多、漏薯多。机械收获田间收获进度快、效率高、成本低、薯块损伤率低，能克服人工收获的缺点。

收获时，应做到轻刨、轻装、轻运、轻放、保留薯蒂，尽可能减少伤口，以便降低储藏病害的侵染概率。另外，要注意天气变化，防冻、防雨，边收边储，不在地里过夜，因为鲜薯在7℃就会受轻微冻害，而且不宜察觉，储存1个月后溃烂才表现出来，造成人为的损失。不损伤薯蒂，在储存中可以减少烂薯，做种薯用，薯蒂上的潜伏芽能增加产苗数。

收获后，薯块要选择分类，做好装、运、储各道工序，即剔除断伤、带病、虫蛀、冻伤、水浸、雨淋、碰伤、露头青、开裂、带黏泥土的薯块，以减少薯窖中的病害发生。同时，要注意春薯、夏薯分开，不同品种分开，大小块分开，种薯单存。

二、甘薯安全储藏

甘薯储藏是富硒甘薯生产中的重要环节。甘薯体积大、水分多、组织柔嫩，在收获、运输、储藏过程中，容易碰伤薯皮，增加病菌感染机会，同时薯块水分散失快，降低了块根的储藏性。富硒甘薯不耐低温，容易遭受冷害和冻害而引起烂窖。所以，必须抓好收获、运输、储藏过程中的每一个环节，才能保证甘薯安全储藏。

（一）储藏生理

1. 呼吸作用

富硒甘薯呼吸强度的大小与温度、湿度和氧气有关。储藏的适宜温度为11～14℃，储藏窖温度若低于10℃，甘薯的呼吸强度弱，甚至失去生机；高于18℃，呼吸强度大，容易发芽。根据储藏环境中氧气的充足与否，薯块可进行有氧和无氧呼吸，其中无氧呼吸的产物酒精和二氧化碳过多时，薯块易中毒而引起腐烂。据报道，储藏窖内氧气含量为15%、二氧化碳含量为5%时，能适当控制甘薯呼吸强度、抑制病菌活动、提高耐藏力。储藏的适宜相对湿度为85%～90%，若温度较高且相对湿度低于70%时，呼吸强度也随之提高，薯块容易失水造成"糠心"。

2. 块根愈伤组织的形成

富硒薯块碰伤后，伤口数层细胞失去淀粉粒，木栓化为周皮，形成愈伤组织，具有保护的作用，可防止病菌侵入和水分的散失，有利于甘薯的储藏。在高温高湿条件下，愈伤组织形成较快，反之较慢。

3. 薯块化学成分的变化

薯块储藏一段时间后，部分淀粉会转化为糖和糊精，因而淀粉含量会降低。

在储藏过程中，薯块中具有巩固细胞壁作用的原果胶质会转变为可溶性果胶质，故组织变软，病菌易侵入。

（二）甘薯安全储藏所需的环境条件

1. 温　度

温度对甘薯的安全储藏作用很大，是非常重要的影响因素。甘薯储藏的最适温度为 10 ～ 14℃，最低温度不能低于 9℃，最高温度不能超过 15℃。低于 9℃ 易受冷害，使薯块内部变褐色发黑，发生硬心、煮不烂，后期易腐烂；温度低于 -2℃ 时，薯块内部细胞间隙结冰，组织受到破坏，发生冻害，冷害和冻害都会引起薯块腐烂，从而造成烂窖。若长期处于 15℃ 以上的环境，薯块呼吸作用加剧，消耗大量养分，同时甘薯容易发芽，降低薯块储藏品质。因此，在甘薯储藏期间，保持适宜的温度条件是安全储藏的基本保证。

2. 湿　度

储藏期间需要一定的湿度来保持甘薯的鲜度。甘薯储藏的最适湿度为 80% ～ 95%。若储藏窖内的相对湿度低于 60% 时，易引起甘薯失水萎蔫，品质下降；窖内湿度过大，在甘薯储藏初期，常因外界温度较高，薯块呼吸作用旺盛，薯堆内水汽上升，遇冷后产生凝结水，浸湿薯堆表层薯块，易滋生病菌，感染病害。若高温与高湿的环境条件并存，还会助长病害蔓延。

3. 空　气

氧气对甘薯的安全储藏也很重要，能够满足其正常呼吸，保持其生命力。如果储藏窖内长期密闭，通风不良，二氧化碳浓度过高，不但不利于薯块的伤口愈合，反而使薯块被迫进行缺氧呼吸，产生大量酒精，引起薯块酒精中毒而发生腐烂，同时缺氧容易导致病害的发生。试验表明，甘薯块根正常呼吸转为缺氧呼吸的临界含氧量在 4% 左右。

（三）甘薯储藏技术要点

1. 入窖甘薯和储藏窖的处理

（1）入窖甘薯的选择及处理。入窖薯块要严格挑选，剔除破伤、带病、虫咬、受冻、水浸等薯块。带病的、虫咬的、破损的、水淹的薯块应在甘薯储藏地晾晒 3 ～ 4 d 后入窖。

入窖时，对商品薯块进行灭菌处理，然后下窖，是减少储藏期病害发生的关键措施。具体灭菌方法有药剂处理和高温大屋窖灭菌处理两种。药剂处理能有效杀死薯块表面及浅层伤口内的病菌，对甘薯黑斑病、软腐病有良好的防治效果，但对低温、湿害、机械损伤等引起的生理病害无效果。甘薯保鲜剂、多菌灵、甲基托布津均可作为处理药剂。处理方法：可以用50%多菌灵300～500倍液或5%的代森铵200～300倍液，浸种10 min，淋去药水后入窖；可以用甘薯保鲜剂，每包可处理薯块250 kg。高温处理应注意两点：一是要注意安全，以防中毒；二是注意薯堆最高温度不宜超过40℃，以防烧薯。

甘薯入窖时，还要做到分类入窖，即将春薯和夏薯分开，不同类型的品种分开，大、中、小甘薯分开，商品薯、种薯、自己食用的甘薯分开，不同等级的商品薯分开。

（2）储藏窖的处理。用过一年以上的甘薯储藏窖均属于旧窖。若用旧窖，入窖前要彻底清扫、灭鼠，然后进行消毒。旧窖须将窖内四壁的旧土铲除一层再进行消毒处理。消毒可以用硫磺封闭熏蒸，按50 g/m² 用量放置，多点散放于窖内，并用锯末助燃，熏蒸2～3 d，然后充分通风，也可以用2%的福尔马林喷洒消毒，密闭2 d后，打开窖门通风，消毒2周后可以使用。

2. 储藏方法

（1）高温大屋窖储藏。大屋窖的结构与普遍房屋相似，但墙壁屋顶很厚，四周密封，窗户打开，有加温用的火道，可进行高温愈伤处理。

大屋窖分为半地下式和地上式两种。修建半地下式，可向下挖0.7～1 m再垒墙；修建地上式，可自地面向上垒墙，墙厚0.7～1 m，要垒成双层墙，中间填土或填碎草，墙高约2 m，南边或东边留门。屋顶起脊，瓦顶或草顶皆可，顶厚约0.5 m，房檐要包严，不能裂缝透风。前后墙要留对口窗，室内建回笼火道，室外在进火口处修建煤火灶。

甘薯入窖前在窖内铺设秸秆或其他干燥柔软的衬垫物。薯堆中间每隔1 m左右放一个通气筒或高粱把。堆高1.3～1.5 m，上留约0.5 m空间，薯堆四周不可直接靠墙。

高温愈伤处理时，火要大，加温要猛，使窖温在一昼夜内上升至32～35℃。薯堆上、中、下都要放置温度计，每隔1～2 h检查一次温度，保持4～6 d高温。高温处理后应打开窖口及对口窗，使窖温迅速下降至15℃左右，即可进入正常储藏管理。储藏前期若窖温过高，可在晴天开窗散热，待窖温稳定在13℃时应注意保温。以后，随气温下降加挂门帘，并堵死出气口。天气再冷时应生火加温，并在薯堆上盖草保温。立春后，天气转暖，在晴天可适当开窗通气。储藏期间要隔2～3 d检查一次窖温，尤其要注意窖西北角下部易出现低湿。

（2）井窖储藏。这种窖型在我国北方应用较广，保温、保湿好，但通气较差，运输不便。选择地势高、土质坚实的地方，向下挖一井筒，一般上井口直径1 m左右，下井口直径1.5 m，深5～6 m。井筒底部正中留一土台，再从井底向两侧水平方向挖宽约 1 m、高约 1.5 m 的洞，挖进约 1m 以后再往大扩展成为储藏室，储藏室内要垫 10～15 cm 厚的干沙，其上放置甘薯。储藏室的大小可根据储藏量多少而定，高 1.5 m、宽 1.5 m、长 2～3 m 的储藏室一般可储甘薯 1 500～2 000 kg。井窖口要比平地高出 30 cm 左右，以防雨水或雪水流入窖内。甘薯装七成满，以便留出换气的地方，否则会因湿、热而加重腐烂。

（3）棚窖储藏。多建在地下水位高或土质疏松的地方。建窖较为简便，但要年年拆建。地窖一般宽 1.5 m 左右、深 2 m 左右，长度随储量而定。挖出的土垫在窖口四周，高出地面 30 cm 以上。窖口每隔 80 cm 架木棍 1 根，铺约 30 cm 厚的玉米秸、稻草或麦秸，秸秆上面覆土 0.5～0.8 m。在窖的东南角留一出入口，供通风换气和进窖检查用。

将甘薯由底向上逐块堆积，在甘薯与窖壁之间要围垫约 10 cm 厚的细软草，避免甘薯与窖壁直接接触，近地表部位围草应加厚一些。薯堆高约 1～1.3 m，上面约留 1 m 的空间。储藏初期采用自然通风的办法散热，但出入口一般要盖上草帘。当窖温下降到 13～15℃时，里面再盖上 10～15 cm 厚的干豆叶或稻壳。为防止窖边土层冻结，窖底覆土要从窖边四周向外 1 m 远的地方开始。在窖底纵横方向挖三条宽和深各约 20 cm 的通气沟，横沟与纵沟等距离交叉，两端沿窖壁通到薯堆的上面。通气沟上稀排木条或秸秆，注意不要被薯块堵塞。

3. 储藏期间的管理

甘薯储藏期间的管理主要是根据安全储藏的条件，调节窖内的温度、湿度。应掌握储藏前期降温排湿、中期保温防寒、后期稳定窖温三个原则。

（1）储藏前期的管理。储藏前期指甘薯入窖后的前 20 d，此期外界气温较高，薯块正处于呼吸旺盛期，放出较多的水气、二氧化碳和热量，窖温高，湿度大，常发生"发汗"现象。管理上以降温、排湿为主，应打开窖口门窗和通风口，使窖温和湿度都保持在最适储藏的范围内。

（2）储藏中期的管理。储藏中期指甘薯入窖后 20 d 至次年 2 月初（立春前后）。此期时间长，薯块呼吸强度减弱，产生热量少，外界气温逐渐降低，是易受冷害的主要时期，故此阶段管理以保温防寒为中心，应采取严封门窗、通风口，薯堆盖草等保温措施，使窖温保持在 12～14℃，不要低于 10℃。

（3）储藏后期的管理。立春以后至出窖为储藏后期。后期以稳定窖温、加速通风换气为主。立春以后，气温逐渐回升，但天气冷暖多变，薯块经过长期储藏，呼吸微弱，经不住窖温的剧烈变化，故要稳定好窖温，控制在 12～14℃。晴暖天气中午打开通风口通风换气，但要注意及时关闭。

第十章　富硒向日葵栽培技术

向日葵是重要的油料作物之一。种仁含油率：食用种为 40% ～ 50%，油用种为 50% ～ 60%，有的品种高达 70%。

向日葵油气味芳香，易于被人体所吸收。由于向日葵油含不饱和酸约 70%，亚油酸丰富，因而有降低血压和胆固醇的作用。向日葵油属于半干性油，可用于制造油漆、制革用油、印刷油、肥皂以及蜡烛。

向日葵油粕营养丰富，含蛋白质 30% ～ 36%、脂肪 8% ～ 11%、糖分 19% ～ 22%，磷、钙含量也较多，是家畜、家禽的良好饲料。

向日葵籽实的皮壳占籽实重的 30% 左右，含粗纤维 5%、粗脂肪 5%、粗蛋白 4%，除可做饲料的配料外，还可提取酒精、糠醛，也可用于制造纤维板。

向日葵花盘含粗蛋白 7% ～ 9%、粗脂肪 6.5% ～ 10.5%、果胶 2.4% ～ 3%、灰分 10%。经粉碎后，可做家畜、家禽的饲料。

向日葵的茎秆可做纸浆和隔音板的原料。向日葵花盘大、花期长，花中蜜腺多，是极好的蜜源植物。向日葵耐瘠薄、抗盐碱、抗干旱，是风沙地、盐碱地的先锋作物。

第一节　富硒向日葵栽培基础

一、向日葵的类型

向日葵属于菊科、向日葵属，有 60 个种。栽培种分为三种类型。向日葵的类型见图 10-1。

（1）食用型。籽实大，长 15 ～ 25 mm，果壳厚且有棱，皮壳率 40% ～ 50%，种仁含油率 30% ～ 50%。植株高大繁茂，2.5 ～ 3.0 m，不分枝，多为单头，生育期 120 ～ 140 d，多为中、晚熟种。一般抗锈病能力差，但比较耐叶斑病。籽实主要用嗑食。

（2）油用型。植株较矮小，1.5 ～ 2.0 m，有的只有 70 ～ 80 cm。籽实小，长 8 ～ 15 mm，果壳较薄，皮壳率20% ～ 30%，种仁含油率50%以上。生育期较短。抗锈病能力较强，耐叶斑病能力差。籽实适于榨油。

（3）中间型。中间型的性状介于上述二者之间，它的籽实接近油用型，而株型又与食用型相似。这种类型一般产量较高。既可食用，也可榨油。

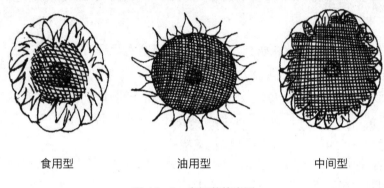

食用型　　　　　　　油用型　　　　　　　中间型

图 10-1　向日葵的类型

二、向日葵的器官形态特征

（一）根

向日葵的根由主根、侧根、须根和根毛组成，为圆锥直根系。主根入土较深，达 2 ～ 3 m。侧根从主根上生出，水平方向生长，分布 1 m 左右，侧根上长有许多须根。向日葵根系发达，在土壤中分布广而深，其中 60% 左右的根系分布在 0 ～ 40 cm 土层中。向日葵根的生长速度一直比茎快，当茎秆高 5 cm 时，主根已入土 14 ～ 30 cm。在生育前期，根系的生长速度比茎叶快，现蕾至开花期根系的生长达最大值，开花期以后，根的生长速度逐渐减慢。到种子开始成熟时，根不再生长，以后便逐渐枯萎。

向日葵根系庞大，根量比玉米根大 1 倍以上。向日葵的抗旱、耐瘠薄与其根系强大有关。

（二）茎

向日葵的茎圆形直立。茎秆高达 2 ～ 3 m，茎秆表面粗糙，被覆一层短而硬的刚毛。茎由表皮、木质部和海绵状髓组成。生育后期，茎秆基部 15～20 cm 木质化，茎内的髓部则形成空心。向日葵的胚茎有绿色、淡紫、深紫等，是苗期识别品种的重要标志。茎在出苗后一个月内生长缓慢，以现蕾到开花最快，此时生长的高度约占总高度的 55%，以后生长速度减慢。茎的分枝性有两种类型：一种是具有分枝特性，环境条件较差时也能表现出来；另一种是不分枝特性，随环境条件而变化，当肥水充足或主茎停止生长时，从叶腋生出分枝。田间管理上应将分枝去掉，以保证主茎与花盘的正常生育。

（三）叶

向日葵属于双子叶植物，叶分为子叶和真叶。子叶 1 对，出苗 10 d 左右长出真叶。真叶在茎下部 1～3 节，常为对生，为短柄叶，往上则互生呈螺旋状排列，并为长柄叶。叶片大，多为心脏形，也有卵圆形和披针形的。叶缘有锯齿缺刻，叶面密生刺毛及蜡质。叶片数目因品种特性和栽培条件不同而异，早熟种一般为 25～32 片，晚熟种为 33～40 片。叶片数与株高、生育期呈正相关。茎下部叶片在开花前制造养分，主要供给根部生长，到开花时其功能基本结束。中上部叶片制造的养分主要供给花盘，促使种子形成。

（四）花

向日葵是头状花序，着生在茎的顶端，俗称花盘。花盘直径大小不等，一般有 20～40 cm。其形状有凸起、平展和凹下三种类型。花盘上有两种花，即舌状花和管状花。边缘 1～3 层为舌状花，具有较大的黄色花瓣，为无性花。它的颜色和大小因品种而异，有橙黄、淡黄和紫红色，具有引诱昆虫前来采蜜授粉的作用。盘内是管状两性花，1 000～2 000 朵。每朵花花冠 5 裂，有雄蕊 5 枚、雌蕊 1 枚，花冠的颜色有黄、褐、暗紫色等。

（五）果实

向日葵为瘦果。果实包括果皮、种皮、子叶和胚四部分。果皮因品种不同有黑、白、黑白相间三种。果皮厚而木质化，由表皮木栓组织、厚壁组织组成；种皮为半透明薄膜状，种仁白色，成熟的果仁能自行脱落。食用型种子较长，果皮黑白条纹占多数，千粒重 100～200 g。油用型种子较短小，果皮多为黑色，皮薄，为种子重量的 20%～30%，千粒重 40～110 g。同一花盘上的种子，外围的皮厚、较大，中心的皮薄、较小。

三、向日葵的生物学特性

（一）向日葵的生育期

向日葵从出苗到生理成熟经历日数称为生育期。生育期因品种特性、种植地区、栽培技术、气候条件等不同而差异很大。一般食用型品种 120～140 d，油用型品种 100～200 d。生育期详细划分为极早熟种（生育期在 85 d 以内）、早熟种（生育期为 86～100 d）、中早熟种（生育期为 101～105 d）、中熟种（生育期为 106～115 d）、中晚熟种（生育期为 116～125 d）和晚熟种（生育期为 126 d 以上）。

同一品种种植在不同地区生育期长短差别很大。比如，白葵杂一号杂交种在内蒙古呼和浩特市种植需 123 d，在吉林省白城市需 115 d，在山西省汾阳县需 108 d，在山西省定襄县需 83 d。生育期长短的差异主要表现在营养生长阶段，播种期早的营养生长期较长，而生殖生长阶段的差别较小。例如，从出苗到现蕾经历的日数，早播的和晚播的相差 21 d，从现蕾到成熟仅相差 2～3 d。因为向日葵生育期间要求的有效积温相对稳定，达不到要求的积温就不能进入下一个生育阶段。在气温低时，必须延长其营养生长期才能向生殖生长阶段转化，因而延长了生育期。

（二）向日葵的生长发育

向日葵的生育期是指从出苗到种子成熟所经历的天数。生育期长短因品种、播期和栽培条件不同而有差异。向日葵整个生育期分为幼苗期、现蕾期、开花期和成熟期。

1. 幼苗期

从出苗到现蕾称为幼苗期，一般需要 35～50 d，夏播 28～35 d。此时期是叶片、花原基形成和小花分化阶段。当地温达到 8～10℃时，种子即可发芽。先长出胚根，然后子叶伸出地面。从出苗到 3～4 对真叶时为叶形成阶段，这一时期决定一生中叶片数的多少。由 3～4 对真叶到 7～8 对真叶期为花原基形成阶段，这一时期决定花盘中小花数（籽实数）。由 7～8 对真叶到现蕾期为小花分化和雌、雄蕊形成期，这一时期与小花是否可育有关。该阶段地上部生长迟缓，地下部根系生长较快，很快形成强大根系，是向日葵抗旱能力最强的阶段。

向日葵幼苗能忍耐短时间 -6℃低温，在热带又能忍耐 40℃以上的高温。

2. 现蕾期

向日葵顶部出现直径 1 cm 的星状体，为现蕾期。从现蕾到开花，一般需 20 d 左右，是营养生长和生殖生长并进时期，也是一生中生长旺盛的阶段。这个时期，向日葵需肥、水最多，占总需肥水量的 40% ～ 50%。此时，如果不能及时满足对水、肥的需要，将会严重影响产量。

3. 开花期

田间有 75% 植株的舌状花开放，即进入开花期。它是向日葵生长最旺盛的阶段，植株高度的一半是在这一时期增长的。一个花盘从舌状花开放至管状花开放完毕，一般需要 6 ～ 9 d。从第 2 ～ 5 d 是该花序的盛花期。这 4 d 的开花数约占开花数量的 75%。花多在早晨 4 ～ 6 时开放，次日上午授粉、受精。未受精的枝头可保持 7 ～ 10 d 不凋萎。向日葵自花授粉结实率极低，仅为 3% 左右，异花授粉结实率高。但如果气温高、雨水多、湿度大、光照不足、土壤干旱等，结实率也会大大降低。因此，调节播期，适时施肥、浇水，防治病虫害，以及采取放蜂或人工辅助授粉等措施，可提高结实率。

4. 成熟期

向日葵从终花到种子成熟，经历籽实灌浆鼓粒、油分形成、蛋白质和淀粉积累等生理活动，是决定其经济产量和品质的重要时期。此时，营养体的增长缓慢乃至终止。

向日葵开花授粉前子房体形瘦瘪，受精后子房迅速增长，而后灌浆膨大到种仁充实。授粉后约经 30 ～ 40 d 达到成熟期。成熟的特征如下：花盘背面呈淡黄色而边缘微绿；舌状花冠凋萎；茎秆黄老；下部叶片枯萎下垂，中上部叶片衰老；种皮呈该品种固有的色泽，籽仁含水量显著减少。此期需天气晴朗，昼夜温差较大和适宜的土壤水分。

（三）向日葵生长发育与环境条件的关系

1. 温　度

向日葵原产热带，但对温度的适应性较强，是一种喜温又耐寒的作物。向日葵种子耐低温能力很强，当地温稳定在 2℃ 以上时，种子就开始萌动；4 ～ 5℃ 时，种子能发芽生根；地温达 8 ～ 10℃ 时，就能满足种子发芽出苗的需要。发芽的最适温度为 31 ～ 37℃，最高温度为 38 ～ 44℃。向日葵在整个生育过程中，只要温度不低于 10℃，就能正常生长。在适宜温度范围内，温度越高，发育越快。出苗后，1 对真叶能忍耐 −7℃ 的低温，2 对真叶到花盘形成期在 −2 ～ −3℃ 时的低温就会受冻；成熟期若遇 −1℃ 的低温，叶片就会枯死脱落。同时，向日葵的耐高温能力强，温度升到 50℃，相对湿度只有 30% ～ 55% 时也不会死亡。

2. 水分

向日葵植株高大，叶多而密，是耗水较多的作物。它的吸水量是玉米的1.74倍。但向日葵又是抗旱力很强的作物。据测试，开花前后近40 d的干旱，0～20 cm、20～40 cm和40～60 cm土壤含水量分别为8.8%、15.12%和19.6%，向日葵仍生育正常。耐旱原因：一是根系发达入土深，能吸收利用深层土壤中的水分；二是茎秆内充满海绵状的髓，能储存较多的水分；三是茎上密生刚毛，叶面有蜡质层，能减少水分的蒸腾。

向日葵不同生育阶段对水分的要求差异很大。从播种到现蕾，比较抗旱，需水不多，仅为总需水量的20%。而适当干旱有利于根系生长，增强抗旱性。现蕾到开花是需水最多的时期，需水量约占总需水量的60%，此期缺水，对产量影响很大。若过于干旱，需灌水补充。开花到成熟需水量小，约占总需水量的20%。如果水分不足，不仅影响产量，还会降低油脂含量。

此外，向日葵耐涝能力也很强。据验证，从现蕾期开始，在水淹状态下（地面积水50 cm）生长40 d，90%以上植株不死，仍有收成。这是因为向日葵根和茎的通气组织发达，遇水后增生新根能力相当强，5 d新根增量相当于总根量的21%。

3. 光 照

向日葵为短日照作物，但它对日照的反应并不十分敏感。向日葵喜欢充足的光照，其幼苗、叶片和花盘都有很强的向光性。直到管状花开始授粉，花盘渐重，向日性减弱乃至停止。生育前期日照充足，幼苗健壮能防止徒长；生育中期日照充足，能促进茎叶生长，正常开花授粉，提高结实率；生育后期日照充足，籽粒充实饱满。

4. 土 壤

向日葵对土壤要求不严格，除了低洼地或积水地块不宜种植外，在其他各类土壤上均能生长，从肥沃土壤到旱地、瘠薄地、盐碱地均可种植，其中肥沃的黑钙土和河滩中的黏土最好。向日葵有较强的耐盐碱能力，土壤含盐量为0.4%时能出全苗。幼苗期耐盐力最强，现蕾期0～5 cm和5～10 cm土层含盐量分别为0.42%和0.445%时，向日葵仍能正常生长。向日葵不仅具有较强的耐盐碱能力，还兼有吸盐性能。据化验，向日葵茎秆含氯化钠高达0.5%左右，因此它是治碱作物之一。

5. 养 分

向日葵根系发达，植株高大，是需肥较多、耗地力较大的作物，每收获100 kg种子，需纯氮6～7 kg、磷（P_2O_5）2.5～3 kg、钾（K_2O）16～18 kg，是喜钾作物。从出苗到花盘形成期需磷较多，在花盘形成到开花末期需氮最多，而花盘形成至蜡熟期需钾最多。苗期需肥量较少，占总需肥量的 2.5%，花盘形成到全部开花期需肥量最多，占总需肥量的 87%，其余用于灌浆到成熟期。

第二节 富硒向日葵的栽培技术

一、轮作和选茬

向日葵不宜连作，也不宜在低洼易涝地块种植。向日葵连作会使土壤养分特别是钾素过度消耗，地力难以恢复。

向日葵对前茬选择不严格，除甜菜和深根系牧草外，其他作物均可作为向日葵的前茬，以麦茬、豆茬为宜，但菌核病较重的豆茬不宜种植向日葵。向日葵的适应性较强，最适宜在土层深厚、腐殖质含量高、pH 为 6 ～ 8 的沙壤土或壤质土壤种植。

二、土壤耕作

由于向日葵根群庞大，根系入土深广，耕地浅，根系难以下扎，遇风雨易发生根部倒伏。适宜的耕翻深度为 20 ～ 25 cm。春播向日葵要求从前一年秋季翻地，经过冬春冻融，春季再进行耙、压等作业，创造一个深厚的保水保肥、通气良好的播种床。

三、施　肥

（一）需肥特性

在肥料三要素中，向日葵吸收量的顺序是钾最多，氮次之，磷较少。从现蕾到开花，特别是从花盘形成至开花，是向日葵养分吸收的关键时期。

1. 氮的吸收规律

向日葵从出苗到现蕾历时约 1.5 个月，吸收的氮占其一生耗氮总量的 32%；从现蕾到开花历时 20 ～ 25 d，吸收的氮占耗氮总量的 35%；从开花到成熟历时约 1 个月，吸收的氮占耗氮总量的 33%。从现蕾到开花历时虽短，植株生长发育的速度却最快，吸收的氮最多，为吸氮高峰。因而，现蕾期之前追施氮肥具有重要意义。

2. 磷（P_2O_5）的吸收规律

磷参与植株体内糖分转化为脂肪的过程，增施磷肥可提高含油率。

向日葵各个生育阶段中吸收的磷数量并不均衡。从出苗到现蕾期间吸收的磷最多，占其一生中耗磷总量的46%左右，后期吸收的磷较少，所以应把磷肥作为基肥来施。

3. 钾（K_2O）的吸收规律

钾素营养能增强向日葵叶的光合作用，促进碳水化合物的形成，加速糖分的转化和运转，使茎秆生长健壮，增强其抗倒伏、耐低温、抗病害的能力，能增加含油率。

向日葵在苗期、现蕾期、开花期、结实期等不同生育时期基本上是均衡地吸收钾素肥料，未发现吸钾高峰期。植株各部位吸收积累钾素的数量却有明显差异。花盘中积累的钾素最多，占全株含钾总量的36%～39%；其次是茎秆，占27%左右。因此，钾肥应在现蕾前施用，以满足花盘及茎秆生长发育的需要。

4. 微量元素的效应

向日葵需硼较多，硼可促进花器的发育，有利于授粉，能提高4.2%～6.2%的结实率。硼还可以提高种子含油率。缺硼将导致花粉发育不良，并引起花盘畸形。锰参与向日葵光合作用，对油分形成过程有促进作用。铜可改善向日葵体内蛋白质和碳水化合物的代谢，提高种子含油率。缺上述微量元素的地区或土壤，应予以补充。

孕蕾期即花盘初现期、初花期各喷施1次硒肥，每667 m^2 用粮油型锌硒葆42 g对水30 kg喷施，喷雾要细，喷洒部位是叶片两面，重点喷叶背和花盘背面，如喷后8 h内遇雨需补施。

（二）向日葵施肥技术

1. 基　肥

基肥的作用在于满足向日葵整个生育期间对养分的需要。基肥应以有机肥为主，配合施用化肥。肥料充足时采用撒施，随秋耕或春耕翻入土中。如果肥料量少可采用条施。基肥施用量一般为30 000～45 000 kg/hm^2。

2. 种　肥

具有促苗早发的作用。用作向日葵的种肥以速效性肥料为主，如尿素、过磷酸钙、氯化钾等，也可施腐熟后的有机肥。

向日葵大部分种植在较瘠薄的耕地上，施基肥少或不施基肥，所以应重视种肥的应用。种肥以磷肥为主，配合施用氮肥和钾肥，一般施用纯氮35～45 kg/hm^2、磷（P_2O_5）15～30 kg/hm^2、钾（K_2O）105 kg/hm^2 左右。

种肥必须与种子隔开，否则会影响出苗。

3. 微量元素拌种

在石灰性土壤上，一般缺锰或缺锌。向日葵用锌、锰微量元素拌种，在苗期叶色浓绿，生长健壮。

4. 追　肥

向日葵需肥较多，在生长发育期间应依据需肥规律进行适时追肥。向日葵追肥量应根据土壤肥力状况和植株生长状况灵活掌握，才能收到最佳追肥效果。

向日葵在现蕾期之前结合培土进行追肥。一般追施尿素 225 ~ 300 kg/hm²、氯化钾或硫酸钾 75 ~ 150 kg/hm²，生产上主要采用穴施法。即在距向日葵根部 10 ~ 15 cm 处刨小坑施肥，随即覆土，施肥深度一般 8 ~ 10 cm。

5. 叶面喷肥

一般在花期或灌浆期喷施微量元素锰、钼、锌、硼等，可提高作物产量和含油率。微量元素浓度要控制在 0.05% 左右，尿素水溶液浓度要控制在 0.1% 左右。

四、播种与合理密植

（一）品种选择

选择高产、含油率高、多抗和生育期适中的向日葵杂交种。在蜂源不足的情况下，选择自交结实率高的品种。在盐碱土壤种植应选耐盐碱性强的杂交种，主要品种有星火花葵、美葵王一号、巴葵 118、龙食杂 1 号等。北方地区主栽和主推优良向日葵品种如表 10-1 所示。

表10-1　优良向日葵品种

品种名称	特征特性
白葵杂 4 号	生育期 109 d 左右，株高 240 cm，盘径 22.0 cm。高耐菌核病，高抗螟虫、抗旱，较耐盐碱。适宜在吉林省向日葵主产区、黑龙江、内蒙古、山西、新疆和宁夏等地种植
星火花葵	生育期 130 d 左右，株高 265 cm，盘径 24 ~ 29 cm。抗锈病，抗倒伏、耐盐碱。适宜在北纬 38° 以北的地区种植
巴葵 118	生育期 90 ~ 100 d，株高 167 ~ 215 cm，抗锈病、褐斑病。适宜在内蒙古自治区巴彦淖尔市、赤峰市、鄂尔多斯市活动积温 2 000℃以上地区种植
美葵 2103	生育期 95 ~ 105 d，株高 180 cm，盘径 25 cm，抗褐斑病、黑斑病。适宜在大于等于 5℃活动积温 2 500℃的地区种植

品种名称	特征特性
龙食杂1号	生育期104 d,株高236 cm,花盘直径20.0 cm,抗菌核病、褐斑病和锈病。适宜在内蒙古自治区巴彦淖尔市、鄂尔多斯市、赤峰市大于等于10℃活动积温2 400℃以上地区种植
LD5009	生育期115 d左右,株高170～180 cm,花盘直径20～25 cm。抗倒伏,抗褐斑病、菌核病。适宜在甘肃、吉林、辽宁、黑龙江及内蒙古等地种植
SH909	生育期96～103 d,株高142.3 cm左右,花盘直径19.2 cm左右。抗菌核病、锈病、霜霉病。适宜在内蒙古大于等于5℃活动积温2 000℃的种植区种植
美葵王一号	生育期105～110 d,株高185 cm,花盘直径21.9 cm。抗菌核病、霜霉病、锈病。适宜在内蒙古大于等于10℃活动积温2 000℃以上地区种植
白葵杂9号	生育期90 d,株高112.7 cm,花盘直径20.7 cm。抗菌核病、褐斑病、锈病。适宜在内蒙古自治区巴彦淖尔市、鄂尔多斯市、赤峰市大于等于5℃活动积温1 900℃以上的种植区种植
DK3146	生育期94～100 d,株高175 cm左右,花盘直径18～23 cm。抗菌核病、褐斑病、锈病。适宜在内蒙古大于等于5℃活动积温2500℃以上的种植区种植

（二）种子准备

（1）在播种之前进行人工粒选，去掉杂色粒、小粒等，以提高种子纯度。

（2）发芽试验。为了实现一次播种保全苗，在播种之前进行种子发芽试验。精量播种要求发芽率在98%以上。一穴播一粒种子。

（3）种子处理。①晒种：播前晒种2～3 d，可提高发芽势和发芽率，有利于快发芽、整齐出苗。②药剂处理：采用高效内吸杀菌剂拌种，防菌核病和霜霉病等病害，用多菌灵喷雾可杀死附着种子表面的菌核和菌丝。③浸种催芽：浸种催芽可使向日葵出苗快而整齐，并清除黏附在种子上的寄生植物。其做法如下：用25～30℃的温水浸泡3～4 h，捞出摊开，在15～20℃的暖室里堆放一昼夜，当大部分种子都萌动时，便可播种。

（三）播　种

（1）播种深度。播种深度可视种子质量、土壤墒情而定，一般以4～5 cm为宜。墒情好时可适当浅播，墒情差时可深播浅覆土，覆土宜浅于 3 cm。

（2）播种期。土壤温度达到 5 ～ 8℃即可播种，食用种生育期长可早播，如内蒙古地区一般在 4 月中下旬播种；油用种生育期短的可晚些播种，一般在 4 月下旬到 5 月上旬播种。盐碱地种植向日葵，其播期应安排在返盐之前。近年来，向日葵的病害逐年加重，加之授粉差，结实率低。早播成为制约向日葵产量的重要因素之一，实行适时晚播是一项重要的增产措施。常规食葵品种播期为 5 月 10 日至 20 日，食葵杂交种播期为 5 月 25 日至 6 月 10 日，油葵杂交种播期为 5 月 30 日至 6 月 20 日。

（3）播种方式。可机械条播、点播，也可人工穴播，以行距 60 ～ 70 cm、株距以 33 cm 左右为宜。

（四）合理密植

（1）密度与品种的关系。食用种植株高大，不耐密植，华北、东北以30 000 ～ 34 500 株 / 公顷为宜。内蒙古有灌溉条件的地区可种植 36 000 ～ 42 000株 / 公顷。油用种宜密植，华北以 37 500 ～ 45 000 株 / 公顷为宜，辽宁以42 000 ～ 45 000 株 / 公顷为宜，新疆灌区以 54 000 株 / 公顷为宜。植株较矮的油用向日葵杂交种，密度也不得超过 60 000 株 / 公顷。

（2）密度与土壤肥力的关系。肥力高的地块宜密，瘠薄少肥的地块应稀一些。

（3）密度与灌水的关系。有灌水条件，种植密度宜大；干旱地区土壤水分缺乏，应该种得稀些。

五、田间管理

（一）查苗补种

向日葵大多种植在半干旱、轻盐碱的瘠薄土地上，如播种质量和出苗情况较差时，应进行查苗补种或移栽。补种时，采用浸种方法，移栽可采取带土坐水移栽，并追施少量化肥，促苗快速生长。移栽时，要在 1 对真叶展开时进行，以傍晚和阴天时为宜。

（二）间苗、定苗

多粒穴播或条播的向日葵，出苗后株数较多，互相拥挤，相互争水争肥，必须进行早间苗、适时定苗，培育壮苗。间苗在 1 对真叶时进行，定苗在 2 对真叶时进行。病虫害严重或易受碱害的地方，定苗可稍晚些，但最晚也不宜在 3 对真叶出现之后。

（三）中耕培土

生育期间一般进行中耕 2 ～ 3 次。第一次中耕是在 1 ～ 2 对真叶时结合间苗进行，达到除草松土的目的。第二次中耕是在定苗后一周左右进行。第三次中耕是在封垄之前完成，否则会损伤或折断植株，并给田间作业带来困难。在中耕的同时应进行培土，以防倒伏。

（四）灌　溉

向日葵苗期地上生长缓慢，为促进根系向下伸展，要进行蹲苗。从现蕾到开花的 20 d，需水量增加，吸收的水分占其总需水量的 40% 左右，是需水关键期，若有灌溉条件应及时灌水，以满足其生长发育的需要。在开花期和灌浆期已进入雨季，但若遇干旱要及时灌溉，以促进籽实的形成和灌浆。

（五）打杈和人工授粉

有的向日葵品种有分枝的特性，分枝一经出现，就会造成养分分散，影响主茎花盘的发育，因此在现蕾期要及时打掉分枝。

向日葵主要靠蜜蜂传粉。1 只蜂 1 d 可完成 1.2 万朵花的传粉。如果蜂源不足，要进行人工辅助授粉。人工授粉方法有两种：一是粉扑子授粉；二是花盘接触授粉。人工辅助授粉应在上午 9 ～ 11 时进行。

（六）病虫害防治

1. 向日葵菌核病

向日葵菌核病发生很广泛，整个生育期均可发病，可造成向日葵茎折、花盘及种仁腐烂，对向日葵生产威胁很大。常见的有根腐型、茎腐型、叶腐型、花腐型 4 种类型，其中根腐型、花腐型受害重。根腐型从苗期至收获期均可发生，苗期染病时幼芽和胚根生水浸状褐色斑，扩展后腐烂，幼苗不能出土或虽能出土，但随病斑扩展萎蔫而死。成株期染病，根或茎基部产生褐色病斑，逐渐扩展到根的其他部位和茎，后向上或左右扩展，长可达 1 m，有同心轮纹，潮湿时病部长出白色菌丝和鼠粪状菌核，重病株萎蔫枯死，组织腐朽易断，内部有黑色菌核。花腐型病害表现为花盘受害后，盘背面出现水浸状病斑，后期变褐腐烂，长出白色菌丝，在瘦果和果座之间蔓延，形成黑色菌核，花盘腐烂后脱落，瘦果不能成熟。受害较轻的花盘，结出的种子粒小，无光泽、味苦、表皮脱落，多数种子不能发芽。防治措施如下：

（1）与禾本科作物实行 5～6 年轮作。

（2）将地面上菌核翻入深土中使其不能萌发。

（3）种植耐病品种。

（4）清除田间病残体，发现病株拔除并烧毁。

（5）适当晚播，增施磷钾肥。

（6）种子处理。用 35～37℃温水浸种 7～8 min 并不断搅动，菌核吸水下沉，捞出上层种子晒干。种子内带菌采用 58～60℃恒温浸种 10～20 min 灭菌。

（7）药剂防治。花盘初期，可选用速克灵、菌核净或多菌灵等药剂进行喷雾防治，重点保护花盘背面。

2. 向日葵锈病

锈病是向日葵重要病害，大流行年份减产 40%～80%。叶片、叶柄、茎秆、葵盘等部位染病后都可形成铁锈斑状孢子堆。叶片染病，初在叶片背面出现褐色小疱，即病菌夏孢子堆，表面破裂后散出褐色粉末，即病原菌的夏孢子，后病部生出许多黑褐色的小疱，即病菌冬孢子堆，散出黑色粉末，即冬孢子，发生严重的致叶片早期干枯。防治措施如下：

（1）选用抗病品种，如龙食杂 1 号、美葵王 1 号等。

（2）清除病株，残体烧掉，并深翻土地。

（3）加强前期管理，及时中耕，合理施用磷肥。

（4）药剂拌种。用 25% 羟锈宁可湿性粉剂拌种，可减少发病。

（5）药剂防治。发病初期喷洒 15% 三唑酮可湿性粉剂 1 000～1 500 倍液或 50% 萎锈灵乳油 800 倍液、70% 代森锰锌可湿性粉剂 1 000 倍液加 15% 三唑酮可湿性粉剂 2 000 倍液，或用 25% 萎锈灵可湿性粉剂或 20% 萎锈灵乳油 400～600 倍液喷雾，隔 15 d 左右 1 次，防治 1～2 次。

3. 向日葵螟

向日葵螟成虫和幼虫都可为害，成虫发生盛期在 7 月下旬至 8 月上旬。夜间 8～9 时，成虫集中在葵花地取食、产卵。8 月上旬，卵孵化为幼虫，取食种子，常把花盘咬成很多隧道，并吐丝结网；遇雨时，常使花盘腐烂，降低向日葵的产量和品质。防治措施如下：

（1）选用抗虫品种。硬壳层形成快的品种受害轻或不受害，油用种较食用种受害轻。

（2）秋翻冬灌可将大批越冬茧翻压入土，减少越冬虫量。

（3）在向日葵盛花期、幼虫未蛀入籽实前，喷施 90% 敌百虫晶体 500 倍、20% 氰戊菊酯 1 000 倍、4.5% 高效氯氰菊酯 1 500 倍。在 7 月末 8 月初成虫盛发期，用敌敌畏熏蒸或施放敌敌畏烟剂。

（七）收　获

当富硒向日葵花盘背面变黄，花盘边缘微绿，舌状花瓣凋萎或干枯，苞叶黄褐，茎秆变黄或黄绿色，叶片黄绿或黄枯下垂，种子皮壳变硬时即，可收获。此时的籽实含水量应当在15%。

收回的花盘应及时晾晒，定时翻动。当花盘上的种子松动容易脱落时，即可脱粒。食用型种子含水量降到10%～12%以下、油用型种子含水量降到7%以下，才适于安全储藏。

参考文献

[1] 赵桂春 . 现代大豆生产技术 [M]. 北京 : 中国农业出版社 , 2010.

[2] 宋志伟 . 现代花生生产实用技术 [M]. 北京 : 中国农业科学技术出版社 , 2011.

[3] 秦越华 . 农作物生产技术 [M]. 北京 : 中国农业出版社 , 2010.

[4] 李振陆 . 作物栽培 [M]. 北京 : 中国农业出版社 , 2008.

[5] 于振文 . 小麦产量与品质生理及栽培技术 [M]. 北京 : 中国农业出版社 , 2006.

[6] 马新民 , 郭国侠 . 农作物生产技术 [M]. 北京 : 高等教育出版社 , 2005.

[7] 曹卫星 . 作物栽培学总论 [M]. 北京 : 科学出版社 , 2011.

[8] 李彩凤 . 甜菜优质高效生产技术 [M]. 哈尔滨 : 黑龙江科学技术出版社 , 2003.

[9] 阮俊 . 马铃薯高产栽培技术 [M]. 成都 : 四川教育出版社 , 2009.

[10] 赵连芝 , 杜蓉 , 刘占鑫 , 等 . 富硒谷子绿色生产技术规程 [J]. 甘肃农业科技 , 2018(9): 93-94.

[11] 赵健飞 . 豫西地区富硒小麦生产技术要点 [J]. 南方农业 , 2018(24): 33, 35.

[12] 刘伟琪 , 徐月东 , 吴先华 , 等 . 绿色优质天然富硒水稻生产技术规范 [J]. 乡村科技 , 2018(18): 101-102.

[13] 李云 , 林硕 , 金磊 , 等 . 富硒水稻生产技术研究进展 [J]. 安徽农学通报 , 2017, 23(16): 54-56, 94.

[14] 赵宇 . 富硒谷子生产技术规程 [N]. 河北科技报 , 2017-06-13(B06).

[15] 杨雄瑶 . 优质高富硒大米生产技术与市场前景探析 [J]. 农技服务 , 2017, 34(10): 172.

[16] 韦小婷 , 何礼新 . 发展富硒农业是广西现代农业的必然选择 [J]. 广西农学报 , 2016, 31(1): 70-73.

[17] 宋惠安 . 富硒油葵栽培方法 [J]. 湖南农业 , 2015(2): 16.

[18] 吴杨 . 富硒稻米生产技术与前景展望 [J]. 农民致富之友 , 2012(9): 50.

[19] 张尚柱,吴强.富硒小麦生产技术[J].种子世界,2004(5):41.

[20] 朱佳宁,郑崇宝,张涛.绿色食品农作物富硒技术应用[J].农民致富之友,1997(10):13.

[21] 赵春梅,曹启民,唐群锋,等.植物富硒规律的研究进展[J].热带农业科学,2010,30(7):82–86.

[22] 梁慧芬.作物富硒增产剂在水稻上应用效果[J].新农村,2009(9):13–14.

[23] 李彦青,卢森权,黄咏梅,等.浅议富硒甘薯的开发与利用[J].杂粮作物,2008(5):332–333.

[24] 王瑶.富硒肥料 作物福星[J].新农业,2014(6):42–45.

[25] 罗杰,温汉辉,吴丽霞,等.自然富硒与人工施硒肥的比较[J].中国农学通报,2011,27(33):90–97.

[26] 赵淑章,王绍中,武素琴,等.小麦富硒研究概述与展望[J].中国农学通报,2015,31(24):33–36.

[27] 孙协平,王武,罗友进,等.提高作物硒含量研究进展[J].湖南农业科学,2015(7):144–147.

[28] 晋永芬,高炳德.叶面硒肥对春小麦的富硒效应及硒素吸收分配的影响[J].中国土壤与肥料,2018(2):113–117.

[29] 李密,邱东凤,李云龙,等.富硒农业生长气候条件分析及产品硒含量测定[J].中国人口·资源与环境,2017,27(S2):239–243.

[30] 邢丹英,石垒,戴光忠,等.不同地域作物富硒策略与技术[J].长江大学学报(自科版),2017,14(22):1–4+,36.

[31] 薛梅,陈悦,刘红芹,等.富硒肥的研究及其应用[J].中国土壤与肥料,2016(1):1–6.

[32] 孙协平,王武,罗友进,等.提高作物硒含量研究进展[J].湖南农业科学,2015(7):144–147.

[33] 吴丽军.春油菜硒吸收富集特性研究[D].西宁:青海大学,2013.

[34] 邢丹英.作物富硒技术的研究及应用[D].武汉:华中农业大学,2004.

[35] 赵敏.富硒水稻基因型筛选及水稻和水果富硒、铁、锌技术研究[D].武汉:华中农业大学,2015.